毒物劇物取扱者オリジナル問題集

改訂新版

湘央生命科学技術専門学校
竹尾文彦
＋
花輪俊宏
［著］

■注意

・本書の著者および出版社は、本書の使用による毒物劇物取扱者試験の合格を保証するものではありません。

・本書の著者および出版社は、掲載された内容によって生じた損害等の一切の責任を負いかねますのであらかじめご了承ください。

・本書は2017年に出版された「らくらく突破 毒物劇物取扱者オリジナル問題集」の改訂版です。重複する内容もございますがあらかじめご了承ください。

・本書に関するご質問は、FAXか書面、弊社Webページからお願いします。電話での直接のお問い合わせにはお答えできませんので、あらかじめご了承ください。

・本書に記述してある内容を超えるご質問、個人指導と思われるご質問、試験問題そのものに対するご質問には、お答えできませんので、あらかじめご了承ください。

・本文中では、TMマークや®マークなどは明記していません。

■追加情報・補足情報について

本書の追加情報、補足情報、正誤表、資料、ダウンロードなどについては、インターネットの以下のURLからご覧ください。

https://gihyo.jp/book/2024/978-4-297-13975-9/support

スマートフォンの場合は、右のQRコードからアクセスできます。

はじめに

私たちがまとめた「毒物劇物取扱者合格教本」が2010年（平成22年）に技術評論社から出版され、3回の改訂を経て今も毒物劇物取扱者試験を受験する多くの方々にご利用いただいていることを、たいへんありがたく感じています。

出版以来、書籍レビューなどを通して、書籍を利用された方々から数多くの貴重なご意見をいただいています。「この本のおかげで合格できた」というご意見には、私たちも「本当によかったですね。合格おめでとうございます」という気持ちで、とてもうれしく思います。逆に「あまり役に立たなかった」、「理解しづらい本だ」というご意見には、せっかくご購入いただいたのに申し訳ないという想いになりますし、何が問題なのかを知るためのヒントとなるので、とてもありがたい気持ちになります。この貴重なご意見は改訂時に書籍やダウンロード教材に反映させたりしていますが、今後もこれは継続させていく予定です。そして、ご利用いただいたみなさまからの声で最もご意見が多かったのが、掲載問題数が少ないというものでした。そんな声から生まれたのが、「毒物劇物取扱者オリジナル問題集」であり、今回の「毒物劇物取扱者オリジナル問題集 改訂新版」です。

この問題集は「毒物劇物取扱者合格教本」をお持ちの方には知識の定着のために活用でき、お持ちでない方にも試験に合格しうる実力を身に付けられるように工夫しました。

私たちが全国の毒物劇物取扱者試験問題を分析する中で気づいたことは、よく出題される部分は今も昔もそれほど変わらないというものでした。毒物劇物から外れる薬物もありますし、新規に加えられる毒物劇物もあります。法改正も少しはあります。しかし、5～10年のスパンで見てみると、よく出題される重要な部分はそれほど変わっていないと感じます。つまり毒物劇物取扱者試験で出題される基本事項をしっかりとおさえておくことが、合格の近道ではないかと考えています。全国の試験で見ると、それぞれの試験に特徴がありますので、ご自分が受験されるところの過去問題を3～5年分入手して傾向をつかむことは必須ですが、基本をしっかりと身につけるという意味で、この書籍をお役立ていただき、基本事項を身につけていただければと願っています。試験を受験するみなさまの合格を心よりお祈り申し上げます。

2024年（令和6年）1月　著者ら記す

目次

はじめに……3
毒物劇物取扱者試験とは……8
本書の使い方……11

第1章 毒物及び劇物に関する法規 15

1-1 択一問題……16
1-2 さまざまなパターンの問題……34

第2章 基礎化学 59

2-1 択一問題……60
❶ 原子の構造……60
❷ 電子配置……62
❸ 物質量……64
❹ 溶液の濃度……68
❺ 化学結合……70
❻ 化学式と化学反応式……70
❼ 酸と塩基、酸と塩基の中和……72
❽ 酸化と還元……74
❾ ボイル・シャルルの法則……78
❿ 炭化水素……80
⓫ アルコールとエーテル……82
⓬ アルデヒドとケトン……82
⓭ カルボン酸とエステル……84
⓮ 芳香族と炭化水素……84
⓯ 化学の基本法則と化学用語……84
⓰ 異性体……86
⓱ 熱化学方程式……88
⓲ その他……90
2-2 さまざまなパターンの問題……92

第3章 毒物劇物の性状 117

3-1 五肢択一問題……118
❶ 毒物劇物の色……118
❷ ～して何色になる……120
❸ 分解すると～、燃焼すると～……122
❹ 毒劇物の臭い……124

❺ クロロホルム臭……128
❻ 刺激臭……128
❼ 催涙性……128
❽ 潮解性……130
❾ 風解性……130
❿ 引火性……130
⓫ 爆発性……132
⓬ 不燃性……134
⓭ 金属……134
⓮ その他の特徴的な性状……136
⓯ 一般品目でも出題される可能性の高い農業用品目……136
⓰ 農業用品目で出題される可能性の高い薬物……140

3-2 組み合わせ問題……142

コラム 薬物の分類について……168

第4章 毒物劇物の貯蔵法 169

4-1 五肢択一問題……170

4-2 組み合わせ問題……180

コラム 薬物名と元素名（元素記号）との関連性について……194

第5章 毒物劇物の廃棄法 195

5-1 五肢択一問題……196

❶ 希釈法……196
❷ 中和法（アルカリ）……196
❸ 中和法（酸）……198
❹ 溶解中和法……200
❺ 燃焼法（可燃性・有毒ガス発生なし）……202
❻ 燃焼法（可燃性・有毒ガス発生あり）……206
❼ 燃焼法（可燃性・その他）……206
❽ 燃焼法（燃えづらい・有毒ガス発生なし）……208
❾ 燃焼法（燃えづらい・有毒ガス発生あり）……210
❿ 燃焼法（燃えやすいか、燃えづらいかどちらともいえないもの）……212
⓫ 燃焼法（その薬物に特有な燃焼法）212
⓬ 酸化法……214
⓭ 還元法……214
⓮ アルカリ法……216
⓯ 分解法……218
⓰ 回収法……218
⓱ 焙焼法（ばいしょうほう）……220
⓲ 隔離法……222
⓳ 沈殿法……224
⓴ 活性汚泥法……228

5-2 組み合わせ問題……230

コラム 薬物の状態と性質について……250

第6章　漏えい時の応急措置　251

6-1　五肢択一問題……252

❶ 水で希釈……252
❷ 水に溶かす……254
❸ 水で覆う……254
❹ 灯油または流動パラフィンの入った容器に回収……256
❺ アルカリで中和……256
❻ 酸で中和……260
❼ むしろ、シート等で覆う……260
❽ 水酸化ナトリウム等でアルカリ性とする……260
❾ 水酸化ナトリウムと酸化剤の混合溶液で処理……262
❿ アルカリで加水分解……264
⓫ 中性洗剤等の分散剤で洗い流す……264
⓬ 還元剤（硫酸第一鉄等）で処理……266
⓭ 硫酸第二鉄等で処理……266
⓮ 食塩水で処理……266
⓯ 硫酸ナトリウムで処理……268
⓰ 泡で覆う……268
⓱ 蒸発させる……270
⓲ 爆発を防ぐ……270
⓳ 専門業者に処理を委託……270

6-2　組み合わせ問題……272

コラム　保護具について……288

第7章　毒物劇物の毒性・解毒剤　289

7-1　五肢択一問題……290

❶ 毒性……290
❷ 解毒剤……306

7-2　組み合わせ問題……312

❶ 毒性……312
❷ 解毒剤……326

コラム　農業（農業用品目）の分類について……330

第8章　毒物劇物の鑑別法　331

8-1　五肢択一問題……332

❶ 炎色反応……332
❷ 沈殿の色－白色沈殿……334
❸ 沈殿の色－赤色沈殿……336
❹ 沈殿の色－黄赤色沈殿……338
❺ 沈殿の色－黒色沈殿……338
❻ 溶液の色－藍色、紫色、藍紫色……338
❼ 溶液の色－黄色……340

❽ 溶液の色ーその他の色……340
❾ 溶液の色ー蛍石彩(けいせきさい)……342
❿ 発生する気体の色……344
⓫ 発生する臭気……344
⓬ 性状・反応生成物から推測
ー性状……346
⓭ 性状・反応生成物から推測
ー反応生成物……348

8-2 基礎的な問題（組み合わせ問題）……350

コラム 検出法について……366

第9章 毒物劇物の用途 367

9-1 五肢択一問題……368

❶ 殺鼠剤……368
❷ 除草剤……368
❸ 殺虫剤……368
❹ 燻蒸剤……370
❺ 殺菌・消毒剤……372
❻ 防腐剤……374
❼ 漂白剤……376
❽ 酸化剤……376
❾ 爆薬（爆発物）の製造……378
❿ マッチの製造……378
⓫ 溶剤……380
⓬ アンチノック剤……382
⓭ 鍍金と写真用……382
⓮ 乾燥剤……384
⓯ セッケン製造……384
⓰ アニリン原料……386
⓱ 洗濯剤・洗浄剤……386
⓲ 冷凍用寒剤……386
⓳ ガラスのつや消し……386
⓴ 釉薬(ゆうやく)……388
㉑ アマルガム……388
㉒ ドーピングガス……388
㉓ 土質安定剤……390
㉔ 染料の製造原料……390
㉕ 塩化物の製造……390

9-2 組み合わせ問題……392

コラム 除外濃度について……404

第10章 第3章～第9章の総合問題 405

10-1 正誤組み合わせ問題……406

10-2 さまざまなタイプの問題……428

索引……446

参考文献……455

毒物劇物取扱者試験とは

毒物劇物取扱責任者とは

毒物劇物取締法の目的は、毒物および劇物について、保健衛生上の見地から必要な取締を行うことです。これにより、毒物劇物営業者は、毒物または劇物を直接取り扱う製造所、営業所または店舗ごとに毒物劇物取扱責任者を置き、毒物または劇物による保健衛生上の危害の防止に当たらせなければなりません。

毒物劇物取扱責任者になるためには

(1) 毒物劇物取扱責任者になるための資格

毒物劇物取扱責任者になるためには次のいずれかの資格が必要となります。

①薬剤師

②厚生労働省令で定める学校で、応用化学に関する学課を修了した者

③都道府県知事が行う毒物劇物取扱者試験に合格した者

(2) 応用化学に関する学課を修了した者とは

上記②の「厚生労働省令で定める学校で、応用化学に関する学課を修了した者」とは、以下のような方です。

①大学等

大学(短期大学と旧専門学校を含む)で応用化学に関する学課を修了した者。応用化学に関する学課とは次の学部、学科。

ア　薬学部

イ　理学部、理工学部または教育学部の化学科、理学科、生物化学科など

ウ　農学部、水産学部または畜産学部の農業化学科、農芸化学科、農産化学科、園芸化学科、水産化学科、生物化学工学科、畜産化学科、食品化学科など

エ　工学部の応用化学科、工業化学科、化学工学科、合成化学科、合成化学工学科、応用電気化学科、化学有機工学科、燃料化学科、高分子化学科など

オ　化学に関する授業科目の単位数が必修科目の単位中28単位以上または50%以上である学科

②高等専門学校

高等専門学校工業化学科またはこれに代わる応用化学に関する学課を修了した者。

③専門課程を置く専修学校(専門学校)

専門学校において応用化学に関する学課を修了した者については、30単位以上の化学に関する科目を修得している者。

④高等学校

高等学校（旧実業高校も含む）において応用化学に関する学課を修了した者で、30単位以上の化学に関する科目を修得した者。

(3) 毒物劇物取扱責任者になれない者

次のいずれかに該当する人は、毒物劇物取扱責任者にはなれません。

①18歳未満の者

②心身の障害により毒物劇物取扱責任者の業務を適正に行うことができない者として厚生労働省令で定めるもの

③麻薬、大麻、あへんまたは覚せい剤の中毒者

④毒物若しくは劇物または薬事に関する罪を犯し、罰金以上の刑に処せられ、その執行を終り、または執行を受けることがなくなった日から起算して3年を経過していない者

毒物劇物取扱者試験の受験資格

国籍、性別、職業、年齢などに関係なく、誰でも受験できます。

毒物劇物取扱者試験の種類

毒物劇物取扱者試験は、取り扱う毒物劇物の種類により3つに分類されています。

①一般毒物劇物取扱者試験 ………………… すべての毒物劇物

②農業用品目毒物劇物取扱者試験 ……… 農業用品目である毒物劇物

③特定品目毒物劇物取扱者試験 ………… 特定品目である毒物劇物

毒物劇物取扱者試験の実施

毒物劇物取扱者試験は、年1回都道府県ごとに行われます。したがって都道府県ごとに試験の時期、試験時間（1時間30分～2時間）、問題数（40問～100問ぐらい）は異なります。解答方式は、マークシートが多いようです。

受験案内は、各都道府県の関係部署（薬務課など）より試験日のおよそ2か月前には発表されます。都道府県ごとに試験の実施時期が異なりますので、複数の都道府県で受験することも可能です（東北地方と九州地方はそれぞれ全県同日実施。関西広域連合は該当する府県が同日実施）。

受験の手続き

必要書類は、受験願書、写真、受験手数料です。都道府県によっては、戸籍抄本または住民票抄本（本籍の記載されているもの）が必要な場合もあります。これらは、郵送か代理人または本人が直接持参して手続きを行います。

受験願書は、各都道府県の薬務課で入手できます。また薬務課以外に保健所でも配布している都道府県や郵送で入手できる都道府県もあります。くわしくは各都道府県にお問い合わせください。

試験科目

毒物劇物取扱者試験は、筆記試験と実地試験で行われます。筆記試験は次の3つの内容から出題されます。

①毒物及び劇物に関する法規

②基礎化学

③毒物及び劇物の性質及び貯蔵その他取扱方法

実地試験は、毒物及び劇物の識別及び取扱方法について出題されます。

試験科目名は、各都道府県によって異なります。筆記・実地試験と分けずに科目名で分けていたり、科目名が全く異なる場合もあります。

合格基準

都道府県ごとに合格基準は定められており、ホームページ上で公開している都道府県もあります。総合得点で60点以上かつ各科目の得点が40点以上を合格基準としている都道府県が多いようです。難易度については、都道府県ごとに試験は実施されますので、各都道府県によって異なります。合格率も都道府県ごとに異なります。およそ20%～50%未満の間のようです。

本書の使い方

本書のコンセプト

毒物劇物取扱者試験は九州全県で統一の試験で実施されているような例がありますが、基本的には各都道府県単位で試験が実施されており、出題の形式もさまざまです。そのため、それぞれの都道府県が過去に実施した試験問題を手に入れ、その試験の傾向や特徴をつかむことは、とても重要です。少なくとも過去3年分、できれば過去5年分の問題を入手し、試験の傾向をつかんでおくことをお勧めします。

しかし、試験の全体像をつかむ、試験の傾向を正確に把握するためにも、毒物劇物取扱者試験で求められる基本的な事項、たとえば、出題問題が薬物の性状、貯蔵法、廃棄法、毒性、用途などのうち、どの項目にあたるのかを把握できる力を身につけ、試験で頻出する最重要事項を理解しておく必要があります。また、試験の傾向が万が一、大きく変わったときにも動じることがない対応力を身につけておくと安心です。

本書は全国で行われている試験の最近の出題傾向を分析した上で作成しており、広範な毒物劇物取扱者試験の全体像を把握し、よく見られる出題形式に慣れることを1つの目的にしております。また、本書では問題と解説を見開きで見やすくするとともに、問題の解説をなるべく充実させるようにしました。

学習者が試験合格のために、薬物一つひとつについて単にポイントを丸暗記していくという作業がどれだけ苦痛なのかは、試験対策をしている私たちにとっては痛いほどよくわかることです。その苦痛をなるべく軽減するため、問題の解説を充実させ、その薬物について覚えなければならない重要事項を関連づけて覚えられるように工夫しました。それにより、さまざまなタイプの問題に対応できる応用力も同時に身につくのではないかと思っております。

私たちが執筆し、すでに技術評論社から出版されている「毒物劇物取扱者合格教本」をお持ちの方には、それとの相乗効果で学習が円滑に進められるように、また、本書だけでも充分に成果が出せるように工夫したつもりです。

余力のある方には、出題頻度がそれほど高くはない薬物についての問題をダウンロードできるようにしました。興味のある方は、ご利用ください。

本書を手にとってくださった方が、効率よく学習でき、合格へ一歩一歩近づいていって欲しいという思いを込めたつもりです。本書を利用くださった方には、利用してみた感想などを書籍レビューなどでコメントいただけましたら、ありがたく思います。

学習の進め方

昔の毒物劇物取扱者試験では記述問題も見られましたが、最近ではほとんど選択問題しか見られなくなりました。とはいえ、一言で選択問題といってもさまざまなタイプがあり、数多くの問題を解き、それらに慣れておく必要があります。また、多くの問題を解くことで、試験に合格しうる実力が身につくことにもなります。

毒物劇物取扱者試験は「一般」、「農業用品目」、「特定品目」に区分されていますが、本書で学習するときには、どの試験区分の受験であっても法規と基礎化学の章（第1章と第2章）はすべて学習するようにしてください。薬物の性状、貯蔵法など、第3章以降については、一般試験を受験される方はすべての問題、農業用品目の試験と特定品目の試験を受験される方については、問題の頭にそれぞれ「農業用品目」、「特定品目」と記されている問題を解いていってください。

おそらく活字を読むことは苦痛なことだと思いますが、問題を解き、解説を読むことをしばらく我慢して繰り返してください。この過程の中で、試験を受験する上で必要となる基礎知識が自然に身につくことになると思います。

また、薬物についての問題では、その薬物の分類が特定毒物、毒物、劇物のいずれであるか、常温で固体、液体、気体のいずれであるかを意識しながら問題を解き、解説を読み進めて行ってください。これらを知っておくだけでも、正解を導いたり、選択肢を絞り込んだりするための大切なツールになります。そして、それと同時に自分が受験する都道府県の毒物劇物取扱者試験の過去問題を入手し、試験の傾向をつかんでおいてください。

問題集を一通り学習した段階で、本番を想定した模擬試験形式で過去問題に取り組み、自分の実力を確認してください。そして、自分の理解が不足している部分を把握した上で、問題集に戻って、自分が苦手な科目、項目を重点的に復習してみてください。これの繰り返しにより、合格しうる実力が身につくものと思います。とはいえ勉強法は人それぞれ、自分に合った方法で学習を進めていっていただければよいのだと思います。

また、ダウンロードページものぞいてみてください。本書に載せられなかった問題をダウンロードできます。頑張るみなさんのお役に立てるのなら、幸いです。

しかし、試験に出題されている問題や毒物・劇物のすべての範囲を網羅している訳ではなく、出題頻度が非常に低いものなどはあえて外してあります。試験本番で見たこともない問題が出題される可能性があることもご承知おきください。

本書の構成

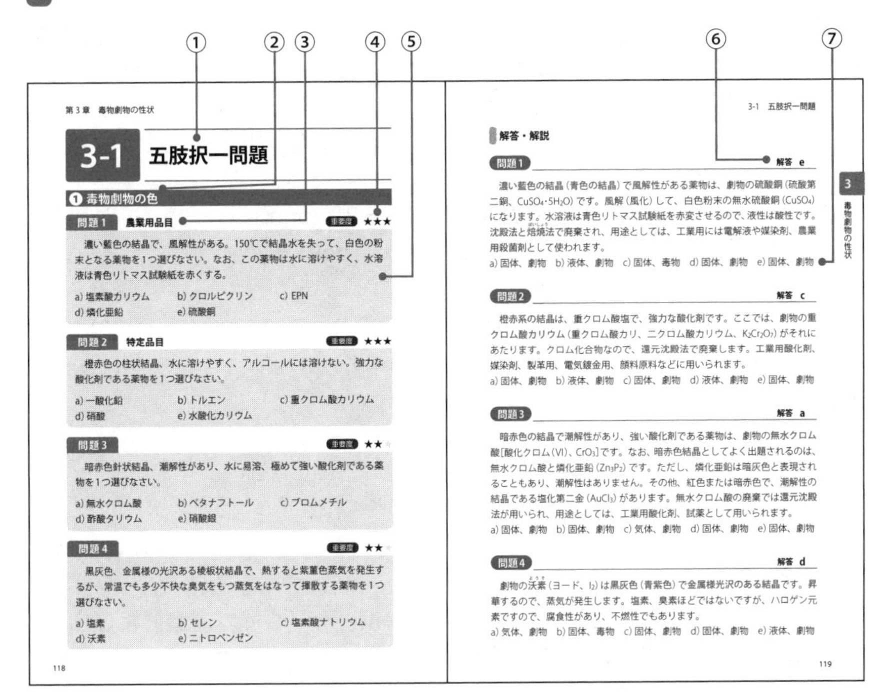

第3章　毒物劇物の性状

3-1 五肢択一問題

❶ 毒物劇物の色

問題1 農業用品目　重要度 ★★★

濃い藍色の結晶で、風解性がある。150℃で結晶水を失って、白色の粉末となる薬物を1つ選びなさい。なお、この薬物は水に溶けやすく、水溶液は青色リトマス試験紙を赤くする。

a) 塩素酸カリウム　b) クロルピクリン　c) EPN
d) 燐化亜鉛　e) 硫酸銅

問題2 特定品目　重要度 ★★★

橙赤色の柱状結晶、水に溶けやすく、アルコールには溶けない。強力な酸化剤である薬物を1つ選びなさい。

a) 一酸化鉛　b) トルエン　c) 重クロム酸カリウム
d) 硝酸　e) 水酸化カリウム

問題3　重要度 ★★

暗赤色針状結晶、潮解性があり、水に易溶、極めて強い酸化剤である薬物を1つ選びなさい。

a) 無水クロム酸　b) ベタナフトール　c) ブロムメチル
d) 酢酸タリウム　e) 硝酸銀

問題4　重要度 ★★

黒灰色、金属様の光沢ある稜板状結晶で、熱すると紫菫色蒸気を発生するが、常温でも多少不快な臭気をもつ蒸気をはなって揮散する薬物を1つ選びなさい。

a) 塩素　b) セレン　c) 塩素酸ナトリウム
d) 沃素　e) ニトロベンゼン

118

3-1　五肢択一問題

解答・解説

問題1　解答 e

濃い藍色の結晶（青色の結晶）で風解性がある薬物は、劇物の硫酸銅（硫酸第二銅、$CuSO_4 \cdot 5H_2O$）です。風解（風化）して、白色粉末の無水硫酸銅（$CuSO_4$）になります。水溶液は青色リトマス試験紙を赤変させるので、液性は酸性です。沈殿法と焙焼法で廃棄され、用途としては、工業用には電解液や媒染剤、農業用殺菌剤として使われます。

a) 固体、劇物　b) 液体、劇物　c) 固体、毒物　d) 固体、劇物　e) 固体、劇物

問題2　解答 c

橙赤系の結晶は、重クロム酸塩で、強力な酸化剤です。ここでは、劇物の重クロム酸カリウム（重クロム酸カリ、二クロム酸カリウム、$K_2Cr_2O_7$）がそれにあたります。クロム化合物なので、還元沈殿法で廃棄します。工業用酸化剤、媒染剤、製革用、電気鍍金用、顔料原料などに用いられます。

a) 固体、劇物　b) 液体、劇物　c) 固体、劇物　d) 液体、劇物　e) 固体、劇物

問題3　解答 a

暗赤色の結晶で潮解性があり、強い酸化剤である薬物は、劇物の無水クロム酸［酸化クロム（VI）、CrO_3］です。なお、暗赤色結晶としてよく出題されるのは、無水クロム酸と燐化亜鉛（Zn_3P_2）です。ただし、燐化亜鉛は暗灰色と表現されることもあり、潮解性はありません。その他、紅色または暗赤色で、潮解性の結晶である塩化第二金（$AuCl_3$）があります。無水クロム酸の廃棄では還元沈殿法が用いられ、用途としては、工業用酸化剤、試薬として用いられます。

a) 固体、劇物　b) 固体、劇物　c) 気体、劇物　d) 固体、劇物　e) 固体、劇物

問題4　解答 d

劇物の沃素（ヨード、I_2）は黒灰色（青紫色）で金属様光沢のある結晶です。昇華するので、蒸気が発生します。塩素、臭素ほどではないですが、ハロゲン元素ですので、腐食性があり、不燃性でもあります。

a) 気体、劇物　b) 固体、毒物　c) 固体、劇物　d) 固体、劇物　e) 液体、劇物

119

3 毒物劇物の性状

① **節のテーマ**
この節で何を学習するかを示しています。

② **項のテーマ**
この項で何を学習するかを示しています。

③ **試験区分**
第3章から第10章では、農業用品目の試験には「農業用品目」、特定品目の試験には「特定品目」と記しています。一般の試験の場合は何も記していません。また、第1章と第2章では、試験区分は記していません。

④ **重要度**
各問題の重要度を示しています。この重要度を参考に問題を解きましょう。重要度★★★は頻出です。必ず解いてみてください。重要度★は余力がある方は解いてみてください。

⑤ **出題薬物基本情報**
問題を解きやすくするために出題薬物基本情報を入れている節もあります。

⑥ **解答・解説**
問題に対する解答と解説です。解説は覚えるポイントなどについても触れています。

⑦ **物質の性状と区分**
解説の終わりには、物質の性状と、毒物か劇物かの区分が記されています。

ダウンロードについて

ダウンロードにて、本書に収録できなかった毒物劇物取扱者の練習問題と解説を提供しています。本書収録の問題だけではなく、さらに問題を解いてみたい方はダウンロードしてご利用ください。

下記のURLからIDとパスワードを入力し、ダウンロードしてください。

https://gihyo.jp/book/2024/978-4-297-13975-9/support
Id：dg_mon2　　Password：dg95793

ファイルはPDFです。

ダウンロードしたPDFを開くと、パスワードを入力するように求められますので、下記のパスワードを入力してください。

PDFのパスワード：dg95793

注意！

- このサービスはインターネットのみの提供となります。著者および出版社は印刷物として提供していません。各自の責任でダウンロードし、印刷してご使用ください。
- このサービスは予告なく終了することもございますので、あらかじめご了承ください。

第1章

毒物及び劇物に関する法規

1-1 択一問題

問題1

重要度 ★★★

次の記述は、毒物及び劇物取締法第1条の条文である。（　　）に入る語句として、正しいものを選びなさい。

この法律は、毒物及び劇物について、（　ア　）上の見地から必要な取締を行うことを目的とする。

1）安全衛生　　2）取扱　　3）保健衛生　　4）安全指導

問題2

重要度 ★★★

次の記述は、毒物及び劇物取締法第2条第1項の条文である。（　　）に入る語句として、正しいものを選びなさい。

この法律で「毒物」とは、別表第1に掲げる物であって、医薬品及び（　　）以外のものをいう。

1）特定化学物質　　2）食品添加物　　3）医薬部外品　　4）医薬用外

問題3

重要度 ★★☆

毒物及び劇物取締法第3条の2第3項及び第5項及び第9項に規定する特定毒物の用途及び着色の組み合わせで、正しいものを選びなさい。

	特定毒物	用途	着色
1）	四アルキル鉛	ガソリンへの混入	赤色、青色、黄色
2）	モノフルオール酢酸	害虫の防除	青色
3）	ジメチルエチルメルカプト、エチルチオホスフェイト	害虫の防除	紅色
4）	モノフルオール酢酸アミド	野ねずみの駆除	深紅色

解答・解説

問題1　　解答 3

毒物及び劇物取締法第1条です。

『この法律は、毒物及び劇物について、**保健衛生上**の見地から必要な取締を行うことを目的とする。』

したがって、3) が正解です。

問題2　　解答 3

毒物及び劇物取締法第2条です。

『この法律で「毒物」とは、別表第1に掲げる物であつて、**医薬品及び医薬部外品以外**のものをいう。』

したがって、3) が正解です。

問題3　　解答 3

毒物及び劇物取締法第3条の2第3項及び第5項及び第9項に規定する特定毒物の用途及び着色の組み合わせです。

選択肢	特定毒物	用途	着色
1)	四アルキル鉛	ガソリンへの混入	赤色、青色、黄色又は緑色
2)	モノフルオール酢酸	**野ねずみの駆除**	深紅色
3)	ジメチルエチルメルカプトエチルチオホスフェイト	害虫の防除	紅色
4)	モノフルオール酢酸アミド	**害虫の防除**	青色

したがって、3) が正解です。

問題4

重要度 ★★☆

次の記述は、毒物及び劇物取締法の条文の一部です。誤っているものを選びなさい。

1) 毒物若しくは劇物の製造業者又は学術研究のため特定毒物を製造し、若しくは使用することができる者として厚生労働大臣の許可を受けた者（以下「特定毒物研究者」という。）でなければ、特定毒物を製造してはならない。
2) 特定毒物研究者又は特定毒物を使用することができる者として品目ごとに政令で指定する者（以下「特定毒物使用者」という。）でなければ、特定毒物を使用してはならない。
3) 特定毒物研究者は、特定毒物を学術研究以外の用途に供してはならない。
4) 特定毒物使用者は、その使用することができる特定毒物以外の特定毒物を譲り受け、又は所持してはならない。

問題5

重要度 ★★★

次の記述は、毒物及び劇物取締法第3条の3の条文である。（　　）に入る語句の組み合わせとして、正しいものを選びなさい。

（　ア　）、幻覚又は（　イ　）の作用を有する毒物又は劇物であって政令で定めるものは、みだりに摂取し、若しくは吸入し、又はこれらの目的で所持してはならない。

	（ア）	（イ）
1）	幻聴	麻酔
2）	興奮	幻聴
3）	妄想	錯覚
4）	興奮	麻酔

問題6

重要度 ★★★

次のうち、毒物及び劇物取締法第3条の3に規定する興奮、幻覚又は麻酔の作用を有するものを選びなさい。

1) キシレン　　2) トルエン　　3) クロロホルム　　4) エーテル

解答・解説

問題4　　解答 1

毒物及び劇物取締法第3条の2です。

『毒物若しくは劇物の製造業者又は学術研究のため特定毒物を製造し、若しくは使用することができる者としてその主たる研究所の所在地の都道府県知事の許可を受けた者（以下「特定毒物研究者」という。）でなければ、特定毒物を製造してはならない。』 ………………………………………… 選択肢1)

したがって、1)は誤りです。2) 3) 4)はその通りです。

問題5　　解答 4

毒物及び劇物取締法第3条の3です。

『興奮、幻覚又は麻酔の作用を有する毒物又は劇物（これらを含有する物を含む。）であつて政令で定めるものは、みだりに摂取し、若しくは吸入し、又はこれらの目的で所持してはならない。』

したがって、（ア）は「興奮」、（イ）は「麻酔」となります。

問題6　　解答 2

毒物及び劇物取締法施行令第32条の2です。

『法第3条の3に規定する政令で定める物は、トルエン並びに酢酸エチル、トルエン又はメタノールを含有するシンナー（塗料の粘度を減少させるために使用される有機溶剤をいう。）、接着剤、塗料及び閉そく用又はシーリング用の充てん料とする。』

したがって、2)の「トルエン」が正解です。

問題7

重要度 ★★★

次の記述は、毒物及び劇物取締法施行令第32条の3の条文です。(　　　)に適する語句の組み合わせで、正しいものを選びなさい。

法第3条の4に規定する政令で定める(　ア　)、(　イ　)又は爆発性のある毒物又は劇物は、亜塩素酸ナトリウム及びこれを含有する製剤(亜塩素酸ナトリウム三十パーセント以上を含有するものに限る。)、塩素酸塩類及びこれを含有する製剤(塩素酸塩類三十五パーセント以上を含有するものに限る。)、ナトリウム並びにピクリン酸とする。

	(ア)	(イ)
1)	可燃性	引火性
2)	引火性	発火性
3)	可燃性	発火性
4)	発火性	燃焼性

問題8

重要度 ★★★

次のうち、毒物及び劇物取締法第3条の4に規定する引火性、発火性又は爆発性のないものを選びなさい。

1) 亜塩素酸ナトリウム
2) ナトリウム
3) ピクリン酸
4) メタノール

解答・解説

問題7　　解答　2

毒物及び劇物取締法第3条の4です。

『**引火性**、**発火性**又は爆発性のある毒物又は劇物であつて政令で定めるものは、業務その他の理由による場合を除いては、所持してはならない。』

したがって、（ア）は「引火性」、（イ）は「発火性」となります。

問題8　　解答　4

毒物及び劇物取締法施行令第32条の3です。

『法第3条の4に規定する政令で定めるものは、**亜塩素酸ナトリウム**及びこれを含有する製剤（亜塩素酸ナトリウム三十パーセント以上を含有するものに限る。）、**塩素酸塩類**及びこれを含有する製剤（塩素酸塩類三十五パーセント以上を含有するものに限る。）、**ナトリウム**並びに**ピクリン酸**とする。』
……………………………………………………………選択肢1）～選択肢3）

法3条の4に規定する政令で定めるものは、1）～3）です。したがって、4）が正解です。

問題9

重要度 ★★★

次の記述は、毒物及び劇物取締法第4条の営業の登録について誤っているものを選びなさい。

1) 毒物又は劇物の製造業、輸入業又は販売業の登録は、製造所、営業所又は店舗ごとに、その製造所、営業所又は店舗の所在地の都道府県知事が行う。
2) 毒物又は劇物の製造業、輸入業又は販売業の登録を受けようとする者は、製造業者にあっては製造所、輸入業者にあっては営業所、販売業者にあっては店舗ごとに、その製造所、営業所又は店舗の所在地の都道府県知事に申請書を出さなければならない。
3) 製造業又は輸入業の登録は、5年ごとに、更新を受けなければ、その効力を失う。
4) 販売業の登録は、3年ごとに、更新を受けなければ、その効力を失う。

問題10

重要度 ★★★

毒物及び劇物取締法第6条の登録事項について誤っているものを選びなさい。

1) 申請者の氏名及び住所（法人にあっては、その名称及び主たる事務所の所在地）
2) 製造業又は輸入業の登録にあっては、製造し、又は輸入しようとする毒物又は劇物の品目
3) 製造所、営業所又は店舗の所在地
4) 製造所、営業所又は店舗の電話番号

解答・解説

問題9　　解答　4

毒物及び劇物取締法第4条です。

『毒物又は劇物の製造業、輸入業又は販売業の登録は、製造所、営業所又は店舗ごとに、その製造所、営業所又は店舗の所在地の**都道府県知事**（販売業にあつてはその店舗の所在地が、地域保健法（昭和22年法律第101号）第5条第1項の政令で定める市（以下「保健所を設置する市」という。）又は特別区の区域にある場合においては、市長又は区長。～（中略）～）が行う。
……選択肢1)

2　毒物又は劇物の製造業、輸入業又は販売業の登録を受けようとする者は、製造業者にあつては製造所、輸入業者にあつては営業所、販売業者にあつては店舗ごとに、その製造所、営業所又は店舗の所在地の**都道府県知事**に申請書を出さなければならない。　……選択肢2)

3　製造業又は輸入業の登録は、**5年**ごとに、販売業の登録は、**6年**ごとに、更新を受けなければ、その効力を失う。』　……選択肢3)、選択肢4)

したがって、4) が正解です。

問題10　　解答 4

毒物及び劇物取締法第6条です。

『第4条第1項の登録は、次に掲げる事項について行うものとする。

一　**申請者の氏名及び住所**（法人にあつては、その名称及び主たる事務所の所在地）　……選択肢1)

二　製造業又は輸入業の登録にあつては、製造し、又は輸入しようとする**毒物又は劇物の品目**　……選択肢2)

三　製造所、営業所又は店舗の**所在地**』　……選択肢3)

毒物及び劇物取締法施行規則第4条の5です。

『登録簿に記載する事項は、毒物及び劇物取締法第6条に規定する事項のほか、次のとおりとする。

一　登録番号及び登録年月日

二　製造所、営業所又は店舗の名称

三　毒物劇物取扱責任者の氏名及び住所』

したがって、4) が正解です。

問題11

重要度 ★★★

毒物及び劇物取締法第6条の2第3項の特定毒物研究者の許可に関することで、都道府県知事が許可を与えないことができる者として誤っているものを選びなさい。

1) 心身の障害により特定毒物研究者の業務を適正に行うことができない者として厚生労働省令で定めるもの
2) 麻薬、大麻、あへん又は覚せい剤の中毒者
3) 毒物若しくは劇物又は薬事に関する罪を犯し、罰金以上の刑に処せられ、その執行を終わり、又は執行を受けることがなくなった日から起算して5年を経過していない者
4) 第19条第4項の規定により許可を取り消され、取消しの日から起算して2年を経過していない者

問題12

重要度 ★★★

毒物及び劇物取締法第7条の毒物劇物取扱責任者について誤っているものを選びなさい。

1) 毒物劇物営業者は、毒物又は劇物を直接に取り扱う製造所、営業所又は店舗ごとに、専任の毒物劇物取扱責任者を置き、毒物又は劇物による保健衛生上の危害の防止に当たらせなければならない。
2) 毒物劇物営業者が毒物若しくは劇物の製造業、輸入業若しくは販売業のうち2つ以上併せ営む場合において、その製造所、営業所若しくは店舗が互いに隣接しているとき、毒物劇物取扱責任者は、これらの施設を通じて1人で足りる。
3) 毒物劇物営業者は、毒物劇物取扱責任者を置いたときは、30日以内に、その製造所、営業所又は店舗の所在地の都道府県知事にその毒物劇物取扱責任者の氏名と住所を届け出なければならない。
4) 毒物劇物営業者は、毒物劇物取扱責任者を変更したときは、30日以内に、その製造所、営業所又は店舗の所在地の都道府県知事にその毒物劇物取扱責任者の氏名を届け出なければならない。

解答・解説

問題11

解答 3

毒物及び劇物取締法第6条の2第3項です。

3 都道府県知事は、次に掲げる者には、特定毒物研究者の許可を与えないことができる。
一 **心身の障害**により特定毒物研究者の業務を適正に行うことができない者として厚生労働省令で定めるもの ……選択肢1)
二 **麻薬、大麻、あへん又は覚せい剤**の中毒者 ……選択肢2)
三 毒物若しくは劇物又は薬事に関する罪を犯し、罰金以上の刑に処せられ、その執行を終わり、又は執行を受けることがなくなつた日から起算して**3年**を経過していない者 ……選択肢3)
四 第19条第4項の規定により許可を取り消され、取消しの日から起算して**2年**を経過していない者 ……選択肢4)』

したがって、問題文が3年ではなく5年となっている3)が誤りです。

問題12

解答 3

毒物及び劇物取締法第7条です。

『毒物劇物営業者は、毒物又は劇物を直接に取り扱う製造所、営業所又は店舗ごとに、専任の毒物劇物取扱責任者を置き、毒物又は劇物による保健衛生上の危害の防止に当たらせなければならない。 ……選択肢1)
2 毒物劇物営業者が毒物若しくは劇物の製造業、輸入業若しくは販売業のうち2つ以上併せ営む場合において、その製造所、営業所若しくは店舗が互いに隣接しているとき、又は同一店舗において毒物若しくは劇物の販売業を2以上併せて営む場合には、毒物劇物取扱責任者は、前項の規定にかかわらず、これらの施設を通じて1人で足りる。 ……選択肢2)
3 毒物劇物営業者は、毒物劇物取扱責任者を置いたときは、**30日以内に**、その製造所、営業所又は店舗の所在地の都道府県知事にその**毒物劇物取扱責任者の氏名**を届け出なければならない。毒物劇物取扱責任者を変更したときも、同様とする。』 ……選択肢3) 4)

したがって、問題文が「氏名と住所」となっている3)が誤りです。

問題13

重要度 ★★★

毒物及び劇物取締法第8条の毒物劇物取扱責任者の資格について正しいものを選びなさい。

1) 薬剤師は、毒物劇物取扱責任者になることができない。
2) 18歳以下の者は、毒物劇物取扱責任者になることができない。
3) 農業用品目毒物劇物取扱者試験に合格した者は、農業用品目販売業の店舗で毒物劇物取扱責任者になることができる。
4) 都道府県知事が行う毒物劇物取扱者試験に合格した者以外は、毒物劇物取扱責任者になることができない。

問題14

重要度 ★★★

毒物及び劇物取締法第12条の毒物又は劇物の表示について誤っているものを選びなさい。

毒物劇物営業者は、その容器及び被包に、次に掲げる事項を表示しなければ、毒物又は劇物を販売し、又は授与してはならない。

1) 毒物又は劇物の名称。
2) 毒物又は劇物の成分及びその含量。
3) 毒物又は劇物の製造番号。
4) 厚生労働省令で定める毒物又は劇物については、それぞれの厚生労働省令で定めるその解毒剤の名称。

解答・解説

問題13

解答　3

毒物及び劇物取締法第8条です。

『次の各号に掲げる者でなければ、前条の毒物劇物取扱責任者となることができない。 ……選択肢4)
一　薬剤師 ……選択肢1)
二　厚生労働省令で定める学校で、応用化学に関する学課を修了した者
三　都道府県知事が行う毒物劇物取扱者試験に合格した者

2　次に掲げる者は、前条の毒物劇物取扱責任者となることができない。
一　18歳未満の者　…………………………………………………選択肢2)
二　心身の障害により毒物劇物取扱責任者の業務を適正に行うことができない者として厚生労働省令で定めるもの
三　麻薬、大麻、あへん又は覚せい剤の中毒者
四　毒物若しくは劇物又は薬事に関する罪を犯し、罰金以上の刑に処せられ、その執行を終わり、又は執行を受けることがなくなつた日から起算して3年を経過していない者
3　第1項第三号の毒物劇物取扱者試験を分けて、一般毒物劇物取扱者試験、農業用品目毒物劇物取扱者試験及び特定品目毒物劇物取扱者試験とする。
4　農業用品目毒物劇物取扱者試験又は特定品目毒物劇物取扱者試験に合格した者は、それぞれ第4条の3第1項の厚生労働省令で定める毒物若しくは劇物のみを取り扱う輸入業の営業所若しくは農業用品目販売業の店舗又は同条第2項の厚生労働省令で定める毒物若しくは劇物のみを取り扱う輸入業の営業所若しくは特定品目販売業の店舗においてのみ、毒物劇物取扱責任者となることができる。』　…………………………選択肢3)

したがって、3) が正解です。

問題14　解答 3

毒物及び劇物取締法第12条第2項です。

2　『毒物劇物営業者は、その容器及び被包に、次に掲げる事項を表示しなければ、毒物又は劇物を販売し、又は授与してはならない。
一　毒物又は劇物の名称　…………………………………………選択肢1)
二　毒物又は劇物の成分及びその含量　…………………………選択肢2)
三　厚生労働省令で定める毒物又は劇物については、それぞれの厚生労働省令で定めるその解毒剤の名称。』…………………………選択肢4)

したがって、3) が正解です。

問題15

重要度 ★★★

毒物及び劇物取締法第10条の毒物劇物営業者の届出について誤っているものを選びなさい。

毒物劇物営業者は、次の各号のいずれかに該当する場合には、30日以内に、その製造所、営業所又は店舗の所在地の都道府県知事にその旨を届け出なければならない。

1) 代表者名又は住所（法人にあっては、その名称又は主たる事務所の所在地）を変更したとき。
2) 毒物又は劇物を製造し、貯蔵し、又は運搬する設備の重要な部分を変更したとき。
3) その他厚生労働省令で定める事項を変更したとき。
4) 当該製造所、営業所又は店舗における営業を廃止したとき。

問題16

重要度 ★★★

毒物及び劇物取締法施行規則第12条の農業用劇物の着色方法について正しいものを選びなさい。

1) あせにくい黄色
2) あせにくい黒色
3) あせにくい赤色
4) あせにくい茶色

解答・解説

問題15

解答　1

毒物及び劇物取締法第10条です。

『毒物劇物営業者は、次の各号のいずれかに該当する場合には、30日以内に、その製造所、営業所又は店舗の所在地の都道府県知事にその旨を届け出なければならない。

一　氏名又は住所（法人にあつては、その名称又は主たる事務所の所在地）を変更したとき。　……………………………………………………選択肢1）
二　毒物又は劇物を製造し、貯蔵し、又は運搬する設備の重要な部分を変更したとき。　………………………………………………………選択肢2）
三　その他厚生労働省令で定める事項を変更したとき。　………選択肢3）
四　当該製造所、営業所又は店舗における営業を廃止したとき。』
………………………………………………………………………選択肢4）

毒物劇物取締法施行規則第10条の2

『法第10条第1項第三号に規定する厚生労働省令で定める事項は、次のとおりとする。
一　製造所、営業所又は店舗の名称
二　登録に係る毒物又は劇物の品目（当該品目の製造又は輸入を廃止した場合に限る。）』

したがって、1）が正解です。

問題16　　解答 2

毒物及び劇物取締法施行規則第12条です。

『毒物劇物取締法第13条に規定する厚生労働省令で定める方法は、あせにくい黒色で着色する方法とする。』

毒物劇物取締法第13条

『毒物劇物営業者は、政令で定める毒物又は劇物については、厚生労働省令で定める方法により着色したものでなければ、これを農業用として販売し、又は授与してはならない。』

したがって、2）が正解です。

問題17

重要度 ★★★

毒物劇物営業者が、毒物又は劇物の交付をした場合に記載する帳簿の保存で、正しいものを選びなさい。

1) 1年間　2) 3年間　3) 5年間　4) 10年間

問題18

重要度 ★★★

毒物及び劇物取締法施行規則第13条の5に規定する、毒物又は劇物を運搬する車両の前後の見やすい箇所に掲げなければならない標識として、正しいものを選びなさい。

1) 0.3メートル平方の板に地を黒色、文字を白色として「毒」と表示
2) 0.3メートル平方の板に地を黒色、文字を白色として「劇」と表示
3) 0.3メートル平方の板に地を黒色、文字を黄色として「毒」と表示
4) 0.3メートル平方の板に地を黒色、文字を黄色として「劇」と表示

問題19

重要度 ★★★

毒物劇物営業者及び特定毒物研究者が、その取扱いに係る毒物若しくは劇物が飛散し、漏れ、流れ出、しみ出、又は地下にしみ込んだ場合に、講じなければならない応急の措置について、正しいものを選びなさい。

1) 直ちに、警察署又は消防機関に届け出なければならない
2) 直ちに、保健所、警察署又は消防機関に届け出なければならない
3) 一週間以内に、警察署又は消防機関に届け出なければならない
4) 一週間以内に、保健所、警察署又は消防機関に届け出なければならない

問題20

重要度 ★★★

毒物劇物営業者及び特定毒物研究者が、その取扱いに係る毒物又は劇物が盗難にあい、又は紛失したときの届出で、正しいものを選びなさい。

1) 直ちに、警察署に届け出なければならない
2) 直ちに、警察署、消防署に届け出なければならない
3) 15日以内に、警察署に届け出なければならない
4) 15日以内に、消防署に届け出なければならない

解答・解説

問題17 解答 3

毒物及び劇物取締法第15条第4項です。

『毒物劇物営業者は、前項の帳簿を、最終の記載をした日から**5年間**、保存しなければならない。』

したがって、3) が正解です。

問題18 解答 1

毒物及び劇物取締法施行規則第13条の5です。

『令第40条の5第2項第二号に規定する標識は、**0.3メートル平方**の板に**地を黒色、文字を白色**として「**毒**」と表示し、車両の前後の見やすい箇所に掲げなければならない。』

したがって、1) が正解です。

問題19 解答 2

毒物及び劇物取締法第17条です。

『毒物劇物営業者及び特定毒物研究者は、その取扱いに係る毒物若しくは劇物又は第11条第2項に規定する政令で定める物が飛散し、漏れ、流れ出、しみ出、又は地下にしみ込んだ場合において、**不特定又は多数の者**について保健衛生上の危害が生ずるおそれがあるときは、**直ちに**、その旨を保健所、警察署又は消防機関に届け出るとともに、保健衛生上の危害を防止するために必要な応急の措置を講じなければならない。』

したがって、2) が正解です。

問題20 解答 1

毒物及び劇物取締法第17条第2項です。

『毒物劇物営業者及び特定毒物研究者は、その取扱いに係る毒物又は劇物が盗難にあい、又は紛失したときは、**直ちに**、その旨を警察署に届け出なければならない。』

したがって、1) が正解です。

問題21

重要度 ★★★

毒物及び劇物取締法第22条第1項に規定する毒物若しくは劇物を業務上取り扱うものとして、届出が必要ないものを選びなさい。

1) 無機シアン化合物を用いて電気めっきを行う事業
2) 無機シアン化合物を用いて金属熱処理を行い事業
3) 無機シアン化合物を用いてしろありの防除を行う事業
4) 砒素化合物を用いてしろありの防除を行う事業

問題22

重要度 ★★

毒物及び劇物取締法第22条の業務上取扱者の届出として正しいものを選びなさい。

1) 1週間以内　2) 15日以内　3) 30日以内　4) 50日以内

解答・解説

問題21

解答　3

毒物及び劇物取締法施行令第41条（業務上取扱者の届出）です。

『法第22条第1項に規定する政令で定める事業は、次のとおりとする。
一　**電気めつきを行う事業**
二　**金属熱処理を行う事業**
三　最大積載量が五千キログラム以上の自動車若しくは被牽引自動車（以下「大型自動車」という。）に固定された容器を用い、又は内容積が厚生労働省令で定める量以上の容器を大型自動車に積載して行う毒物又は劇物の運送の事業
四　**しろありの防除を行う事業**

毒物及び劇物取締法施行令第42条です。

『法第22条第1項に規定する政令で定める毒物又は劇物は、次の各号に掲げる事業にあつては、それぞれ当該各号に定める物とする。

一　前条第一号及び第二号に掲げる事業　**無機シアン化合物たる毒物及びこれを含有する製剤**
二　前条第三号に掲げる事業　別表第二に掲げる物
三　前条第四号に掲げる事業　**砒素化合物たる毒物及びこれを含有する製剤**』

施行令第41条、第42条をまとめると、次の表のようになります。

▼業務上取扱者の届出が必要な事業

政令で定める事業	取り扱うもの	選択肢
電気めっきを行う事業	無機シアン化合物たる毒物及びこれを含有する製剤	選択肢1)
金属熱処理を行う事業	無機シアン化合物たる毒物及びこれを含有する製剤	選択肢2)
毒物又は劇物の運送の事業	施行令別表第二（医薬品及び医薬部外品以外の劇物）に掲げるもの	
しろありの防除を行う事業	砒素化合物たる毒物及びこれを含有する製剤	選択肢4)

したがって、届出が必要ないのは3）です。

問題22　　解答　3

毒物及び劇物取締法第22条第1項です。

『政令で定める事業を行なう者であつてその業務上シアン化ナトリウム又は政令で定めるその他の毒物若しくは劇物を取り扱うものは、事業場ごとに、その業務上これらの毒物又は劇物を取り扱うこととなつた日から**30日以内**に、厚生労働省令の定めるところにより、次の各号に掲げる事項を、その事業場の所在地の**都道府県知事**に届け出なければならない。
一　**氏名又は住所**（法人にあつては、その名称及び主たる事務所の所在地）
二　シアン化ナトリウム又は政令で定めるその他の毒物若しくは劇物のうち取り扱う**毒物又は劇物の品目**
三　**事業場の所在地**
四　その他厚生労働省令で定める事項』

したがって、3）が正解です。

1-2 さまざまなパターンの問題

問題1

重要度 ★★★

次の記述は、毒物及び劇物取締法第1条の条文である。（　　　）に入る語句として、それぞれ正しいものを選びなさい。

この法律は、毒物及び劇物について、（　ア　）上の見地から必要な（　イ　）を行うことを目的とする。

（ア）a　産業衛生　　b　保健衛生　　c　環境衛生　　d　安全衛生

（イ）a　分析　　b　指導　　c　取締　　d　監視

問題2

重要度 ★★★

特定毒物研究者、特定毒物使用者について正しいものには○、誤っているものには×で答えなさい。

1) 特定毒物研究者は、毒物若しくは劇物の製造業者または学術研究のため特定毒物を製造し、若しくは使用することができる者として、厚生労働大臣の許可を受けた者である。
2) 特定毒物研究者は、特定毒物の輸入はできない。
3) 特定毒物研究者は、特定毒物を学術研究以外の用途に供してはならない。
4) 特定毒物研究者は、特定毒物使用者に対し、その者が使用することができる特定毒物以外の特定毒物を譲り渡してはならない。
5) 毒物又は劇物の製造業者は毒物又は劇物の製造のために特定毒物を使用することができる。

解答・解説

問題1

解答　（ア）b　（イ）c

毒物及び劇物取締法第1条です。

『この法律は、毒物及び劇物について、**保健衛生**上の見地から必要な**取締**を行うことを目的とする。』

（ア）は「b 保健衛生」、（イ）は「c 取締」となります。

問題2　　**解答　1）×　2）×　3）○　4）○　5）○**

毒物及び劇物取締法第3条の2です。

『毒物若しくは劇物の製造業者又は学術研究のため特定毒物を製造し、若しくは使用することができる者としてその**主たる研究所の所在地の都道府県知事の許可**を受けた者（以下、特定毒物研究者という。）でなければ、特定毒物を製造してはならない。　……………………………選択肢1）

2　毒物若しくは劇物の**輸入業者**又は**特定毒物研究者**でなければ、特定毒物を輸入してはならない。　……………………………………選択肢2）

3　特定毒物研究者又は特定毒物を使用することができる者として品目ごとに政令で指定する者（以下、特定毒物使用者という。）でなければ、特定毒物を使用してはならない。ただし、毒物又は劇物の製造業者が毒物又は劇物の製造のために特定毒物を使用するときは、この限りでない。
……………………………………………………………………選択肢5）

4　特定毒物研究者は、特定毒物を学術研究以外の用途に供してはならない。
……………………………………………………………………選択肢3）

5　特定毒物使用者は、特定毒物を品目ごとに政令で定める用途以外の用途に供してはならない。

6　毒物劇物営業者、特定毒物研究者又は特定毒物使用者でなければ、特定毒物を譲り渡し、又は譲り受けてはならない。

7　前項に規定する者は、同項に規定する者以外の者に特定毒物を譲り渡し、又は同項に規定する者以外の者から特定毒物を譲り受けてはならない。

8　毒物劇物営業者又は特定毒物研究者は、特定毒物使用者に対し、その者が使用することができる特定毒物以外の特定毒物を譲り渡してはならない。』　……………………………………………………選択肢4）

1）は、厚生労働大臣ではなく、都道府県知事です。2）は、毒物若しくは劇物の輸入業者または特定毒物研究者でなければ、特定毒物を輸入していけません。3）、4）、5）は○です。

問題3

重要度 ★★★

次の記述は、毒物及び劇物取締法第3条の3の条文である。（　　　）に入る語句として、正しいものをそれぞれ選びなさい。

興奮、（　ア　）又は麻酔の作用を有する毒物又は劇物であって政令で定めるものは、みだりに摂取し、若しくは吸入し、又はこれらの目的で（　イ　）してはならない。

（ア）a　錯覚　　b　幻覚　　c　幻聴　　d　幻想
（イ）a　所持　　b　製造　　c　貯蔵　　d　使用

問題4

重要度 ★★☆

次の記述は、毒物及び劇物取締法施行令第32条の2の条文です。（　　　）に適する語句をそれぞれ選び、記号で答えなさい。

法第3条の3に規定する政令で定める興奮、幻覚又は麻酔の作用を有する物は、トルエン並びに（　ア　）、トルエン又はメタノールを含有する（　イ　）（塗料の粘度を減少させるために使用される有機溶剤をいう。）、（　ウ　）、塗料及び閉そく用又はシーリング用の充てん料とする。

a　酢酸メチル　　b　酢酸エチル　　c　エタノール　　d　シンナー
e　ボンド　　f　接着剤　　g　防腐剤

問題5

重要度 ★★★

次の記述は、毒物及び劇物取締法第3条の4の条文である。（　　　）に入る語句として、正しいものをそれぞれ選びなさい。

引火性、（　ア　）又は爆発性のある毒物又は劇物であって政令で定めるものは、業務その他正当な理由による場合を除いては、（　イ　）してはならない。

（ア）a　可燃性　　b　揮発性　　c　発火性　　d　易燃性
（イ）a　所持　　b　製造　　c　貯蔵　　d　使用

解答・解説

問題3　　解答　（ア）b　（イ）a

毒物及び劇物取締法第3条の3です。

『**興奮**、**幻覚**又は**麻酔**の作用を有する毒物又は劇物（これらを含有する物を含む。）であつて政令で定めるものは、みだりに摂取し、若しくは吸入し、又はこれらの目的で**所持**してはならない。』

したがって、（ア）は「b 幻覚」、（イ）は「a 所持」となります。

問題4　　解答　（ア）b　（イ）d　（ウ）f

毒物及び劇物取締法施行令第32条の2です。

『法第3条の3に規定する政令で定める物は、**トルエン並びに酢酸エチル**、トルエン又はメタノールを含有する**シンナー**（塗料の粘度を減少させるために使用される有機溶剤をいう。）、**接着剤**、塗料及び閉そく用又はシーリング用の充てん料とする。』

したがって、（ア）は「b 酢酸エチル」、（イ）は「d シンナー」、（ウ）は「f 接着剤」となります。

問題5　　解答　（ア）c　（イ）a

毒物及び劇物取締法第3条の4です。

『**引火性**、**発火性**又は**爆発性**のある毒物又は劇物であつて政令で定めるものは、業務その他正当な理由による場合を除いては、**所持**してはならない。』

したがって、（ア）は「c 発火性」、（イ）は「a 所持」となります。

問題6

重要度 ★★★

次の記述は、毒物及び劇物取締法施行令第32条の3の条文です。(　　　)に適する語句を答えなさい。

法第3条の4に規定する政令で定める引火性、発火性又は爆発性のある毒物又は劇物は、亜塩素酸ナトリウム及びこれを含有する製剤(亜塩素酸ナトリウム三十パーセント以上を含有するものに限る。)、塩素酸塩類及びこれを含有する製剤(塩素酸塩類三十五パーセント以上を含有するものに限る。)、(　ア　)並びに(　イ　)とする。

問題7

重要度 ★★☆

次の記述は、毒物劇物取締法第4条の営業の登録についてです。(　　　)に適する語句を答えなさい。

1) 毒物又は劇物の製造業、輸入業又は販売業の登録は、製造所、営業所または店舗ごとに、その製造所、営業所または店舗の所在地の(　ア　)が行う。
2) 毒物又は劇物の製造業、輸入業又は販売業の登録を受けようとする者は、製造業者にあっては製造所、輸入業者にあっては営業所、販売業者にあっては店舗ごとに、その製造所、営業所又は店舗の所在地の(　イ　)に申請書を出さなければならない。

問題8

重要度 ★★★

次の記述は、毒物及び劇物取締法第4条第3項の条文である。(　　　)に入る語句の組み合わせとして、正しいものを選びなさい。

製造業又は輸入業の登録は、(　ア　)ごとに、販売業の登録は、(　イ　)ごとに、更新を受けなければ、その効力を失う。

	(ア)	(イ)
1)	3年	5年
2)	5年	3年
3)	5年	6年
4)	6年	5年

解答・解説

問題6　　解答　（ア）ナトリウム　（イ）ピクリン酸

毒物及び劇物取締法施行令第32条の3です。

『法第3条の4に規定する政令で定める物は、**亜塩素酸ナトリウム**及びこれを含有する製剤（亜塩素酸ナトリウム三十パーセント以上を含有するものに限る。）、**塩素酸塩類**及びこれを含有する製剤（塩素酸塩類三十五パーセント以上を含有するものに限る。）、**ナトリウム**並びに**ピクリン酸**とする。』

したがって、（ア）は「ナトリウム」、（イ）は「ピクリン酸」です。

問題7　　解答　（ア）都道府県知事　（イ）都道府県知事

毒物及び劇物取締法第4条です。

『毒物又は劇物の製造業、輸入業又は販売業の登録は、製造所、営業所又は店舗ごとに、その製造所、営業所又は店舗の所在地の**都道府県知事**（販売業にあつてはその店舗の所在地が、地域保健法（昭和22年法律第101号）第5条第1項の政令で定める市（以下「保健所を設置する市」という。）又は特別区の区域にある場合においては、市長又は区長。～（中略）～）が行う。

2　毒物又は劇物の製造業、輸入業又は販売業の登録を受けようとする者は、製造業者にあつては製造所、輸入業者にあつては営業所、販売業者にあつては店舗ごとに、その製造所、営業所又は店舗の所在地の**都道府県知事**に申請書を出さなければならない。』

したがって、（ア）、（イ）は「都道府県知事」となります。

問題8　　解答　3

毒物及び劇物取締法第4条第3項です。

『3　**製造業又は輸入業**の登録は、**5年**ごとに、**販売業**の登録は、**6年**ごとに、更新を受けなければ、その効力を失う。』

したがって、（ア）は「5年」、（イ）は「6年」となり、3）が正解となります。

問題9

重要度 ★★★

次の記述について組み合わせとして正しいものを選びなさい。

（ア）毒物又は劇物の販売業の登録は、一般販売業、農業用品目販売業、特定品目販売業の3種類である。

（イ）一般販売業の登録を受けた者であれば、特定品目となる毒物又は劇物を販売することができる。

（ウ）農業用品目販売業の登録を受けた者であれば、農業上必要な毒物又は劇物を販売することができる。

（エ）特定品目販売業の登録を受けた者であれば、特定毒物を販売することができる。

	（ア）	（イ）	（ウ）	（エ）
1）	正	正	正	正
2）	正	誤	正	誤
3）	誤	誤	誤	正
4）	正	正	正	誤

問題10

重要度 ★★★

次の記述は、毒物及び劇物取締法第6条の条文である。（　　　）に入る語句の組み合わせとして、正しいものを選びなさい。

第4条の営業の登録は、次の各号に掲げる事項について行うものとする。

1 申請者の（　ア　）及び（　イ　）（法人にあっては、その名称及び主たる事務所の所在地）

2 製造業又は輸入業の登録にあっては、製造し、又は輸入しようとする毒物又は劇物の（　ウ　）

3 製造所、営業所又は店舗の（　エ　）

	（ア）	（イ）	（ウ）	（エ）
1）	氏名	住所	品目	所在地
2）	氏名	住所	数量	名称
3）	氏名	電話番号	品目	名称
4）	氏名	電話番号	数量	所在地

解答・解説

問題9　　解答　4

毒物及び劇物取締法第4条の2です。

『毒物又は劇物の販売業の登録を分けて、次のとおりとする。…選択肢ア）
一　一般販売業の登録
二　農業品目販売業の登録
三　特定品目販売業の登録』

毒物及び劇物取締法第4条の3です。

『農業用品目販売業の登録を受けた者は、農業上必要な毒物又は劇物であつて厚生労働省令で定めるもの以外の毒物又は劇物を販売し、授与し、又は販売若しくは授与の目的で貯蔵し、運搬し、若しくは陳列してはならない。…………………………………………………………………選択肢ウ）
2　特定品目販売業の登録を受けた者は、厚生労働省令で定める毒物又は劇物以外の毒物又は劇物を販売し、授与し、又は販売若しくは授与の目的で貯蔵し、運搬し、若しくは陳列してはならない。』…………選択肢エ）

したがって、（ア）、（イ）、（ウ）は正しい。（イ）の一般販売業の登録を受けた者は、すべての毒物又は劇物の取り扱いができます。

（エ）は誤り。（エ）の特定品目販売業者の取り扱う厚生労働省令の劇物に特定毒物は含まれません。

問題10　　解答　1

毒物及び劇物取締法第6条です。

『第4条の登録は、次の各号に掲げる事項について行うものとする。
一　申請者の**氏名**及び**住所**（法人にあつては、その名称及び主たる事務所の所在地）
二　製造業又は輸入業の登録にあつては、製造し、又は輸入しようとする毒物又は劇物の**品目**
三　製造所、営業所又は店舗の**所在地**』

したがって、（ア）は「氏名」、（イ）は「住所」、（ウ）は「品目」、（エ）は「所在地」となり、1）が正解となります。

問題11

重要度 ★★☆

次の記述は、毒物及び劇物取締法施行規則第4条の4の条文の一部である。(　　)に入る語句として、正しいものを選びそれぞれ記号で答えなさい。

1) 毒物又は劇物とその他の物とを(　ア　)して貯蔵できるものであること。
2) 毒物又は劇物を貯蔵するタンク、ドラムかん、その他の容器は、毒物又は劇物が(　イ　)し、漏れ、又は(　ウ　)おそれのないものであること。
3) 毒物又は劇物を貯蔵する場所が性質上かぎをかけることができないものであるときは、その周囲に、(　エ　)が設けてあること。
4) 毒物又は劇物を陳列する場所に(　オ　)があること。

a　引き離　　b　区分　　c　流出　　d　飛散
e　しみ込む　　f　しみ出る　　g　堅固なさく　　h　かぎをかける設備

問題12

重要度 ★★★

次の記述で正しいものには○、誤っているものには×で答えなさい。

1) 毒物劇物営業者は、毒物又は劇物を直接に取り扱う製造所、営業所又は店舗ごとに、専任の毒物劇物取扱責任者を置かなければならない。
2) 自ら毒物劇物取扱責任者として毒物又は劇物による保健衛生上の危害の防止に当たる製造所、営業所又は店舗については、専任の毒物劇物取扱責任者を置かなくてもよい。
3) 毒物若しくは劇物又は薬事に関する罪を犯し、罰金以上の刑に処せられ、その執行を終り、又は執行を受けることがなくなった日から起算して2年を経過していない者は、毒物劇物取扱責任者となることができない。
4) 毒物劇物営業者が毒物又は劇物の製造業、輸入業又は販売業のうち二以上を併せ営む場合において、その製造所、営業所又は店舗が互に隣接しているとき、それぞれに専任の毒物劇物取扱責任者を置かなければならない。
5) 毒物劇物営業者は、毒物劇物取扱責任者を置いたときは、30日以内に、その製造所、営業所又は店舗の所在地の都道府県知事にその毒物劇物取扱責任者の氏名と住所を届け出なければならない。毒物劇物取扱責任者を変更したときも、同様とする。

解答・解説

問題11　　**解答　（ア）b　（イ）d　（ウ）f　（エ）g　（オ）h**

毒物及び劇物取締法施行規則第4条の4の第二号です。

（ア）は「b 区分」、（イ）は「d 飛散」、（ウ）は「f しみ出る」、（エ）は「g 堅固なさく」、（オ）は「h かぎをかける設備」となります。

問題12　　**解答　1）○　2）○　3）×　4）×　5）×**

毒物及び劇物取締法第7条です。

『毒物劇物営業者は、**毒物又は劇物を直接に取り扱う製造所、営業所又は店舗ごとに、専任の毒物劇物取扱責任者を置き**、毒物又は劇物による保健衛生上の危害の防止に当たらせなければならない。ただし、自ら毒物劇物取扱責任者として毒物又は劇物による保健衛生上の危害の防止に当たる製造所、営業所又は店舗については、この限りでない。
……………………………………………………選択肢1）、選択肢2）

2　毒物劇物営業者が毒物又は劇物の製造業、輸入業又は販売業のうち二以上を併せ営む場合において、その製造所、営業所又は店舗が互に隣接しているとき、又は同一店舗において毒物又は劇物の販売業を二以上あわせて営む場合には、毒物劇物取扱責任者は、前項の規定にかかわらず、**これらの施設を通じて一人で足りる。**　……………………………選択肢4）

3　毒物劇物営業者は、毒物劇物取扱責任者を置いたときは、**30日以内**に、その製造所、営業所又は店舗の所在地の都道府県知事にその毒物劇物取扱責任者の**氏名**を届け出なければならない。毒物劇物取扱責任者を変更したときも、同様とする。……………………………………選択肢5）』

毒物及び劇物取締法第8条第2項第四号です。

四　毒物若しくは劇物又は薬事に関する罪を犯し、罰金以上の刑に処せられ、その執行を終り、又は執行を受けることがなくなつた日から起算して**3年**を経過していない者　……………………………選択肢3）

3）は、2年ではなく3年です。4）は、製造所、営業所又は店舗が互に隣接しているときは、それぞれに専任の毒物劇物取扱責任者を置くのではなく、施設を通じて毒物劇物取扱責任者は一人です。5）は、氏名と住所ではなく、氏名のみです。

問題13

重要度 ★★★

毒物及び劇物取締法第8条の毒物劇物取扱責任者の資格について正しいものには○、誤っているものには×で答えなさい。

1) 薬剤師は、毒物劇物取扱責任者になることができる。
2) 都道府県知事が許可した者は毒物劇物取扱責任者になることができる。
3) 18歳以下の者は毒物劇物取扱責任者になることができない。
4) 麻薬の中毒者は、毒物劇物取扱責任者になることができない。
5) 薬事に関する罪を犯し、その執行が終わった日から起算して5年を経過した者は毒物劇物取扱責任者になることができる。

問題14

重要度 ★★☆

次の記述で正しいものには○、誤っているものには×で答えなさい。

1) 医師、薬剤師、厚生労働省令で定める学校で応用化学に関する学課を修了した者、都道府県知事が行う毒物劇物取扱者試験に合格した者は、毒物劇物取扱責任者になることができる。
2) 毒物劇物取扱者試験には、一般毒物劇物取扱者試験、農業用品目毒物劇物取扱者試験、特定品目毒物劇物取扱者試験がある。
3) 農業用品目毒物劇物取扱者試験に合格した者は、厚生労働省令で定める毒物若しくは劇物のみを取り扱う輸入業の営業所若しくは農業用品目販売業の店舗においてのみ、毒物劇物取扱責任者となることができる。
4) 特定品目毒物劇物取扱者試験に合格した者は、厚生労働省令で定める毒物若しくは劇物のみを取り扱う輸入業の営業所、製造所若しくは特定品目販売業の店舗においてのみ、毒物劇物取扱責任者となることができる。
5) 18歳未満の者は、毒物劇物取扱責任者になることができない。

解答・解説

問題13

解答　1) ○　2) ×　3) ×　4) ○　5) ○

毒物及び劇物取締法第8条です。

『次の各号に掲げる者でなければ、毒物劇物取扱責任者となることができない。 ……………………………………………… 問題14選択肢1)

一　薬剤師　……………………………………………問題13選択肢1)
二　厚生労働省令で定める学校で、応用化学に関する学課を修了した者
三　都道府県知事が行う毒物劇物取扱者試験に合格した者
……………………………………………………………………問題13選択肢2)
2　次に掲げる者は、前条の毒物劇物取扱責任者となることができない。
一　18歳未満の者　…………………問題13選択肢3)、問題14選択肢5)
二　心身の障害により毒物劇物取扱責任者の業務を適正に行うことができない者として厚生労働省令で定めるもの
三　麻薬、大麻、あへん又は覚せい剤の中毒者　………問題13選択肢4)
四　毒物若しくは劇物又は薬事に関する罪を犯し、罰金以上の刑に処せられ、その執行を終り、又は執行を受けることがなくなつた日から起算して3年を経過していない者　…………………………問題13選択肢5)』
3　第1項第三号の毒物劇物取扱者試験を分けて、一般毒物劇物取扱者試験、農業用品目毒物劇物取扱者試験及び特定品目毒物劇物取扱者試験とする。
……………………………………………………………………問題14選択肢2)
4　農業用品目毒物劇物取扱者試験又は特定品目毒物劇物取扱者試験に合格した者は、それぞれ第4条の3第1項の厚生労働省令で定める毒物若しくは劇物のみを取り扱う輸入業の営業所若しくは農業用品目販売業の店舗又は同条第2項の厚生労働省令で定める毒物若しくは劇物のみを取り扱う輸入業の営業所若しくは特定品目販売業の店舗においてのみ、毒物劇物取扱責任者となることができる。
………………………………………問題14選択肢3)、問題14選択肢4)』

2)は、都道府県知事が許可した者ではなく、毒物劇物取扱者試験に合格した者です。3)は、18歳以下ではなく、18歳未満です。5)は、薬事に関する罪を犯した場合、3年を経過した者ですが、5年なので○です。1)、4)は○です。

問題14

解答　1)×　2)○　3)○　4)×　5)○

上記「毒物及び劇物取締法第8条」より、2)と3)と5)は○です。1)の、毒物劇物取扱責任者になることができるものは、薬剤師、応用化学に関する学課を修了した者、毒物劇物取扱者試験に合格した者です。医師は含まれません。4)は、営業所・店舗のみです。製造所は含まれません。

問題15

重要度 ★★☆

毒物劇物営業者が30日以内に届出をしなければならないものを選びなさい。

1) 毒物劇物一般販売業者が、氏名又は住所を変更したとき
2) 毒物又は劇物の輸入業を営む法人の代表者が変更になったとき
3) 毒物又は劇物を製造し、貯蔵し、又は運搬する設備の重要な部分を変更したとき
4) 店舗を移転し、移転先で引き続き毒物又は劇物を販売する場合
5) 登録に係る毒物又は劇物の品目を変更したとき

問題16

重要度 ★★★

次の記述は、毒物及び劇物取締法第14条の条文の一部です。(　　)に入る語句の組み合わせとして、正しいものを選びなさい。

毒物劇物営業者は、毒物又は劇物を他の毒物劇物営業者に販売し、又は授与したときは、その都度、次に掲げる事項を書面に記載しておかなければならない。

1　毒物又は劇物の(　ア　)及び(　イ　)
2　(　ウ　)
3　譲受人の氏名、(　エ　)及び(　オ　)(法人にあっては、その名称及び主たる事務所の所在地)

	(ア)	(イ)	(ウ)	(エ)	(オ)
1)	名称	含量	製造番号	職業	住所
2)	販売者	数量	製造番号	住所	電話番号
3)	名称	数量	販売又は授与の年月日	職業	住所
4)	販売者	含量	販売又は授与の年月日	住所	電話番号

解答・解説

問題15

解答　1、3、5

毒物及び劇物取締法第10条です。

『毒物劇物営業者は、左の各号の一に該当する場合には、30日以内に、製造業又は輸入業の登録を受けている者にあつてはその製造所又は営業所の所在地の都道府県知事を経て厚生労働大臣に、販売業の登録を受けている者にあつてはその店舗の所在地の都道府県知事にその旨を届け出なければならない。

一　氏名又は住所（法人にあつては、その名称又は主たる事務所の所在地）を変更したとき。　……………………………………………選択肢1）

二　毒物又は劇物を製造し、貯蔵し、又は運搬する設備の重要な部分を変更したとき。　……………………………………………………選択肢3）

三　その他厚生労働省令で定める事項を変更したとき。　………選択肢5）
→「厚生労働省令で定める事項」は下記の第10条2を参照）

四　当該製造所、営業所又は店舗における営業を廃止したとき。』

毒物及び劇物取締法施行規則第10条2です。

『法第10条第1項第三号に規定する厚生労働省令で定める事項は、次のとおりとする。

一　製造所、営業所又は店舗の名称

二　登録に係る毒物又は劇物の品目（当該品目の製造又は輸入を廃止した場合に限る。）』

したがって、1）、3）、5）は、○となります。2）は代表者の変更なので届出の必要はありません。4）の店舗の移転の場合は、再登録になります。

問題16　　解答　3

毒物及び劇物取締法第14条です。

『毒物劇物営業者は、毒物又は劇物を他の毒物劇物営業者に販売し、又は授与したときは、その都度次に掲げる事項を書面に記載しておかなければならない。

一　毒物又は劇物の名称及び数量

二　販売又は授与の年月日

三　譲受人の氏名、職業及び住所（法人にあつては、その名称及び主たる事務所の所在地）』

したがって、3）の組み合わせが正解となります。

問題17

重要度 ★★★

次の記述は、毒物及び劇物取締法第12条の条文の一部です。（　　）に入る語句として、正しいものをそれぞれ選びなさい。

1) 毒物劇物営業者及び特定毒物研究者は、毒物又は劇物の容器及び被包に、「（　ア　）」の文字及び毒物については（　イ　）に（　ウ　）をもつて「毒物」の文字、劇物については（　エ　）に（　オ　）をもつて「劇物」の文字を表示しなければならない。
2) 毒物劇物営業者は、その容器及び被包に、次に掲げる事項を表示しなければ、毒物又は劇物を販売し、又は授与してはならない。
　一　毒物又は劇物の（　カ　）
　二　毒物又は劇物の（　キ　）及びその（　ク　）

	a	b	c	d
（ア）	毒物劇物	保健衛生	医薬部外品	医薬用外
（イ）	白地	赤地	黒地	黄地
（ウ）	黒色	白色	黄色	赤色
（エ）	白地	赤地	黒地	黄地
（オ）	黒色	白色	黄色	赤色
（カ）	名称	化学式	販売者	製造者
（キ）	表示	成分	材料名	年月日
（ク）	含量	内容量	数量	保存方法

問題18

重要度 ★★★

毒物及び劇物取締法施行規則第11条の5の有機燐化合物及びこれを含有する製剤の毒物及び劇物の解毒剤を答えなさい。

解答・解説

問題17

解答　（ア）d　（イ）b　（ウ）b　（エ）a
（オ）d　（カ）a　（キ）b　（ク）a

毒物及び劇物取締法第12条です。

『毒物劇物営業者及び特定毒物研究者は、毒物又は劇物の容器及び被包に、「**医薬用外**」の文字及び毒物については**赤地**に**白色**をもつて「**毒物**」の文字、劇物については**白地**に**赤色**をもつて「**劇物**」の文字を表示しなければならない。

2　毒物劇物営業者は、その容器及び被包に、左に掲げる事項を表示しなければ、毒物又は劇物を販売し、又は授与してはならない。

一　毒物又は劇物の**名称**

二　毒物又は劇物の**成分**及びその**含量**

三　厚生労働省令で定める毒物又は劇物については、それぞれ厚生労働省令で定めるその**解毒剤の名称**

四　毒物又は劇物の取扱及び使用上特に必要と認めて、厚生労働省令で定める事項

3　毒物劇物営業者及び特定毒物研究者は、毒物又は劇物を貯蔵し、又は陳列する場所に、「**医薬用外**」の文字及び毒物については「**毒物**」、劇物については「**劇物**」の文字を表示しなければならない。』

したがって、（ア）は「d 医薬用外」、（イ）は「b 赤地」、（ウ）は「b 白色」、（エ）は「a 白地」、（オ）は「d 赤色」、（カ）は「a 名称」、（キ）は「b 成分」、（ク）は「a 含量」となります。

問題18

解答　硫酸アトロピン、
ニーピリジルアルドキシムメチオダイド（別名PAM）

毒物及び劇物取締法施行規則第11条の5です。

『法第12条第2項第三号に規定する毒物及び劇物は、有機燐化合物及びこれを含有する製剤たる毒物及び劇物とし、同号に規定するその解毒剤は、**ニーピリジルアルドキシムメチオダイド（別名PAM）**の製剤及び**硫酸アトロピン**の製剤とする。』

問題19

重要度 ★★☆

次の記述で正しいものには○、誤っているものには×で答えなさい。

1) 毒物劇物営業者は、毒物又は劇物の容器及び被包に、「医薬用外」の文字及び毒物については白地に赤色をもって「毒物」の文字を表示しなければならない。
2) 毒物劇物営業者は、毒物又は劇物を貯蔵し、又は陳列する場所に、「医薬用外」の文字及び劇物については「劇物」の文字を表示しなければならない。
3) 毒物劇物営業者は、政令で定める毒物又は劇物については、あせにくい黒色で着色したものでなければ、これを農業用として販売し、又は授与してはならない。
4) 毒物又は劇物を運搬する車両に掲げる標識は、0.3メートル平方の板に地を黒色、文字を黄色として「毒」と表示し、車両の前後の見やすい箇所に掲げなければならない。

問題20

重要度 ★★☆

次の記述は、毒物及び劇物取締法第17条の条文の一部です。（　　）に入る語句として、正しいものを選びそれぞれ記号で答えなさい。

毒物劇物営業者及び特定毒物研究者は、その取扱いに係る毒物若しくは劇物又は第11条第2項の政令で定める物が飛散し、漏れ、流れ出し、染み出し、又は地下に染み込んだ場合において、（　ア　）の者について（　イ　）上の危害が生ずるおそれがあるときは、（　ウ　）、その旨を（　エ　）、（　オ　）又は消防機関に届け出るとともに（　イ　）上の危害を防止するために必要な応急の措置を講じなければならない。

a	あらかじめ	b	直ちに	c	1週間以内	d	安全衛生
e	保健衛生	f	公衆衛生	g	不特定又は多数	h	大多数
i	市役所	j	警察署	k	病院	l	保健所

解答・解説

問題19

解答　1) ×　2) ○　3) ○　4) ×

毒物及び劇物取締法第12条第1項・第3項、第13条（施行規則第12条）、毒物及び劇物取締法施行規則第13条の5です。

●第12条第1項・第3項（毒物又は劇物の表示）

『毒物劇物営業者及び特定毒物研究者は、毒物又は劇物の容器及び被包に、「医薬用外」の文字及び毒物については**赤地に白色をもつて「毒物」**の文字、劇物については**白地に赤色をもつて「劇物」**の文字を表示しなければならない。 ……………………………………………………選択肢1)

3　毒物劇物営業者及び特定毒物研究者は、毒物又は劇物を貯蔵し、又は陳列する場所に、「**医薬用外**」の文字及び毒物については「**毒物**」、劇物については「**劇物**」の文字を表示しなければならない。』……………選択肢2)

●第13条（特定の用途に供される毒物又は劇物の販売等）

『毒物劇物営業者は、政令で定める毒物又は劇物については、厚生労働省令で定める方法により**着色**したものでなければ、これを**農業用**として販売し又は授与してはならない。』

●施行規則第12条

『法第13条に規定する厚生労働省令で定める方法は、**あせにくい黒色**で着色する方法とする。』 ……………………………………………………選択肢3)

●施行規則第13条の5（毒物又は劇物を運搬する車両に掲げる標識）

『令第40条の5第2項第二号に規定する標識は、**0.3メートル平方**の板に**地を黒色**、**文字を白色**として「**毒**」と表示し、車両の前後の見やすい箇所に掲げなければならない。』 ……………………………………………選択肢4)

したがって、2) と3) は○です。1) は赤地に白色、4) は文字を白色です。

問題20　　**解答　（ア）g　（イ）e　（ウ）b　（エ）l　（オ）j**

毒物及び劇物取締法第17条第1項です。

『毒物劇物営業者及び特定毒物研究者は、その取扱いに係る毒物若しくは劇物又は第11条第2項の政令で定める物が飛散し、漏れ、流れ出し、染み出し、又は地下に染み込んだ場合において、**不特定又は多数**の者について**保健衛生**上の危害が生ずるおそれがあるときは、**直ちに**、その旨を**保健所**、**警察署**又は消防機関に届け出るとともに**保健衛生**上の危害を防止するために必要な応急の措置を講じなければならない。』

事故の際の措置に関する問題です。したがって、（ア）は「g 不特定又は多数」、（イ）は「e 保健衛生」、（ウ）は「b 直ちに」、（エ）は「l 保健所」、（オ）は「j 警察署」となります。

問題21

重要度 ★★★

次の記述は、毒物及び劇物取締法第21条の条文の一部です。(　　　)に入る語句として、正しいものを選びそれぞれ記号で答えなさい。

毒物劇物営業者、特定毒物研究者または特定毒物使用者は、その営業の登録若しくは特定毒物研究者の許可が効力を失い、又は特定毒物使用者でなくなったときは、(　ア　)日以内に、毒物劇物営業者にあってはその製造所、営業所又は店舗の所在地の都道府県知事に、特定毒物使用者にあっては都道府県知事に、それぞれ現に所有する特定毒物の(　イ　)及び(　ウ　)を届け出なければならない。

a　7　　b　15　　c　30　　d　含量　　e　数量
f　種類　　g　品名　　h　成分

問題22

重要度 ★★★

次の記述は、毒物及び劇物取締法第22条の条文の一部です。(　　　)に入る語句として、正しいものを選びそれぞれ記号で答えなさい。

業務上シアン化ナトリウムを取り扱う者は、次の各号に掲げる事項を、その事業場の所在地の都道府県知事に届け出なければならない。

一　(　ア　)又は(　イ　)(法人にあっては、その名称及び主たる事務所の所在地)
二　シアン化ナトリウム又は政令で定めるその他の毒物若しくは劇物のうち取り扱う毒物又は劇物の(　ウ　)
三　事業場の(　エ　)
四　その他厚生労働省令で定める事項

a　氏名　　b　住所　　c　電話番号　　d　性別　　e　数量
f　含量　　g　品目　　h　所在地　　i　連絡先

解答・解説

問題21　　解答　(ア)b　(イ)g　(ウ)e

毒物及び劇物取締法第21条第1項です。

『毒物劇物営業者、特定毒物研究者又は特定毒物使用者は、その営業の登録若しくは特定毒物研究者の許可が効力を失い、又は特定毒物使用者でなくなつたときは、**15日以内**に、毒物劇物営業者にあつてはその製造所、営業所又は店舗の所在地の都道府県知事に、特定毒物使用者にあつては都道府県知事に、それぞれ現に所有する特定毒物の**品名**及び**数量**を届け出なければならない。』

登録が失効した場合等の措置に関する問題です。したがって、(ア)は「b 15」、(イ)は「g 品名」、(ウ)は「e 数量」となります。

問題22　　解答　(ア)a　(イ)b　(ウ)g　(エ)h

毒物及び劇物取締法第22条です。

『政令で定める事業を行なう者であつてその業務上シアン化ナトリウム又は政令で定めるその他の毒物若しくは劇物を取り扱うものは、事業場ごとに、その業務上これらの毒物又は劇物を取り扱うこととなつた日から**30日以内**に、厚生労働省令の定めるところにより、次の各号に掲げる事項を、その事業場の所在地の都道府県知事に届け出なければならない。

一　**氏名**又は**住所**(法人にあつては、その名称及び主たる事務所の所在地)
二　シアン化ナトリウム又は政令で定めるその他の毒物若しくは劇物のうち取り扱う毒物又は劇物の**品目**
三　事業場の**所在地**
四　その他厚生労働省令で定める事項』

したがって、(ア)は「a 氏名」、(イ)は「b 住所」、(ウ)は「g 品目」、(エ)は「h 所在地」となります。

問題23

重要度 ★★☆

次の記述は、毒物及び劇物取締法施行令第40条の条文です。（　　）に入る語句の組み合わせとして、正しいものを選び記号で答えなさい。

法第15条の2の規定により、毒物若しくは劇物又は法第11条第2項に規定する政令で定める物の廃棄の方法に関する技術上の基準を次のように定める。

一　中和、（　ア　）、酸化、還元、稀釈その他の方法により、毒物及び劇物並びに法第11条第2項に規定する政令で定める物のいずれにも該当しない物とすること。

二　ガス体又は（　イ　）の毒物又は劇物は、保健衛生上危害を生ずるおそれがない場所で、少量ずつ放出し、又は揮発させること。

三　（　ウ　）の毒物又は劇物は、保健衛生上危害を生ずるおそれがない場所で、少量ずつ燃焼させること。

四　前各号により難い場合には、地下（　エ　）以上で、かつ、地下水を汚染するおそれがない地中に確実に埋め、海面上に引き上げられ、若しくは浮き上がるおそれがない方法で海水中に沈め、又は保健衛生上危害を生ずるおそれがないその他の方法で処理すること。

	（ア）	（イ）	（ウ）	（エ）
1）	加水分解	可燃性	揮発性	三メートル
2）	加水分解	揮発性	可燃性	一メートル
3）	蒸留	可燃性	揮発性	三メートル
4）	蒸留	揮発性	可燃性	一メートル

問題24

重要度 ★★☆

次の薬物のうち、毒物及び劇物取締法により特定毒物に指定されているものには1、毒物（特定毒物を除く。）に指定されているものには2、劇物に指定されているものには3、いずれにも該当しないものには4で答えなさい。

1）水銀　　2）水酸化ナトリウム　　3）四アルキル鉛
4）酢酸　　5）燐化亜鉛　　6）過酸化水素
7）シアン化水素　　8）黄燐　　9）ピクリン酸
10）メタノール

解答・解説

問題23　　解答　2

毒物及び劇物取締法施行令第40条です。

『法第15条の2の規定により、毒物若しくは劇物又は法第11条第2項に規定する政令で定める物の廃棄の方法に関する技術上の基準を次のように定める。

一　**中和、加水分解、酸化、還元、稀釈その他の方法により、**毒物及び劇物並びに法第11条第2項に規定する政令で定める物のいずれにも該当しない物とすること。

二　**ガス体又は揮発性の**毒物又は劇物は、保健衛生上危害を生ずるおそれがない場所で、少量ずつ放出し、又は揮発させること。

三　**可燃性の**毒物又は劇物は、保健衛生上危害を生ずるおそれがない場所で、少量ずつ燃焼させること。

四　前各号により難い場合には、**地下一メートル以上で、**かつ、地下水を汚染するおそれがない地中に確実に埋め、海面上に引き上げられ、若しくは浮き上がるおそれがない方法で海水中に沈め、又は保健衛生上危害を生ずるおそれがないその他の方法で処理すること。』

したがって、(ア)は「加水分解」、(イ)は「揮発性」、(ウ)は「可燃性」、(エ)は「一メートル」となり、2) が正解となります。

問題24　　解答　1) 2　2) 3　3) 1　4) 4　5) 3　6) 3　7) 2　8) 2　9) 3　10) 3

▼毒物及び劇物取締法での薬物の指定

指定	物質名	解答
特定毒物	四アルキル鉛	1
毒物	水銀、シアン化水素、黄燐	2
劇物	水酸化ナトリウム、燐化亜鉛、過酸化水素、ピクリン酸、メタノール	3
指定なし	酢酸	4

問題25

重要度 ★★★

毒物又は劇物を、車両を使用して運搬する場合について、正しい組み合わせのものを選びなさい。

a 毒物又は劇物を、車両を使用して一回につき五千キログラム以上運搬する場合には、その運搬方法は、定める基準に適合するものでなければならない。
b 厚生労働省令で定める距離を超えて運搬する場合には、車両一台について運転者のほか交替して運転する者を同乗させること。
c 車両には、防毒マスク、ゴム手袋その他事故の際に応急の措置を講ずるために必要な保護具で、厚生労働省令で定めるものを二人分以上備えること。
d 車両には、運搬する毒物又は劇物の名称、成分及びその数量並びに事故の際に講じなければならない応急の措置の内容を記載した書面を備えること。

	a	b	c	d
1)	正	正	正	正
2)	正	正	誤	誤
3)	正	誤	誤	正
4)	正	誤	正	誤

問題26

重要度 ★★☆

次の記述は、毒物及び劇物取締法施行令第40条の6の条文です。(　　)に入る語句として、正しいものを選びそれぞれ記号で答えなさい。

毒物又は劇物を車両を使用して、又は鉄道によって運搬する場合で、当該運搬を他に委託するときは、その荷送人は、運送人に対し、あらかじめ、当該毒物又は劇物の名称、(　ア　)及びその(　イ　)並びに数量並びに事故の際に講じなければならない応急の措置の内容を記載した書面を交付しなければならない。ただし、厚生労働省令で定める数量以下の毒物又は劇物を運搬する場合は、この限りでない。

(ア) a 状態　b 運送人の住所　c 種類　d 成分
(イ) a 情報　b 含量　c 解毒剤　d 保管方法

解答・解説

問題25　　解答　4

毒物及び劇物取締法施行令第40条の5です。

『四アルキル鉛を含有する製剤を鉄道によって運搬する場合には、有がい貨車を用いなければならない。

2　別表第二に掲げる毒物又は劇物を車両を使用して一回につき五千キログラム以上運搬する場合には、その運搬方法は、次の各号に定める基準に適合するものでなければならない。……選択肢a

一　厚生労働省令で定める時間を超えて運搬する場合には、車両一台について運転者のほか交替して運転する者を同乗させること。…選択肢b

二　車両には、厚生労働省令で定めるところにより標識を掲げること。

三　車両には、防毒マスク、ゴム手袋その他事故の際に応急の措置を講ずるために必要な保護具で厚生労働省令で定めるものを二人分以上備えること。……選択肢c

四　車両には、運搬する毒物又は劇物の名称、成分及びその含量並びに事故の際に講じなければならない応急の措置の内容を記載した書面を備えること。……選択肢d』

運搬方法に関する問題です。bは、「距離を超えて」ではなく「時間を超えて」です。dは、「数量」ではなく「含量」です。

問題26　　解答　（ア）d　（イ）b

毒物及び劇物取締法施行令第40条の6です。

『毒物又は劇物を車両を使用して、又は鉄道によって運搬する場合で、当該運搬を他に委託するときは、その荷送人は、運送人に対し、あらかじめ、当該毒物又は劇物の名称、成分及びその含量並びに数量並びに事故の際に講じなければならない応急の措置の内容を記載した書面を交付しなければならない。ただし、厚生労働省令で定める数量以下の毒物又は劇物を運搬する場合は、この限りでない。』

荷送人の通知義務に関する問題です。したがって、(ア)は「d 成分」、(イ)は「b 含量」となります。

問題27

重要度 ★★☆

次の薬物を含有する製剤は、毒物及び劇物取締法上、ある一定の濃度以下で劇物より除外されます。最も適するものをそれぞれ選び記号で答えなさい。

1) 水酸化ナトリウム
2) フェノール
3) ホルムアルデヒド
4) 硫酸

a　0.1%　　b　1%　　c　5%　　d　6%　　e　10%

解答・解説

問題27

解答　1) c　2) c　3) b　4) e

▼劇物から除外される濃度

物質名（劇物）	除外濃度（%）
硫酸タリウム	0.3
ホルムアルデヒド	1
水酸化ナトリウム、フェノール、過酸化ナトリウム	5
過酸化水素	6
アンモニア、塩化水素（塩酸）、硫酸、蓚酸	10
クロム酸鉛	70
ぎ酸（蟻酸）	90

したがって、1) はc、2) はc、3) はb、4) はeとなります。
その他の除外濃度については、p.404のコラムを参考にしてください。

第2章

基礎化学

2-1 択一問題

❶ 原子の構造

問題1

重要度 ★★☆

次の記述で誤っているものを選びなさい。

1) 周期表の縦の列を族、横の行を周期という。
2) 周期表の3～12族の元素を遷移元素という。
3) 周期表の2族の元素をアルカリ金属元素という。
4) 貴ガス（希ガス）元素は周期表の18族の元素のことである。

問題2

重要度 ★★★

質量数13の炭素原子 $_6C$ についてその陽子の数、中性子の数、電子の数の組み合わせとして、正しいものを選びなさい。

	陽子の数	中性子の数	電子の数
1)	6	7	7
2)	7	6	13
3)	13	6	13
4)	6	7	6
5)	7	6	7

問題3

重要度 ★★★

次のうち互いに同素体でないものを選びなさい。

1) 水素 ^1H と重水素 ^2H
2) 酸素 O_2 とオゾン O_3
3) ダイヤモンドとグラファイト
4) 黄リンと赤リン

解答・解説

問題1　解答　3

1)、2)、4) は、その通りです。

3)の2族の元素は、Be(ベリリウム)、Mg(マグネシウム)、Ca(カルシウム)、Sr (ストロンチウム)、Ba (バリウム)、Ra (ラジウム) です。BeとMgを除いた元素を**アルカリ土類金属元素**といいます (BeとMgを含める場合もあります)。**アルカリ金属元素**は、H (水素) を除く1族の元素で、Li (リチウム)、Na (ナトリウム)、K (カリウム)、Rb (ルビジウム)、Cs (セシウム)、Fr (フランシウム) です。

問題2　解答　4

元素記号の下付き数字は、原子番号です。**原子番号は、原子核に含まれる陽子の数 (＝電子の数) のこと**をいいます。また**質量数は、陽子の数と中性子の数の和 (質量数＝陽子の数＋中性子の数) のこと**です。質量数と原子番号がわかると陽子の数、電子の数、中性子の数がわかります。

問題3　解答　1

同じ元素からできている単体で物理的および化学的性質が異なる物質を互いに「**同素体**」といいます。硫黄 (S)、炭素 (C)、酸素 (O)、リン (P) です。

1) の水素 ^{1}H と重水素 ^{2}H は、**同位体**になります。

問題4

重要度 ★★★

同位体の説明として、正しいものを選びなさい。

1) 陽子の数は同じだが、中性子の数が異なる原子で、化学的性質はほとんど変わらない。
2) 中性子の数は同じだが、陽子の数が異なる原子で、化学的性質はほとんど変わらない。
3) 中性子の数と陽子の数が同じ原子で、化学的性質が異なる。
4) 中性子の数と陽子の数が異なる原子で、化学的性質はほとんど変わらない。

問題5

重要度 ★★★

同素体の説明として、正しいものを選びなさい。

1) 同じ元素の単体で、性質の同じものを互いに同素体という。
2) 同じ元素の単体で、性質が異なるものを互いに同素体という。
3) 分子式は同じであるが性質が異なる物質が2個以上存在するものを互いに同素体という。
4) 硫黄、炭素、水素、リンには、同素体が存在する。

❷ 電子配置

問題6

重要度 ★★☆

イオン化傾向の大きい順に並べたもので、正しいものを選びなさい。

1) Na＞K＞Fe＞Cu＞Ag
2) K＞Na＞Ag＞Fe＞Cu
3) K＞Na＞Fe＞Cu＞Ag
4) Fe＞Cu＞K＞Na＞Ag
5) K＞Na＞Fe＞Ag＞Cu

問題 7

重要度 ★★★

次の金属元素のうち最も酸化されやすい元素をを選びなさい。

1) Ni　　2) Al　　3) Cu　　4) Zn　　5) Fe

解答・解説

問題 4

解答　1

同じ元素の原子でも、質量数の異なるものが存在します。この原子番号（陽子の数）が同じで、質量数（中性子の数）の異なる原子のことを互いに「**同位体**」といいます。

問題 5

解答　2

同じ元素からできている単体で物理的および化学的性質が異なる物質を互いに「**同素体**」といいます。

硫黄（S）、炭素（C）、酸素（O）、リン（P）です。

問題 6

解答　3

金属によって陽イオンへのなりやすさが異なります。この性質を**金属のイオン化傾向**といいます。

順にLi＞K＞Ca＞Na＞Mg＞Al＞Zn＞Fe＞Ni＞Sn＞Pb＞（H）＞Cu＞Hg＞Ag＞Pt＞Auとなります。

問題 7

解答　2

金属のイオン化傾向の大きい金属ほど酸化されやすいです。

金属のイオン化傾向は、順にAl＞Zn＞Fe＞Ni＞Cuとなります。

問題8

重要度 ★★★

塩素原子の最外殻電子の数で、正しいものを選びなさい。

1) 1個　2) 2個　3) 3個　4) 7個　5) 8個

問題9

重要度 ★★★

次の元素のうち、2価の陽イオンになるものを選びなさい。

1) Ag　2) Na　3) Cl　4) Mg　5) O

問題10

重要度 ★★★

アルゴン（Ar）と同じ電子配置のイオンを選びなさい。

1) Na^{+}　2) Mg^{2+}　3) Al^{3+}　4) Cl^{-}　5) F^{-}

❸ 物質量

問題11

重要度 ★★☆

次の気体のうち1モルの重量が一番大きいものを選びなさい。
ただし、原子量はH＝1、C＝12、N＝14、O＝16、S＝32とする。

1) 水素　2) 硫化水素　3) 二酸化炭素　4) アンモニア　5) 二酸化硫黄

問題12

重要度 ★★★

次の文章のうち、アボガドロの法則の説明として、正しいものを選びなさい。

1) すべての気体は、同温・同圧のもとでは、同体積の気体は同数の分子を含む。
2) 化学変化において、反応前の物質の質量の総和と反応後の物質の質量の総和は等しい。
3) ある化合物を構成している成分元素の質量比は、常に一定である。
4) 気体間の反応では、それらの気体の体積間に簡単な整数比が成り立つ。

解答・解説

問題8　　解答 4

塩素原子（$_{17}Cl$）の原子番号は17です。したがって電子の数は17個となります。電子配置はK殻に2個、L殻に8個、M殻に7個となります。最外殻電子は、最外殻の電子なので、塩素原子の場合、M殻の7個となります。また、最外殻電子のことを**価電子**（化学結合に使われる電子）ともいいます。

問題9　　解答 4

貴ガス（希ガス）元素以外の元素は、電子を放出したり獲得したりすることによって安定な電子配置になろうとする傾向があります。金属元素は、電子を放出して陽イオンとなり安定な電子配置となります。2価の陽イオンとは、電子を2個放出する元素なので、2族の$_{12}Mg$（マグネシウム）（K殻2個、L殻8個、M殻2個）となります。

問題10　　解答 4

アルゴン（$_{18}Ar$）の電子配置はK殻に2個、L殻に8個、M殻に8個になります。$_{17}Cl$（塩素）の電子配置は、K殻に2個、L殻に8個、M殻に7個になりますが、Cl（塩素）は電子を1個獲得して、Cl^-（塩化物イオン）になります。したがって、Cl^-（塩化物イオン）の電子配置はK殻に2個、L殻に8個、M殻に8個になります。

問題11　　解答 5

1モルの質量は、分子量にgをつけた質量になります。モル質量（g/mol）といいます。したがって1）水素（H_2）：2g、2）硫化水素（H_2S）：34g、3）二酸化炭素（CO_2）：44g、4）アンモニア（NH_3）：17g、5）二酸化硫黄（SO_2）：64gとなります。分子量は、化学式を構成する元素の原子量の総和です。

問題12　　解答 1

アボガドロの法則は「すべての気体は、同温・同圧のもとでは、同体積の気体は同数の分子を含む。」という法則です。2）の法則は「**質量保存の法則**」、3）の法則は「**定比例の法則**」、4）の法則は「**気体反応の法則**」です。

問題13

重要度 ★★★

標準状態において、0.5モルの二酸化炭素の分子の数として、正しいものを選びなさい。ただし、原子量はC＝12、O＝16とする。

1) 3.0×10^{22}個　2) 3.0×10^{23}個　3) 6.0×10^{22}個　4) 6.0×10^{23}個

問題14

重要度 ★★★

標準状態において、11.2Lの酸素の物質量（mol）として、正しいものを選びなさい。ただし、原子量はO＝16とする。

1) 0.1mol　2) 0.5mol　3) 1mol　4) 2mol

問題15

重要度 ★★★

二酸化炭素22gの物質量（mol）として、正しいものを選びなさい。
ただし、原子量はC＝12、O＝16とする。

1) 0.1mol　2) 0.2mol　3) 0.5mol　4) 1.0mol　5) 2.0mol

問題16

重要度 ★★☆

20gの物質量（mol）が最も大きい物質を選びなさい。
ただし、原子量はH＝1、C＝12、N＝14、O＝16、Na＝23とする。

1) 二酸化炭素
2) 水酸化ナトリウム
3) 水素
4) 酸素
5) アンモニア

解答・解説

問題13 解答 2

1モルの分子中には、6.0×10^{23}個（アボガドロ数）の分子があります。

0.5モルの二酸化炭素なので、

6.0×10^{23}（個/mol）$\times 0.5$（mol）$= 3.0 \times 10^{23}$（個）。

問題14 解答 2

標準状態において気体1molの体積は22.4Lです。

したがって $\frac{11.2\ (\mathrm{L})}{22.4\ (\mathrm{L/mol})} = 0.5\ (\mathrm{mol})$

問題15 解答 3

二酸化炭素（CO_2）の分子量は$12 \times 1 + 16 \times 2 = 44$です。

二酸化炭素1molは44gなので、$\frac{22\ (\mathrm{g})}{44\ (\mathrm{g/mol})} = 0.5\ (\mathrm{mol})$

問題16 解答 3

分子量は、化学式を構成する元素の原子量の総和です。各物質の分子量は、1) 二酸化炭素（CO_2）：44、2) 水酸化ナトリウム（NaOH）：40、3) 水素（H_2）：2、4) 酸素（O_2）：32、5) アンモニア（NH_3）：17です。

各物質20gの物質量（mol）は、

1) 二酸化炭素（CO_2）：$\frac{20\ (\mathrm{g})}{44\ (\mathrm{g/mol})} \fallingdotseq 0.45\ (\mathrm{mol})$

2) 水酸化ナトリウム（NaOH）：$\frac{20\ (\mathrm{g})}{40\ (\mathrm{g/mol})} = 0.5\ (\mathrm{mol})$

3) 水素（H_2）：$\frac{20\ (\mathrm{g})}{2\ (\mathrm{g/mol})} = 10\ (\mathrm{mol})$

4) 酸素（O_2）：$\frac{20\ (\mathrm{g})}{32\ (\mathrm{g/mol})} = 0.625\ (\mathrm{mol})$

5) アンモニア（NH_3）：$\frac{20\ (\mathrm{g})}{17\ (\mathrm{g/mol})} \fallingdotseq 1.18\ (\mathrm{mol})$　です。

④ 溶液の濃度

問題17

重要度 ★★★

水200gに50gの水酸化ナトリウムを溶かした水溶液の質量パーセント濃度（%）で、正しいものを選びなさい。

1）5%　　2）10%　　3）20%　　4）25%　　5）50%

問題18

重要度 ★★☆

10%の食塩水200gと20%の食塩水300gを混合したときの食塩水の濃度（%）で、正しいものを選びなさい。

1）8%　　2）10%　　3）16%　　4）20%　　5）30%

問題19

重要度 ★★★

10%の水酸化ナトリウム水溶液200mLに含まれている水酸化ナトリウムの質量（g）として、正しいものを選びなさい。

1）5g　　2）10g　　3）15g　　4）20g　　5）50g

問題20

重要度 ★★☆

40%の水酸化ナトリウム水溶液50mLに水を加えて10%の水酸化ナトリウム水溶液を作るとき、加える水の量（mL）として、正しいものを選びなさい。

1）50mL　　2）100mL　　3）150mL　　4）200mL　　5）250mL

解答・解説

問題17

解答　3

$$\text{質量パーセント濃度（\%）} = \frac{\text{溶質（g）}}{\text{溶質（g）} + \text{溶媒（g）}} \times 100 = \frac{\text{溶質（g）}}{\text{溶液（g）}} \times 100$$

溶質は水酸化ナトリウム50g、溶媒は水200gなので、

$$\frac{50\ \text{(g)}}{50\ \text{(g)} + 200\ \text{(g)}} \times 100 = \frac{50\ \text{(g)}}{250\ \text{(g)}} \times 100 = 20\ \text{(\%)}$$

問題18　　解答　3

それぞれの溶液に含まれる食塩の質量は、

$\frac{x}{200\ (g)} \times 100 = 10\ (\%)\quad x = 20\ (g)$

$\frac{y}{300\ (g)} \times 100 = 20\ (\%)\quad y = 60\ (g)$

この2つの溶液を混合するので、

$\frac{20\ (g) + 60\ (g)}{200\ (g) + 300\ (g)} \times 100 = \frac{80\ (g)}{500\ (g)} \times 100 = 16\ (\%)$

問題19　　解答　4

$パーセント濃度(\%) = \frac{溶質(g)}{溶液(mL)} \times 100$

10%の水酸化ナトリウム溶液200mLに含まれている水酸化ナトリウムの質量は、$\frac{x}{200\ (mL)} \times 100 = 10\ (\%)\quad x = 20\ (g)$

問題20　　解答　3

40%の水酸化ナトリウム水溶液50mLに溶けている水酸化ナトリウムの質量は、

$\frac{x}{50\ (mL)} \times 100 = 40\ (\%)\quad x = 20\ (g)$

40%の水酸化ナトリウム水溶液50mLには、20gの水酸化ナトリウムが溶けています。この水溶液に水を加えて、10%の水酸化ナトリウム水溶液にするので、加える水の量をy (mL) とすると、

$\frac{20\ (g)}{50\ (mL) + y\ (mL)} \times 100 = 10\ (\%)\quad y = 150\ (mL)$

【別解】

40%の水酸化ナトリウム水溶液に水を加えて10%の水酸化ナトリウム水溶液にするので希釈です。40%×x＝10%　　$x = \frac{1}{4}$ (4倍希釈)

濃度が$\frac{1}{4}$になるので、体積は4倍になります。

したがって、50 (mL) × 4＝200 (mL)

加えた水の量を求めるので、200 (mL) − 50 (mL) ＝150 (mL)

問題21

重要度 ★★★

0.1mol/Lの水酸化ナトリウム水溶液200mLに含まれる水酸化ナトリウムの物質量(mol)で、正しいものを選びなさい。

1) 0.01mol　2) 0.02mol　3) 0.05mol　4) 0.1mol　5) 0.2mol

問題22

重要度 ★★★

0.5moll/Lの水酸化ナトリウム水溶液を200mL作るのに、必要な水酸化ナトリウムの質量(g)として、正しいものを選びなさい。

ただし、原子量はH＝1、O＝16、Na＝23とする。

1) 4g　2) 8g　3) 40g　4) 80g　5) 100g

❺ 化学結合

問題23

重要度 ★★★

次の化合物のうち、イオン結合によってできている化合物を選びなさい。

1) 水　2) 塩化ナトリウム　3) グルコース　4) アンモニア

問題24

重要度 ★★★

次のうち、共有結合によってできているものを選びなさい。

1) 食塩　2) 塩素　3) ナトリウム　4) 炭酸カルシウム

❻ 化学式と化学反応式

問題25

重要度 ★★☆

硝酸と水酸化バリウムを反応させると、硝酸バリウムが生成する。この反応の化学反応式として正しいものを選びなさい。

1) $HNO_3 + Ba(OH)_2 \rightarrow BaNO_3 + H_2O$

2) $2HNO_3 + Ba(OH)_2 \rightarrow Ba(NO_3)_2 + H_2O$

3) $2HNO_3 + Ba(OH)_2 \rightarrow BaNO_3 + 2H_2O$
4) $2HNO_3 + Ba(OH)_2 \rightarrow Ba(NO_3)_2 + 2H_2O$
5) $2HNO_3 + 2Ba(OH)_2 \rightarrow 2Ba(NO_3)_2 + H_2O$

解答・解説

問題21　解答 2

0.1mol/Lの水酸化ナトリウム水溶液1L（1000mL）中には、0.1molの水酸化ナトリウムが含まれます。

よって、200mL（0.2L）に含まれる水酸化ナトリウムの物質量は、
0.1（mol/L）×0.2（L）＝0.02（mol）

問題22　解答 1

0.5mol/Lの水酸化ナトリウム水溶液1L（1000mL）中には0.5molの水酸化ナトリウムが含まれます。

200mL（0.2L）に含まれる水酸化ナトリウムの物質量は、

0.5（mol/L）×0.2（L）＝0.1（mol）

水酸化ナトリウム（NaOH）の分子量は40なので、

0.1（mol）×40（g/mol）＝4（g）

問題23　解答 2

1)水、3)グルコース、4)アンモニアは共有結合です。2)塩化ナトリウムはイオン結合です。**イオン結合は、陽イオン（金属元素）と陰イオン（非金属元素）からなります。**

問題24　解答 2

1)食塩（塩化ナトリウム）、4)炭酸カルシウムはイオン結合です。3)ナトリウムは金属結合です。2)塩素は共有結合です。**共有結合は、非金属原子同士が電子を共有してできる結合です。**

問題25　解答 4

硝酸の化学式はHNO_3、水酸化バリウムの化学式は$Ba(OH)_2$、硝酸バリウムの化学式は$Ba(NO_3)_2$です。化学反応式の両辺では、各元素の原子数が等しいことから、$2HNO_3 + Ba(OH)_2 \rightarrow Ba(NO_3)_2 + 2H_2O$となります。

問題26

重要度 ★★★

0.5molのメタンを完全燃焼させるのに必要な酸素は何molですか。正しいものを選びなさい。

$CH_4 + 2O_2 \rightarrow CO_2 + 2H_2O$

1) 0.1mol　2) 0.5mol　3) 1.0mol　4) 1.5mol　5) 2.0mol

問題27

重要度 ★★★

プロパン（C_3H_8）は完全燃焼して、二酸化炭素と水を生じる。この化学反応式として、正しいものを選びなさい。

1) $C_3H_8 + O_2 \rightarrow CO_2 + H_2O$
2) $C_3H_8 + O_2 \rightarrow 3CO_2 + 4H_2O$
3) $C_3H_8 + 5O_2 \rightarrow 3CO_2 + 4H_2O$
4) $2C_3H_8 + O_2 \rightarrow 3CO_2 + 4H_2O$
5) $2C_3H_8 + 3O_2 \rightarrow 2CO_2 + 2H_2O$

問題28

重要度 ★★☆

1molのエタンを完全燃焼させたとき、生じる二酸化炭素の質量は何gですか。正しいものを選びなさい。

ただし、原子量はH＝1、C＝12、O＝16とする。

1) 22g　2) 44g　3) 88g　4) 132g　5) 176g

7 酸と塩基、酸と塩基の中和

問題29

重要度 ★★★

次の酸のうち強酸に分類されるものを選びなさい。

1) CH_3COOH　2) H_2S　3) HF　4) HCl　5) H_2CO_3

解答・解説

問題26　　解答 3

化学反応式　$CH_4 + 2O_2 \rightarrow CO_2 + 2H_2O$ より1molのメタン（CH_4）を完全燃焼させるのに2molの酸素（O_2）が必要です。

0.5molのメタンを完全燃焼させるので、酸素は0.5（mol）×2（mol）＝1.0（mol）必要です。

問題27　　解答 3

プロパン（C_3H_8）と酸素（O_2）が反応して二酸化炭素（CO_2）と水（H_2O）が生じる反応です。**化学反応式の両辺では、各元素の原子数が等しい**ことから、化学反応式は、$C_3H_8 + 5O_2 \rightarrow 3CO_2 + 4H_2O$ です。

問題28　　解答 3

エタン（C_2H_6）を完全燃焼させたときの化学反応式は、

$2C_2H_6 + 7O_2 \rightarrow 4CO_2 + 6H_2O$ です。

化学反応式より2molのエタン（C_2H_6）を完全燃焼させたとき、4molの二酸化炭素（CO_2）が生じます。よって1molのエタンを完全燃焼させると2molの二酸化炭素が生じます。二酸化炭素の分子量は12×1＋16×2＝44ですので、生じた二酸化炭素の質量は2（mol）×44（g/mol）＝88gです。

問題29　　解答 4

CH_3COOH（酢酸）、H_2S（硫化水素）、HF（フッ化水素酸）、H_2CO_3（炭酸）は、弱酸です。HCl（塩酸）は、強酸です。

問題30

重要度 ★★★

0.1mol/Lの塩酸10mLを中和するのに0.2mol/Lの水酸化ナトリウム水溶液は何mL必要ですか。正しいものを選びなさい。

ただし、原子量はH＝1、O＝16、Na＝23、Cl＝35.5とする。

1）5mL　2）10mL　3）20mL　4）30mL　5）50mL

問題31

重要度 ★★☆

0.2mol/Lの硫酸20mLを中和するのに0.2mol/Lの水酸化ナトリウム水溶液は何mL必要ですか。正しいものを選びなさい。

ただし、原子量はH＝1、O＝16、Na＝23、S＝32とする。

1）10mL　2）20mL　3）30mL　4）40mL　5）50mL

問題32

重要度 ★★☆

2gの水酸化ナトリウムを中和するのに1mol/Lの塩酸は何mL必要ですか。正しいものを選びなさい。

ただし、原子量はH＝1、O＝16、Na＝23、Cl＝35.5とする。

1）5mL　2）10mL　3）25mL　4）50mL　5）100mL

8 酸化と還元

問題33

次のうち、還元について誤っているものを選びなさい。

1）化合物から酸素を失う。
2）原子またはイオンが電子を受け取る。
3）水素と化合する。
4）原子またはイオンの酸化数が増加する。

解答・解説

問題30　　解答 1

中和の公式は、$m \times a \times v = m' \times a' \times v'$です。$m$・$m'$は酸・塩基のモル濃度(mol/L)、$a$・$a'$は酸・塩基の価数、$v$・$v'$は酸・塩基の体積(L)です。塩酸(HCl)の価数は1、水酸化ナトリウムの価数は1です。

10mLは0.01Lです。0.1 (mol/L) × 1 × 0.01 (L) = 0.2 (mol/L) × 1 × x

x = 0.005 (L) = 5 (mL)

問題31　　解答 4

硫酸 (H_2SO_4) の価数は2、水酸化ナトリウム (NaOH) の価数は1です。

20mLは0.02Lです。0.2 (mol/L) × 2 × 0.02 (L) = 0.2 (mol/L) × 1 × x

x = 0.04 (L) = 40 (mL)

問題32　　解答 4

水酸化ナトリウム (NaOH) の分子量は40です。

したがって水酸化ナトリウムの物質量 (mol) は、$\frac{2\ (g)}{40\ (g/mol)} = 0.05\ (mol)$

水酸化ナトリウム (NaOH) の価数は1、塩酸 (HCl) の価数は1です。

0.05 (mol) × 1 = 1 (mol/L) × 1 × x　　x = 0.05 (L) = 50 (mL)

問題33　　解答 4

1) 化合物から酸素を失う。その通りです。

2) 原子またはイオンが電子を受け取る。その通りです。

3) 水素と化合する。その通りです。

4) 原子またはイオンの酸化数が減少します。

	酸素	水素	電子	酸化数	
酸化	化合	失う	失う	増加	還元剤
還元	失う	化合	得る	減少	酸化剤

問題 34

重要度 ★★★

次の反応のうち、下線の物質が酸化される反応を選びなさい。

1) $Zn + \underline{H_2SO_4} \rightarrow ZnSO_4 + H_2$
2) $\underline{NH_3} + HCl \rightarrow NH_4Cl$
3) $\underline{H_2O_2} + 2KI \rightarrow 2KOH + I_2$
4) $2\underline{Na} + 2H_2O \rightarrow 2NaOH + H_2$
5) $2\underline{KMnO_4} + 3H_2SO_4 + 5H_2O_2 \rightarrow K_2SO_4 + 2MnSO_4 + 8H_2O + 5O_2$

問題 35

重要度 ★★★

次の化学反応について、下線部の物質が還元剤として働いているものを選びなさい。

1) $\underline{HCl} + NH_3 \rightarrow NH_4Cl$
2) $\underline{SO_2} + 2H_2S \rightarrow 3S + 2H_2O$
3) $\underline{Fe_2O_3} + 3C \rightarrow 2Fe + 3CO$
4) $\underline{Cu} + 2H_2SO_4 \rightarrow CuSO_4 + SO_2 + 2H_2O$
5) $\underline{HCl} + NaOH \rightarrow NaCl + H_2O$

問題 36

重要度 ★★★

次の下線の原子のうち、酸化されているものを選びなさい。

1) $H_2\underline{O}_2 \rightarrow H_2O$
2) $K_2\underline{Cr}_2O_7 \rightarrow K_2CrO_4$
3) $\underline{Cl}_2 \rightarrow HCl$
4) $\underline{Br}^- \rightarrow Br_2$

問題 37

重要度 ★★★

酸化還元について、誤っているものを選びなさい。

1) 同一反応系において、酸化と還元は同時に起こらない。
2) 還元剤は酸化されやすい物質である。
3) 酸化は物質が酸素と化合することである。

4) 化合物が水素を失うことを酸化という。
5) 酸化剤は反応する物質から電子を奪う物質である。

解答・解説

問題34　　解答 4

酸化は、酸化数が増加します。

1) H_2SO_4 ⇒H：＋1 → 0（酸化数減少）、SO_4：－2 → －2（変化なし）
2) NH_3 ⇒N：－3 → －3（変化なし）、H：＋1 → ＋1（変化なし）
3) H_2O_2 ⇒H：＋1 → ＋1（変化なし）、O：－1 → －2（酸化数減少）
4) Na ⇒Na：0 → ＋1（酸化数増加）
5) $KMnO_4$ ⇒K：変化なし、Mn：＋7 → ＋2（酸化数減少）、
O：－2 → －2（変化なし）

問題35　　解答 4

還元剤は、酸化数が増加します。

1) HCl ⇒H：変化なし、Cl：－1 → －1（変化なし）
2) SO_2 ⇒S：＋4 → 0（酸化数減少）、O：－2 → －2（変化なし）
3) Fe_2O_3 ⇒Fe：＋3 → 0（酸化数減少）、O：－2 → －2（変化なし）
4) Cu ⇒Cu：0 → ＋2（酸化数増加）
5) HCl ⇒H：＋1 → ＋1（変化なし）、Cl：－1 → －1（変化なし）

問題36　　解答 4

酸化は、酸化数が増加します。

1) H_2O_2 ⇒O：－1 → －2（酸化数減少）
2) $K_2Cr_2O_7$ ⇒Cr：＋6 → ＋6（変化なし）
3) Cl_2 ⇒Cl：0 → －1（酸化数減少）
4) Br^- ⇒Br：－1 → 0（酸化数増加）

問題37　　解答 1

1) **同一反応系において、酸化と還元は同時に起こります。**
2)、3)、4)、5) はその通りです。

問題38

重要度 ★★

次の化学反応の物質のはたらきとして、誤っているものを選びなさい。

$MnO_2 + 4HCl \rightarrow MnCl_2 + 2H_2O + Cl_2$

1) Mn原子は還元されている。
2) Cl原子は還元されている。
3) MnO_2は酸化剤である。
4) HClは還元剤である。

⑨ ボイル・シャルルの法則

問題39

重要度 ★★★

次の説明にあてはまる法則を選びなさい。

「温度一定のとき、一定量の気体の体積は、圧力に反比例する」という法則

1) ヘスの法則　2) ヘンリーの法則　3) 気体反応の法則
4) シャルルの法則　5) ボイルの法則

問題40

重要度 ★★★

温度を一定にして、1.0×10^{-5}Paの空気3Lを1.5×10^{-5}Pa にしたときの体積 (L) として、正しいものを選びなさい。

1) 1.5L　2) 2.0L　3) 3.0L　4) 4.5L　5) 6.0L

問題41

重要度 ★★

温度が27℃のとき、容積が10Lのボンベ中のある気体の圧力は1.5×10^{-5}Paであった。温度が37℃に上昇したときのボンベ内の圧力 (Pa) として、正しいものを選びなさい。

1) 1.1×10^{-5}Pa　2) 1.5×10^{-5}Pa　3) 1.55×10^{-5}Pa
4) 2.06×10^{-5}Pa　5) 4.12×10^{-5}Pa

解答・解説

問題38　　解答 2

1)、3)、4) はその通りです。

2) のCl原子の酸化数は、$-1 \rightarrow 0$（酸化数増加）ですので、Cl原子は酸化されています。

問題39　　解答 5

ヘスの法則…………「反応熱は、反応の経路によらず、反応の最初の状態と最後の状態で決まる」という法則です。

ヘンリーの法則……「溶解度があまり大きくない気体では、一定量の液体に溶ける気体の質量は、温度一定のとき、圧力に比例する」という法則です。

気体反応の法則……「気体間の反応においては、反応または生成する気体の体積は、同温・同圧のもとで簡単な整数比になる。」という法則です。

シャルルの法則……「圧力一定のとき、一定量の気体の体積は、絶対温度に比例する」という法則です。

ボイルの法則………「温度一定のとき、一定量の気体の体積は、圧力に反比例する」という法則です。

問題40　　解答 2

ボイルの法則です。p_1、p_2は圧力（Pa）、v_1、v_2は体積（L）です。

$p_1v_1 = p_2v_2$ より、$1.0 \times 10^{-5}\,(\mathrm{Pa}) \times 3\,(\mathrm{L}) = 1.5 \times 10^{-5}\,(\mathrm{Pa}) \times x \qquad x = 2\,(\mathrm{L})$

問題41　　解答 3

ボイル・シャルルの法則です。

p_1、p_2は圧力（Pa）、v_1、v_2は体積（L）、t_1、t_2は絶対温度（K）です。

$\dfrac{p_1v_1}{t_1} = \dfrac{p_2v_2}{t_2}$ より、

$$\frac{1.5 \times 10^{-5}\,(\mathrm{Pa}) \times 10\,(\mathrm{L})}{(273+27)\,(\mathrm{K})} = \frac{x \times 10\,(\mathrm{L})}{(273+37)\,(\mathrm{K})} \qquad x = 1.55 \times 10^{-5}\,(\mathrm{Pa})$$

⑩ 炭化水素

問題 42

重要度 ★★★

次のうち、誤っている組み合わせを選びなさい。

1) ヒドロキシ基（水酸基）……………… $-OH$
2) アルデヒド基 ………………………… $-CHO$
3) アミノ基 ……………………………… $-NO_2$
4) カルボキシ基 ………………………… $-COOH$
5) スルホ基 ……………………………… $-SO_3H$

問題 43

重要度 ★★★

次のうち化合物と官能基の組み合わせで、誤っているものを選びなさい。

化合物	官能基
1) アルコール	$-OH$
2) エーテル	$-O-$
3) カルボン酸	$-COO-$
4) アルデヒド	$-CHO$
5) アミン	$-NH_2$

問題 44

重要度 ★★★

次の炭化水素について、分子量が小さい順に並んだものとして、正しいものを選びなさい。ただし、原子量はH＝1、C＝12とする。

1) エタン＜メタン＜ブタン＜プロパン＜ペンタン＜ヘキサン
2) メタン＜エタン＜ブタン＜プロパン＜ペンタン＜ヘキサン
3) メタン＜エタン＜プロパン＜ブタン＜ペンタン＜ヘキサン
4) エタン＜メタン＜プロパン＜ブタン＜ペンタン＜ヘキサン
5) ヘキサン＜ペンタン＜ブタン＜プロパン＜エタン＜メタン

解答・解説

問題42 解答 3

1)、2)、4)、5) は、その通りです。

3) のアミノ基は$-NH_2$で、$-NO_2$はニトロ基といいます。

問題43 解答 3

1)、2)、4)、5) は、その通りです。

3) のカルボン酸の官能基は$-COOH$です。官能基$-COO-$はエステル化合物です。カルボン酸の一般式は$R-COOH$、エステルの一般式は$R-COO-R'$です。

また、アルコールの一般式は$R-OH$、エーテルの一般式は$R-O-R'$、アルデヒドの一般式は$R-CHO$、アミンの一般式は$R-NH_2$です。

問題44 解答 3

それぞれの炭化水素の分子量は、メタン (CH_4) は16、エタン (C_2H_6) は30、プロパン (C_3H_8) は44、ブタン (C_4H_{10}) は58、ペンタン (C_5H_{12}) は72、ヘキサン (C_6H_{14}) は86です。

問題45

重要度 ★★★

次のうち、分子中に二重結合をもつ化合物として、正しいものを選びなさい。

1) エタン　2) アセチレン　3) エチレン　4) エタノール　5) プロパン

⑪ アルコールとエーテル

問題46

重要度 ★★☆

メタンの水素原子1個をヒドロキシ基（水酸基）で置換してできた化合物として、正しいものを選びなさい。

1) エチルアルコール　2) フェノール　3) アセトアルデヒド
4) メチルアルコール　5) 酢酸エチル

⑫ アルデヒドとケトン

問題47

重要度 ★★★

次のうち、アルデヒドの検出に用いられるものを選びなさい。

1) ビウレット反応　2) ニンヒドリン反応
3) キサントプロテイン反応　4) 銀鏡反応
5) 炎色反応

問題48

重要度 ★★★

次の組み合わせのうち、誤っているものを選びなさい。

1) フェノール ……………………………… C_6H_5OH
2) エタノール（エチルアルコール） ……… C_2H_5OH
3) 酢酸 …………………………………… CH_3COOH
4) アセトアルデヒド ……………………… CH_3CHO
5) アセトン ……………………………… CH_3OCH_3

解答・解説

問題45　　解答 3

分子中に二重結合をもつ化合物はエチレン（$CH_2=CH_2$）です。

1）エタン（CH_3CH_3）、4）エタノール（CH_3CH_2OH）、5）プロパン（$CH_3CH_2CH_3$）は単結合の化合物です。2）のアセチレン（$CH\equiv CH$）は分子中に三重結合をもつ化合物です。

問題46　　解答 4

メタンの化学式はCH_4です。このメタン（CH_4）の水素原子（H）1個をヒドロキシ基（水酸基）（－OH）で置換してできた化合物は4）メチルアルコール（CH_3OH）です。1）エチルアルコールの化学式はC_2H_5OH、2）フェノールの化学式はC_6H_5OH、3）アセトアルデヒドの化学式はCH_3CHO、5）酢酸エチルの化学式は$CH_3COOC_2H_5$です。

問題47　　解答 4

アルデヒドの検出には、**銀鏡反応**（銀が析出）や**フェーリング反応**（赤色沈殿）があります。また、**ビウレット反応**はタンパク質の検出（青紫～赤紫色）、**ニンヒドリン反応**はアミノ酸・タンパク質の検出（青紫色）、**キサントプロテイン反応**は分子内にベンゼン環をもつタンパク質の検出（黄色）、炎色反応は金属元素の検出です。

問題48　　解答 5

1）、2）、3）、4）はその通りです。

5）のアセトンの別名はジメチルケトンです。化学式はCH_3COCH_3です。

5）の化学式CH_3OCH_3はジメチルエーテルです。

⑬ カルボン酸とエステル

問題49

重要度 ★★★

カルボン酸とアルコールの混合物に濃硫酸を加えて加温すると得られる物質を選びなさい。

1) 酢酸エチル
2) ジエチルエーテル
3) ベンゼン
4) アセトアルデヒド
5) アセトン

⑭ 芳香族と炭化水素

問題50

重要度 ★★★

ベンゼンの水素原子1個をメチル基で置換してできた化合物として、正しいものを選びなさい。

1) トルエン　　2) フェノール　　3) キシレン
4) アニリン　　5) 安息香酸

⑮ 化学の基本法則と化学用語

問題51

重要度 ★★★

次の溶液にフェノールフタレイン溶液を加えると赤色に変わるものを選びなさい。

1) 炭酸ナトリウム水溶液
2) 希塩酸
3) 塩化ナトリウム水溶液
4) 酢酸
5) エタノール

解答・解説

問題49　　　解答　1

カルボン酸（R－COOH）とアルコール（R－OH）の混合物に濃硫酸を加えて加温するとエステル（R－COO－R'）が生成します（脱水縮合）。

1）酢酸エチル（CH_3－COO－C_2H_5）は、酢酸（CH_3－COOH）とエタノール（C_2H_5－OH）が反応して生成します。

2）ジエチルエーテルの化学式はC_2H_5－O－C_2H_5、3）ベンゼンの化学式はC_6H_6、4）アセトアルデヒドの化学式はCH_3－CHO、5）アセトンの化学式はCH_3－CO－CH_3です。

問題50　　　解答　1

ベンゼン（C_6H_6）の水素原子（H）1個をメチル基（－CH_3）で置換してできた化合物はトルエン（C_6H_5－CH_3）です。

1）トルエン　2）フェノール　3）キシレン　4）アニリン　5）安息香酸

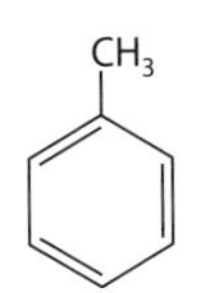

[C_6H_5－CH_3]

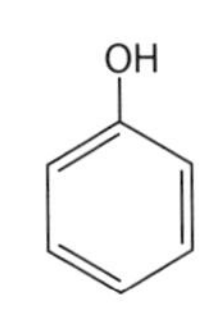

[C_6H_5－OH]

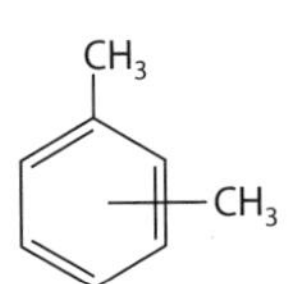

[C_6H_4－$(CH_3)_2$]

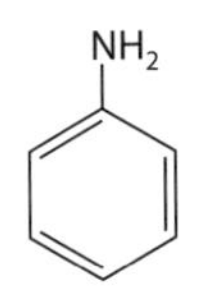

[C_6H_5－NH_2]

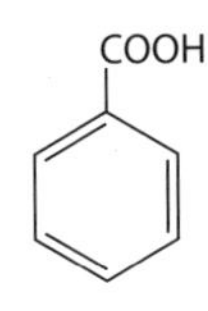

[C_6H_5－COOH]

問題51　　　解答　1

フェノールフタレインやメチルオレンジなど溶液のpHによって色が変わる試薬をpH指示薬といいます。

フェノールフタレインは、変色域（pH8～10）より酸性側で無色、アルカリ性側で赤色になります。

1）炭酸ナトリウム水溶液はアルカリ性です。

2）希塩酸、4）酢酸は、酸性です。

3）塩化ナトリウム水溶液と5）エタノールは、中性です。

問題52

重要度 ★★★

次の用語について、誤っているものを選びなさい。

1) チンダル現象：コロイド溶液に光を当てると光の通路がはっきりと観察できる現象のことである。
2) pH：水素イオン濃度の逆数の対数をとったものをいう。
3) 溶解度：ある温度において、溶媒100gに溶けることのできる溶質の最大グラム数をいう。
4) 異性体：同じ元素であるが、質量数の異なる原子である。
5) 塩析：親水コロイドに多量の電解質を加えると、粒子のまわりの水分子を電解質のイオンが奪い取り、コロイドが沈殿する現象である。

⑯ 異性体

問題53

重要度 ★★☆

分子式C_5H_{12}で表される炭化水素の構造異性体の数として、正しいものを選びなさい。

1) 2つ　2) 3つ　3) 4つ　4) 5つ　5) 6つ

問題54

重要度 ★★☆

ブタノール（C_4H_9OH）の異性体の数として、正しいものを選びなさい。

1) 2つ　2) 3つ　3) 4つ　4) 5つ　5) 6つ

解答・解説

問題52　解答 4

1)、2)、3)、5)はその通りです。

4)**異性体**とは、分子式は同じであるが、分子の構造が異なり、性質も異なる化合物同士のことをいいます。

同じ元素であるが、質量数の異なる原子であるというのは、**同位体**です。

また、液体(気体、固体の場合もある)のような溶媒中に浮遊する微粒子(コロイド)が、不規則に運動する現象を**ブラウン運動**といいます。

疎水コロイドに少量の電解質を加えると、電荷を帯びているコロイド粒子が電気的に中和され、大きな粒子となって沈殿することを**凝析**といいます。

問題53　解答 2

分子式C_5H_{12}で表される炭化水素の構造異性体は、ペンタン、2－メチルブタン、2,2－ジメチルプロパンの3つです。

$CH_3CH_2CH_2CH_2CH_3$(ペンタン)、$CH_3CH(CH_3)CH_2CH_3$(2－メチルブタン)、$CH_3C(CH_3)_2CH_3$(2,2－ジメチルプロパン)です。

問題54　解答 3

ブタノール(C_4H_9OH)の異性体は、1－ブタノール、2－ブタノール、2－メチル－1－プロパノール、2－メチル－2－プロパノールの4つです。

①1－ブタノール

$CH_3-CH_2-CH_2-CH_2-OH$

②2－ブタノール

$CH_3-CH_2-CH(OH)-CH_3$

③2－メチル－1－プロパノール

$CH_3-CH(CH_3)-CH_2-OH$

④2－メチル－2－プロパノール

$CH_3-C(CH_3)(OH)-CH_3$

分子式$C_4H_{10}O$の化合物の場合、異性体は7つです(光学異性体を含めると8つ)。

⑰ 熱化学方程式

問題55

重要度 ★★★

メタン（CH_4）の生成熱は74.4kJ/molである。熱化学方程式として、正しいものを選びなさい。

1) C（黒鉛）＋4H（気）＝CH_4（気）＋74.4kJ
2) C（黒鉛）＋4H（気）＝CH_4（気）＋297.6kJ
3) C（黒鉛）＋H_2（気）＝CH_4（気）＋74.4kJ
4) C（黒鉛）＋$2H_2$（気）＝CH_4（気）＋74.4kJ
5) 2C（黒鉛）＋$2H_2$（気）＝$2CH_2$（気）＋148.8kJ

問題56

重要度 ★★☆

次の熱化学方程式（1）、（2）を用いて、反応式（3）の反応熱Q（kJ）として、正しいものを選びなさい。

$C + O_2 = CO_2$（気）$+ 394kJ$ ……………… (1)

CO（気）$+ \frac{1}{2}O_2 = CO_2$（気）$+ 283kJ$ …… (2)

$C + \frac{1}{2}O_2 = CO$（気）$+ QkJ$ ……………… (3)

1) 86kJ　2) 111kJ　3) 172kJ　4) 480kJ　5) 677kJ

解答・解説

問題55　　解答　4

メタン（CH_4）は、C（炭素）とH（水素）からできています。
したがって、化学反応式は、$C + 2H_2 \rightarrow CH_4$です。
メタン（CH_4）の生成熱は74.4kJ/molですので、
熱化学方程式は、C（黒鉛）＋$2H_2$（気）＝CH_4（気）＋74.4kJです。

問題56　　解答　2

熱化学方程式（1）、（2）を用いて反応式（3）を導きます。
熱化学方程式（3）には、CO_2（気）が含まれていませんので、（1）から（2）を引くことによりCO_2（気）を消去します。

（1）－（2）より

$$C + O_2 - CO - \frac{1}{2}O_2 \quad = \quad CO_2\,(\text{気}) - CO_2\,(\text{気}) + 394\text{kJ} - 283\text{kJ}$$

$$C + \frac{1}{2}O_2 \quad = \quad CO\,(\text{気}) + 111\text{kJ}$$

【別解】代入法で解くこともできます。

（1）の熱化学方程式を変形（1′）して、（2）の熱化学方程式に代入します。

$$\begin{cases} C + O_2 = CO_2\,(\text{気}) + 394\text{kJ} \cdots\cdots\cdots (1)\text{を変形します。} \\ CO_2\,(\text{気}) = C + O_2 - 394\text{kJ} \cdots\cdots\cdots (1') \\ CO\,(\text{気}) + \frac{1}{2}O_2 = CO_2\,(\text{気}) + 283\text{kJ} \cdots\cdots (2) \end{cases}$$

（1′）を（2）のCO_2（気）に代入します。

$$CO\,(\text{気}) + \frac{1}{2}O_2 = C + O_2 - 394\text{kJ} + 283\text{kJ} \cdots\cdots\cdots (2')$$

$$C + O_2 - \frac{1}{2}O_2 = CO\,(\text{気}) + 111\text{kJ}$$

$$C + \frac{1}{2}O_2 = CO\,(\text{気}) + 111\text{kJ} \cdots\cdots (3)$$

問題57

重要度 ★★

次の(a)～(c)の熱化学方程式について1)～5)の記述のうち、誤っているものを選びなさい。

(a) H_2(気) + $\frac{1}{2}O_2$(気) = H_2O(液) + 286kJ
(b) C(黒鉛) + O_2 = CO_2(気) + 394kJ
(c) 2CO(気) + O_2 = $2CO_2$(気) + 566kJ

1) 炭素(黒鉛)の燃焼熱は、394kJ/molである。
2) $2CO_2$(気) → 2CO(気) + O_2の反応は吸熱反応である。
3) 二酸化炭素(気)の生成熱は、566kJ/molである。
4) 水(液)の生成熱は、286kJ/molである。
5) 一酸化炭素(気)の燃焼熱は、283kJ/molである。

⑱ その他

問題58

重要度 ★★

エタノールと濃硫酸の混合物を130℃くらいで加熱すると得られる物質として、正しいものを選びなさい。

1) 酢酸　2) ブタン　3) ジエチルエーテル
4) エチレン　5) アセチレン

問題59

ある化学物質が25mg含まれている溶液100mLを5倍に希釈したとき、その濃度(mg/L)として、正しいものを選びなさい。

1) 25mg/L　2) 50mg/L　3) 125mg/L
4) 500mg/L　5) 1250mg/L

解答・解説

問題57　　解答 3

燃焼熱とは、物質1molが完全に燃焼するときに発生する熱量のことです。

生成熱とは、物質1molがその成分元素の単体から生成するとき発生または吸収する熱量のことです。

1)、2)、4)、5) はその通りです。

1) 炭素（黒鉛）の燃焼熱は、(b) の熱化学方程式より394kJ/molです。

2) の熱化学方程式は**分解反応**です。一般に分解反応は、**吸熱反応**です。

4) 水（液）の生成熱は、(a) の熱化学方程式より286kJ/molです。

5) の一酸化炭素の燃焼熱は、(c) の熱化学方程式より2molの一酸化炭素(CO)（気）の燃焼熱が566kJです。よって、1molの一酸化炭素の燃焼熱は、566 (KJ) ÷ 2 (mol) ＝ 283 (kJ/mol) です。

3) の二酸化炭素（CO_2）（気）の生成熱は、394kJ/molです。(b) の熱化学方程式は、炭素（黒鉛）の熱燃焼であり、二酸化炭素（気）の生成熱です。

問題58　　解答 3

エタノールと濃硫酸の混合物を加熱すると脱水が起こり､､温度の違いによってジエチルエーテル（$C_2H_5OC_2H_5$）またはエチレン（C_2H_4）が生じます。

130℃くらいではジエチルエーテル、170℃くらいではエチレンが生じます。

ジエチルエーテルの生成はアルコール2分子から水1分子がとれる反応（**縮合反応**）で､エチレンの生成は化合物1分子から水1分子がとれる反応（**脱離反応**）です。

〔130℃で生成〕 $C_2H_5OH + C_2H_5OH \rightarrow C_2H_5OC_2H_5$（ジエチルエーテル）$+ H_2O$

〔170℃で生成〕 $C_2H_5OH \rightarrow C_2H_4$（エチレン）$+ H_2O$

問題59　　解答 2

ある化学物質が25mg含まれている溶液100mLの濃度（mg/L）は、

$\frac{25\ (mg)}{100\ (mL)} = \frac{250\ (mg)}{1000\ (mL)} = 250\ (mg/L)$ です。

この溶液を5倍に希釈（1/5倍）したときの濃度（mg/L）は、$\frac{1}{5}$ になります。

$250\ (mg/L) \times \frac{1}{5} = 50\ (mg/L)$ です。

2-2 さまざまなパターンの問題

問題1

重要度 ★★★

次の図は、物質の三態を表したものです。(　1　)～(　5　)にあてはまる変化の名称を下欄から選び記号で答えなさい。

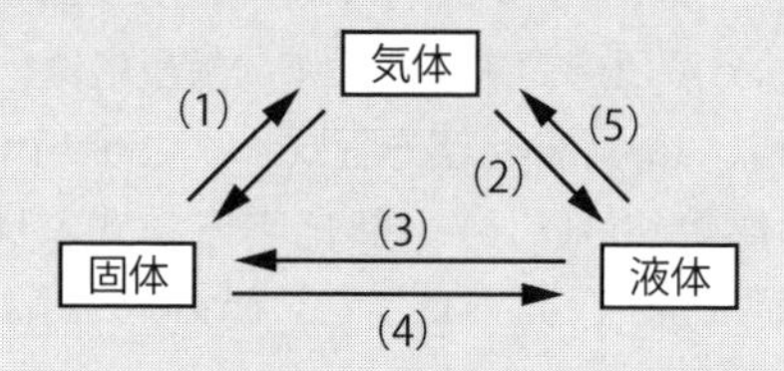

【下欄】

a　凝縮　　b　蒸発　　c　昇華　　d　融解　　e　凝固

問題2

重要度 ★★★

次のA群の語句の説明として正しいものをB群から選び記号で答えなさい。

[A群]	[B群]
1) 純物質	ア．2種類以上の物質が混じっている物質
2) 単体	イ．1種類の元素からなる物質
3) 混合物	ウ．1種類の物質からなる物質
4) 化合物	エ．2種類以上の元素からなる物質

問題3

重要度 ★★★

次の文章で正しいものには○、誤っているものには×で答えなさい。

1) 周期表の縦の列を周期、横の列を族という。
2) 周期表は、元素を原子番号順に並べた表である。
3) Li、Naは、アルカリ土類金属元素である。
4) 18族の元素のことをハロゲン元素という。
5) Clは、ハロゲン元素である。

解答・解説

問題1

解答　(1) c　(2) a　(3) e　(4) d　(5) b

物質が、熱を放出して変化するものとして、固体から液体を経ないで気体になることを「**昇華**」といい、気体から液体を「**凝縮**」(液化)、液体から固体を「**凝固**」といいます。また熱を吸収して変化するものとして、固体から液体は「**融解**」、液体から気体は「**蒸発**」(気化) といいます。

これらの状態変化を**物質の三態**といいます。

問題2

解答　1) ウ　2) イ　3) ア　4) エ

1) **純物質**は、ウ) 1種類の物質からなる物質のことをいいます。
2) **単体**は、イ) 1種類の元素からなる物質のことをいいます。
3) **混合物**は、ア) 2種類以上の物質が混じっている物質のことをいいます。
4) **化合物**は、エ) 2種類以上の元素からなる物質のことをいいます。

また、単体と化合物は、純物質になります。

問題3

解答　1) ×　2) ○　3) ×　4) ×　5) ○

周期表は、元素を原子番号順に並べたもので、縦の列は**族** (1 ～ 18族)、横の列は**周期** (1 ～ 7周期) といいます。

同じ族の元素は、互いに性質がよく似ています。

1族 (Li、Na、Kなど) は**アルカリ金属元素**、2族 (Be、Mgを除く) は**アルカリ土類金属元素**、17族 (F、Cl、Br、Iなど) は**ハロゲン元素**、18族 (He、Ne、Arなど) は**貴ガス** (**希ガス**) **元素**といいます。

問題4

重要度 ★★★

次の文章の（　1　）～（　7　）にあてはまる語句を下欄から選び記号で答えなさい。

原子は、中心に（　1　）の電気を帯びた原子核と、そのまわりに（　2　）の電気を帯びた（　3　）からなる。原子核は、正の電気を帯びた（　4　）と電気を帯びていない（　5　）からなる。また、中性の原子は、陽子の数と電子の数が等しく、陽子の数を（　6　）といい、陽子の数と中性子の数の和を（　7　）という。

［下欄］

a　質量数　　b　原子番号　　c　陽子　　d　電子
e　中性子　　f　正　　g　負

問題5

重要度 ★★★

次の文章の（　1　）～（　5　）に適する語句・数字を入れなさい。

電子は、原子核を中心にそのまわりの決められた空間に分布しており、その決められた空間を（　1　）という。

（　1　）は、原子核に近い内側から順に（　2　）殻、（　3　）殻、（　4　）殻…となります。それぞれの殻には、収容できる電子の数が決まっており（　5　）で表されます。

問題6

重要度 ★★★

次の物質の分子量（式量）を求めなさい。

ただし、原子量はH＝1、C＝12、O＝16、Na＝23、S＝32、Ca＝40とする。

1）$NaOH$　　2）H_2SO_4　　3）C_2H_5OH　　4）CH_3COOH　　5）$Ca(OH)_2$

解答・解説

問題4　　**解答　(1) f　(2) g　(3) d　(4) c　(5) e　(6) b　(7) a**

原子の構造は、中心に原子核があり、そのまわりに**電子**があります。

原子核は、正の電荷を帯びた陽子と電荷を帯びていない中性子で構成されています。電子は、負の電荷を帯びています。

また、中性の原子では、陽子の数と電子の数は等しく、陽子の数のことを**原子番号**といいます。

原子の**質量数**は、陽子の数と中性子の数を足したものになります。

問題5　　**解答　(1) 電子殻　(2) K　(3) L　(4) M　(5) $2n^2$**

原子の電子配置のことです。電子は、原子核のまわりの決められた空間に分布しています。この決められた空間のことを**電子殻**といいます。電子殻は、原子核に近い内側から順に**K殻**、**L殻**、**M殻**…といい、K殻→L殻→M殻…の順に電子が入っていきます。K殻(n＝1)には2個、L殻(n＝2)には8個、M殻(n＝3)には18個…と電子が入っていきます。したがって、各電子殻には$\mathbf{2n^2}$個ずつ電子が入ります。

問題6　　**解答　1) 40　2) 98　3) 46　4) 60　5) 74**

分子量（式量）は、化学式を構成する元素の原子量の総和で求められます。

化学式中の下付数字は、数字の前の原子の数です。1は省略されます。

たとえば、NaOHの場合は、Naが1個、Oが1個、Hが1個となります。H_2SO_4の場合は、Hが2個、Sが1個、Oが4個となります。

1) NaOH：$23 + 16 \times 1 + 1 \times 1 = 40$

2) H_2SO_4：$1 \times 2 + 32 \times 1 + 16 \times 4 = 98$

3) C_2H_5OH：$12 \times 2 + 1 \times 5 + 16 \times 1 + 1 \times 1 = 46$

4) CH_3COOH：$12 \times 1 + 1 \times 3 + 12 \times 1 + 16 \times 1 + 16 \times 1 + 1 \times 1 = 60$

5) $Ca(OH)_2$：$40 \times 1 + (16 \times 1 + 1 \times 1) \times 2 = 74$

問題7

重要度 ★★★

次の（ア）～（ウ）の反応式に入る数字として正しいものをそれぞれ選び、記号で答えなさい。

（ア）CH_4＋（　1　）O_2 → CO_2＋（　2　）H_2O
（イ）H_2SO_4＋（　3　）NaOH → Na_2SO_4＋（　4　）H_2O
（ウ）（　5　）N_2＋（　6　）H_2 → （　7　）NH_3

a　1　　b　2　　c　3　　d　4　　e　5

問題8

重要度 ★★★

水酸化ナトリウム8gを少量の水で溶解したあと、水を加えて400mLにした水溶液のモル濃度（mol/L）として正しいものを選びなさい。
ただし、原子量はH＝1、O＝16、Na＝23とする。

1）0.08mol/L　　2）0.2mol/L　　3）0.4mol/L
4）0.5mol/L　　5）0.8mol/L

問題9

重要度 ★★★

グルコース（$C_6H_{12}O_6$）18gを水200gに溶かした水溶液の質量モル濃度（mol/kg）として正しいものを選びなさい。
ただし、原子量はH＝1、C＝12、O＝16とする。

1）0.1mol/kg　　2）0.2mol/kg　　3）0.3mol/kg
4）0.4mol/kg　　5）0.5mol/kg

問題10

重要度 ★☆☆

質量パーセント濃度4%の水酸化ナトリウム水溶液（密度1.04g/cm^3）のモル濃度（mol/L）として正しいものを選びなさい。
ただし、原子量はH＝1、O＝16、Na＝23とする。

1）0.26mol/L　　2）0.56mol/L　　3）1.04mol/L
4）2.08mol/L　　5）4.16mol/L

解答・解説

問題7

解答　（ア）－（1）b、（2）b　（イ）－（3）b、（4）b　（ウ）－（5）a、（6）c、（7）b

両辺の各原子の数が等しくなるように係数を入れます。

（ア）$CH_4 + 2O_2 \rightarrow CO_2 + 2H_2O$

（イ）$H_2SO_4 + 2NaOH \rightarrow Na_2SO_4 + 2H_2O$

（ウ）$1N_2 + 3H_2 \rightarrow 2NH_3$

問題8

解答　4

水酸化ナトリウムの化学式はNaOHで、式量は$23 \times 1 + 16 \times 1 + 1 \times 1 = 40$です。したがって、物質量（mol）は$\frac{8\ (g)}{40\ (g/mol)} = 0.2\ (mol)$です。

400mLは0.4Lですので、モル濃度は、$\frac{0.2\ (mol)}{0.4\ (L)} = 0.5\ (mol/L)$です。

問題9

解答　5

溶媒1kgあたりに溶けている溶質を物質量で表した濃度を質量モル濃度（mol/kg）といいます。グルコース（$C_6H_{12}O_6$）の分子量は、$12 \times 6 + 1 \times 12 + 16 \times 6 = 180$です。したがって物質量（mol）は$\frac{18\ (g)}{180\ (g/mol)} = 0.1\ (mol)$です。
200gは0.2kgですので、質量モル濃度は、$\frac{0.1\ (mol)}{0.2\ (kg)} = 0.5\ (mol/kg)$です。

問題10

解答　3

密度は、単位体積あたりの質量のことです。したがって、密度$1.04 g/cm^3$の水酸化ナトリウム水溶液の1L（$1000 cm^3$）の重さは、$1.04\ (g/cm^3) \times 1000\ (cm^3) = 1040\ (g)$です。質量パーセント濃度が4%なので、$1040\ (g) \times 0.04\ (4\%) = 41.6\ (g)$の水酸化ナトリウムが1Lに溶けています。水酸化ナトリウム（NaOH）の分子量は40なので、$\frac{41.6\ (g)}{40\ (g/mol)} = 1.04\ (mol)$です。

1Lに溶けているので、モル濃度は、$\frac{1.04\ (mol)}{1\ (L)} = 1.04\ (mol/L)$です。

問題11

重要度 ★★★

次の文章のうち、正しいものには○、誤っているものには×で答えなさい。

1) 電離度が1に近い酸を弱酸という。
2) アンモニアは、塩基である。
3) 硫酸は、2価の酸である。
4) アルカリ水溶液に、リトマス試験紙を浸すと青色から赤色に変わる。
5) 酸は水溶液中でOH^-を放出し、塩基は水溶液中でH^+を放出する。

問題12

重要度 ★★☆

0.01mol/Lの塩酸水溶液を100倍に希釈した溶液のpHを求めなさい。

1) 2　2) 4　3) 6　4) 8　5) 10

問題13

重要度 ★★☆

10mmol/Lの水酸化ナトリウム水溶液のpHを求めなさい。

1) 4　2) 6　3) 8　4) 10　5) 12

問題14

重要度 ★★☆

次の物質のうち、水に溶かしたとき、その溶液が酸性を示すものには1、中性を示すものには2、アルカリ性を示すものには3で答えなさい。

1) 炭酸水素ナトリウム　2) 塩化アンモニウム　3) 塩化ナトリウム
4) 硫酸ナトリウム　5) 二酸化硫黄

解答・解説

問題11　解答　1) ×　2) ○　3) ○　4) ×　5) ×

1) 電離度が1に近い酸を**強酸**といいます。
2) アンモニアは、塩基である。その通りです。
3) 硫酸は、2価の酸である。その通りです。
4) アルカリ水溶液に、リトマス試験紙を浸すと赤色から青色に変わります。
5) 酸は水溶液中でH^+を放出し、塩基は水溶液中でOH^-を放出します。

問題12　解答　2

0.01mol/L（10^{-2}mol/L）の塩酸水溶液の水素イオン濃度（$[H^+]$）は10^{-2}mol/Lです。これを100倍に希釈すると、水素イオン濃度は、
$[H^+] = 10^{-2}$（mol/L）÷ 100 ＝ 10^{-4}（mol/L）です。
$pH = -\log[H^+]$より$pH = -\log 10^{-4} = 4$です。

問題13　解答　5

水酸化ナトリウムは塩基性水溶液なので、10mmol/Lの水酸化ナトリウム水溶液の水酸化物イオン濃度（$[OH^-]$）は、10（mmol/L）＝ 10×10^{-3}（mol/L）＝ 10^{-2}（mol/L）です。

したがって、水素イオン濃度（$[H^+]$）は、**水のイオン積（$[H^+] \times [OH^-] = 10^{-14}$ (mol/L)^2）**より$[H^+] \times 10^{-2}$（mol/L）＝ 10^{-14}（mol/L)^2　$[H^+] = 10^{-12}$（mol/L）です。**$pH = -\log[H^+]$**より$pH = -\log 10^{-12} = 12$です。

問題14　解答　1) 3　2) 1　3) 2　4) 2　5) 1

塩を水に溶かす（塩の加水分解という）とその塩を構成している酸と塩基になります。

1) $Na_2CO_3 + 2H_2O$ → $2NaOH$（強塩基）＋ H_2CO_3（弱酸）……アルカリ性
2) $NH_4Cl + H_2O$ → HCl（強酸）＋ NH_4OH（弱塩基）……酸性
3) $NaCl + H_2O$ → HCl（強酸）＋ $NaOH$（強塩基）……中性
4) $Na_2SO_4 + 2H_2O$ → H_2SO_4（強酸）＋ $2NaOH$（強塩基）……中性
5) $SO_2 + H_2O$ → H_2SO_3（弱酸）……酸性

問題15

重要度 ★★★

次の文章で正しいものには○、誤っているものには×で答えなさい。

1) 塩酸のpHは7より大きい。
2) 食塩水の場合、食塩を溶質といい、水を溶媒という。
3) 5%溶液は5000ppmである。
4) アルカリ性水溶液は赤色リトマス試験紙を青変させる。
5) 酸と塩基が作用して、塩と水を生ずる化学変化を中和反応という。

問題16

重要度 ★★☆

次の問題で正しいものを選び、番号で答えなさい。
ただし、原子量は、H＝1、C＝12、O＝16、Na＝23とする。

(Ⅰ) シュウ酸二水和物 $(COOH)_2 \cdot 2H_2O$　31.5gを正確に量り取り、少量の純水で溶かし、容量100mLの（　ア　）に入れた後、標線まで純水を加えた。

(Ⅱ) (Ⅰ)の水溶液10.0mLを（　イ　）を用いてコニカルビーカーに取り、指示薬としてフェノールフタレインを2滴加え均一な溶液とした。
これを水酸化ナトリウム水溶液で活栓ビュレットを用いて滴定を行うと中和に12.5mLを要した。

1)　ガラス器具（　ア　）～（　イ　）の名称を答えなさい。
①メスフラスコ　②メスシリンダー　③メスピペット
④駒込ピメット　⑤ホールピペット

2)　(Ⅰ)のシュウ酸水溶液のモル濃度 (mol/L) を求めなさい。
①0.025mol/L　②0.25mol/L　③1mol/L
④2.5mol/L　⑤5mol/L

3)　(Ⅱ)の滴定で中和点になると溶液の色はどのように変化するか答えなさい。
①無色　②黄色　③青色　④赤色　⑤白色

4)　(Ⅱ)の結果から水酸化ナトリウム水溶液のモル濃度 (mol/L) を求めなさい。
①1mol/L　②2mol/L　③4mol/L　④8mol/L　⑤16mol/L

解答・解説

問題15　解答　1) ×　2) ○　3) ×　4) ○　5) ○

1) 塩酸は、酸なのでpHは7より小さい(酸性)です。
2) 食塩水の場合、食塩を**溶質**といい、水を**溶媒**という。その通りです。
3) 1%＝10000ppmです。5%＝50000ppmです。
4) アルカリ性溶液は赤色リトマス試験紙を青変させる。その通りです。
5) 酸と塩基が作用して、塩と水を生ずる化学変化を**中和反応**という。その通りです。

問題16　解答　1)：(ア) ①、(イ) ⑤　2) ④　3) ④　4) ③

酸と塩基が反応して塩と水ができる反応を**中和反応**といいます。
酸と塩基が過不足なく反応して中和反応が完了する点を**中和点**といいます。
中和点では、酸と塩基の物質量(mol)が等しくなり、次の式で表されます。

$m \times a \times v = m' \times a' \times v'$ (中和の公式)
m、m'：酸・塩基のモル濃度(mol/L)
a、a'：酸・塩基の価数　　v、v'：酸・塩基の体積(L)

2) シュウ酸二水和物[$(COOH)_2 \cdot 2H_2O$]の分子量は、
$(12 \times 1 + 16 \times 2 + 1 \times 1) \times 2 + 2 \times (1 \times 2 + 16 \times 1) = 126$
シュウ酸二水和物の物質量(mol)は、$\dfrac{31.5\ (\mathrm{g})}{126\ (\mathrm{g/mol})} = 0.25\ (\mathrm{mol})$
100mL(0.1L)に溶けているので、モル濃度(mol/L)は、$\dfrac{0.25\ (\mathrm{mol})}{0.1\ (\mathrm{L})} = 2.5\ (\mathrm{mol/L})$

3) **フェノールフタレイン**の変色域は、pH 8.0〜9.8です。酸性側で無色、アルカリ性側で赤色となります。水酸化ナトリウム水溶液(アルカリ性)で滴定するので、赤色となります。

4) 2.5mol/Lのシュウ酸水溶液と$x$mol/Lの水酸化ナトリウム水溶液の中和反応です。シュウ酸の価数は2、水酸化ナトリウムの価数は1です。
$2.5\ (\mathrm{mol/L}) \times 2 \times 10.0\ (\mathrm{mL}) = x \times 1 \times 12.5\ (\mathrm{mL})$　　$x = 4\ (\mathrm{mol/L})$
(10.0 mL = 0.01L、12.5 mL = 0.0125L)

問題17

重要度 ★★★

次の各化学式の下線の原子の酸化数で正しいものをそれぞれ選び、番号で答えなさい。

1) $\underline{Fe}_2O_3$　2) $\underline{Mn}O_4^-$　3) $Na_2\underline{C}O_3$　4) $\underline{Cr}O_4^{2-}$　5) $H_2\underline{S}O_4$

①＋3　②＋4　③＋5　④＋6　⑤＋7

問題18

重要度 ★★★

濃度のわからない過酸化水素水10.0mLに希硫酸を加え、0.05mol/Lの過マンガン酸カリウム水溶液で滴定したところ、16.0mL加えたところで赤紫色が消えなくなった。過酸化水素水と過マンガン酸カリウム水溶液が過不足なく反応したとすると、この過酸化水素水の濃度（mol/L）として正しいものを選びなさい。

硫酸酸性水溶液における過マンガン酸カリウムと過酸化水素の反応は、次式のように表される。

$$2KMnO_4 + 5H_2O_2 + 3H_2SO_4 \rightarrow 2MnSO_4 + 5O_2 + 8H_2O + K_2SO_4$$

1) 0.02mol/L　2) 0.04mol/L　3) 0.1mol/L　4) 0.2mol/L　5) 0.4mol/L

解答・解説

問題17

解答　1) ①　2) ⑤　3) ②　4) ④　5) ④

単体の原子の酸化数は0です。また、化合物中の原子の酸化数を求める場合、**①水素（H）の酸化数は＋1**、**②酸素（O）の酸化数は－2**、**③化合物中の各原子の酸化数の総和は0**として求めます。また④酸化数の総和は多原子イオンの電荷に等しくなります。

1) $\underline{Fe}_2O_3$　$x \times 2 + (-2) \times 3 = 0$　$x = +3$
2) $\underline{Mn}O_4^-$　$x \times 1 + (-2) \times 4 = (-1)$　$x = +7$
3) $Na_2\underline{C}O_3$　$(+1) \times 2 + x \times 1 + (-2) \times 3 = 0$　$x = +4$
4) $\underline{Cr}O_4^{2-}$　$x \times 1 + (-2) \times 4 = (-2)$　$x = +6$
5) $H_2\underline{S}O_4$　$(+1) \times 2 + x \times 1 + (-2) \times 4 = 0$　$x = +6$

問題18　解答 4

酸化還元滴定です。反応式より$KMnO_4$とH_2O_2の物質量の比は2：5になります。したがって**$KMnO_4$の物質量：H_2O_2の物質量＝2：5**になります。過酸化水素水の濃度をx (mol/L) とすると、

0.05 (mol/L) × 16.0 (mL)：x × 10.0 (mL) ＝2：5　x＝0.2 (mol/L)
(0.016L)　(0.01L)

【別解】

濃度c (mol/L) の酸化剤の溶液v (L) と濃度c'の還元剤の溶液v' (L) とが過不足なく反応したとき、酸化剤が受け取ったe^-の物質量と還元剤が失ったe^-の物質量は等しく、酸化剤と還元剤の量的関係は、次の式で表されます。

$n \times c \times v = n' \times c' \times v'$ (電子e^-の物質量)
　n：酸化剤の分子 (イオン) 1個が受け取ったe^-の数
　n'：還元剤の分子 (イオン) 1個が失ったe^-の数
　c、c'：酸化剤・還元剤の濃度 (mol/L)
　v、v'：酸化剤・還元剤の体積 (L)

この酸化還元反応では、過マンガン酸カリウム水溶液が酸化剤、過酸化水素水が還元剤です。電子を含むイオン式は次のようになります。

酸化剤：$MnO_4^- + 8H^+ + 5e^- \rightarrow Mn_2 + 4H_2O$
還元剤：$H_2O_2 \rightarrow O_2 + 2H^+ + 2e^-$

過マンガン酸カリウムは電子を5個受け取り、過酸化水素は電子を2個失います。過酸化水素水の濃度をx (mol/L) とすると、

5 × 0.05 (mol/L) × 16.0 (mL) ＝2 × x × 10.0 (mL)　x＝0.2 (mol/L)
(0.016L)　(0.01L)

問題19

重要度 ★★★

有機化合物の一般的な性質について記述したものである。正しいものには○、誤っているものには×で答えなさい。

1) 一般に水に溶けにくいものが多い。
2) 分子からなる物質がほとんどである。
3) 無機化合物より反応速度の速いものが多い。
4) 融点・沸点は比較的低い。
5) 熱分解しにくい。

問題20

重要度 ★★★

次の文章の（　1　）～（　6　）に適する語句・化学式を選び、番号で答えなさい。

炭化水素は、炭素原子と（　1　）原子だけでできている化合物で、鎖式炭化水素と環式炭化水素に大別される。鎖式炭化水素は、炭素原子間の結合によって飽和炭化水素と不飽和炭化水素に分類され、炭素原子間がすべて単結合の（　2　）、分子内に1個の二重結合をもつ（　3　）、分子内に1個の三重結合をもつ（　4　）に分類される。

ベンゼンは、環式炭化水素の（　5　）炭化水素に分類され、化学式は（　6　）である。

①酸素	②水素	③アルカン	④シクロアルカン	⑤アルケン
⑥アルキン	⑦脂環式	⑧芳香族	⑨C_6H_6	⑩C_6H_{12}

解答・解説

問題19　　解答　1) ○　2) ○　3) ×　4) ○　5) ×

1) 一般に水に溶けにくいものが多い。その通りです。
2) 分子からなる物質がほとんどである。その通りです。有機化合物のほとんどが共有結合です。
3) 無機化合物より反応速度の遅いものが多い。共有結合のため反応速度は遅いものが多いです。
4) 融点・沸点は比較的低い。その通りです。
5) 有機化合物は、一般的に熱分解しやすいです。有機化合物は、燃焼すると二酸化炭素や水などを生じます。

問題20　　解答　(1) ②　(2) ③　(3) ⑤　(4) ⑥　(5) ⑧　(6) ⑨

炭化水素は、炭素原子と水素原子でできている化合物のことです。炭化水素は、大きく分けて、鎖状構造の炭化水素（鎖式炭化水素）と環状構造の炭化水素（環式炭化水素）に分類されます。さらに、鎖式炭化水素は、炭素原子間が単結合のものを**飽和炭化水素**、二重結合、三重結合のものを**不飽和炭化水素**といいます。炭素原子間がすべて単結合のものを**アルカン**（メタン系炭化水素）、二重結合を1個もつものを**アルケン**（エチレン系炭化水素）、三重結合を1個もつものを**アルキン**（アセチレン系炭化水素）といいます。また、炭素原子が環状に結合した炭化水素を**シクロアルカン**、**シクロアルケン**といいます。

ベンゼンは、正六角形の環状構造です。ベンゼン環をもつ化合物は芳香をもつものが多いので、**芳香族炭化水素**に分類されます。

問題21

重要度 ★★★

アルコールの酸化について（　ア　）～（　ウ　）に入る語句の組み合わせとして正しいものを選び、番号で答えなさい。

第一級アルコールを酸化すると（　ア　）になり、さらに酸化すると（　イ　）になる。第二級アルコールを酸化すると（　ウ　）を生じる。

	（ア）	（イ）	（ウ）
1)	アルデヒド	ケトン	カルボン酸
2)	ケトン	カルボン酸	アルデヒド
3)	アルデヒド	カルボン酸	ケトン
4)	カルボン酸	アルデヒド	ケトン

問題22

重要度 ★★☆

次の文章の（　1　）～（　5　）に適する語句・化学式を選び、番号で答えなさい。

分子式C_2H_6Oで表される化合物には、金属ナトリウムと反応する（　1　）と反応しない（　2　）がある。このような化合物を互いに（　3　）という。前者の化学式は（　4　）で後者は（　5　）である。

①同素体　②異性体
③メタノール（メチルアルコール）　④ジメチルエーテル
⑤ジエチルエーテル　⑥エタノール（エチルアルコール）
⑦CH_3OH　⑧C_2H_5OH
⑨CH_3COOH　⑩CH_3OCH_3

解答・解説

問題21　　解答　3

第一級アルコールは、酸化されてアルデヒドになります。さらに酸化されてカルボン酸になります。

第一級アルコール（RCH_2-OH） → **アルデヒド**（$R-CHO$） → **カルボン酸**（$R-COOH$）

第二級アルコールは、酸化されて**ケトン**になります。

第二級アルコール（$RR'CH-OH$） → ケトン（$RR'C=O$）

第三級アルコールは、酸化されません。

問題22　　解答　(1) ⑥　(2) ④　(3) ②　(4) ⑧　(5) ⑩

分子式C_2H_6Oで表される化合物には、エタノール（エチルアルコール）（C_2H_5OH）とジメチルエーテル（CH_3OCH_3）があります。エタノールとジメチルエーテルのように、分子式は同じであるが、分子の構造が異なる化合物同士を**互いに異性体**といいます。分子の構造が異なるため、性質も異なります。エタノールは金属ナトリウムと反応しますが、ジメチルエーテルは反応しません。

問題23

重要度 ★★☆

ベンゼンの水素原子1個を次の官能基に変えた化合物として正しいものをそれぞれ（ア）～（オ）から選びなさい。

1）カルボキシ基　　2）アミノ基　　3）ヒドロキシ基
4）スルホ基　　5）アルデヒド基

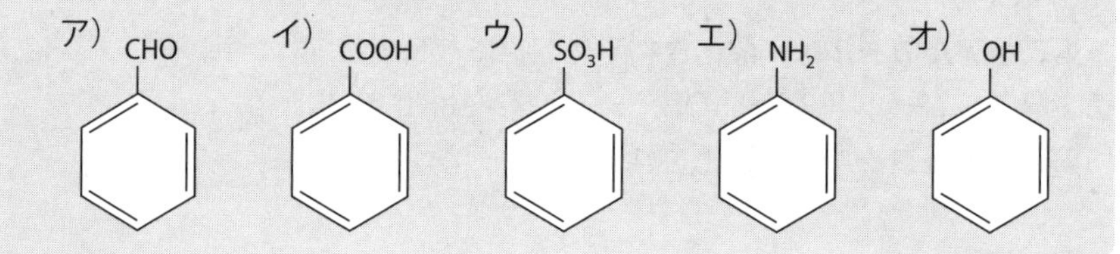

問題24

重要度 ★★★

次の1）～4）の反応熱の説明について正しいものをそれぞれ選び、番号で答えなさい。

1）　物質1molが多量の水などの溶媒に溶けるとき発生または吸収する熱量
2）　物質1molが完全に燃焼するときに発生する熱量
3）　酸と塩基の各水溶液が中和して水1molを生じるときに発生する熱量
4）　物質1molがその成分元素の単体から生成するとき発生または吸収する熱量

①中和熱　　②生成熱　　③溶解熱　　④燃焼熱

問題25

重要度 ★★★

次の記述のうち、誤っているものを選び、番号で答えなさい。

1）濃硝酸と濃塩酸を1：3の割合で混合した溶液を王水という。
2）結晶水を含む物質が、空気中で結晶水を失い崩壊する現象を風解という。
3）ナトリウム塩は、炎色反応で黄色を呈する。
4）5mg/kg＝50ppmである。
5）pH6の水溶液の水素イオン濃度は、pH3の水溶液の水素イオン濃度の1000倍である。

解答・解説

問題23　　　**解答　1) イ　2) エ　3) オ　4) ウ　5) ア**

それぞれの官能基の化学式は、1) **カルボキシ基**は$-COOH$、2) **アミノ基**は$-NH_2$、3) **ヒドロキシ基**は$-OH$、4) **スルホ基**は$-SO_3H$、5) **アルデヒド基**は$-CHO$です。

ベンゼンの化学式はC_6H_6です。ベンゼンの水素原子（H）1個をこれらの官能基に変えると1) C_6H_5-COOH（イ：安息香酸）、2) $C_6H_5-NH_2$（エ：アニリン）、3) C_6H_5-OH（オ：フェノール）、4) $C_6H_5-SO_3H$（ウ：ベンゼンスルホン酸）、5) C_6H_5-CHO（ア：ベンズアルデヒド）になります。

問題24　　　**解答　1) ③　2) ④　3) ①　4) ②**

中和熱：酸と塩基の各水溶液が中和して水1molを生じるときに発生する熱量
生成熱：物質1molがその成分元素の単体から生成するとき発生または吸収する熱量
溶解熱：物質1molが多量の水などの溶媒に溶けるとき発生または吸収する熱量
燃焼熱：物質1molが完全に燃焼するときに発生する熱量

問題25　　　**解答　4、5**

1) 濃硝酸と濃塩酸を1：3の割合で混合した溶液を**王水**という。その通りです。
2) 結晶水を含む物質が、空気中で結晶水を失い崩壊する現象を**風解**という。その通りです。
3) **ナトリウム**塩は、**炎色反応**で**黄色**を呈する。その通りです。
4) 5mg/kg＝5ppmです。1mg/kg＝1ppm＝1mg/Lです。
5) pH6の水溶液の水素イオン濃度は、pH3の溶液の水素イオン濃度の$\frac{1}{1000}$倍です。pHから水溶液の水素イオン濃度$[H^+]$を求めます。
$[H^+]$は$\mathbf{pH=-\log[H^+]}$より求めます。pH6の溶液の水素イオン濃度は10^{-6}mol/L、pH3の水溶液の水素イオン濃度は10^{-3}mol/Lです。
よって10^{-3} (mol/L) $\times x = 10^{-6}$ (mol/L)　　$x=10^{-3}=\frac{1}{1000}$です。

問題26

重要度 ★★★

次の記述のうち、誤っているものを選び、番号で答えなさい。

1) ppmとは、100万分の1の濃度を表す単位である。
2) 電離度が1に近い酸を弱酸という。
3) アルカリ性の水溶液は、フェノールフタレイン指示薬を無色にする。
4) Liを燃やすと、青緑色の炎がでる。
5) 酸性の水溶液は、青色リトマス紙を赤色にする。

問題27

重要度 ★★☆

白金電極を用いて硫酸銅（II）$CuSO_4$水溶液を電気分解したときについて正しいものには○、誤っているものには×で答えなさい。

1) 陰極では、電子を受け取ってCuが析出する。
2) 陽極では、H_2が発生する。
3) 陰極での反応は酸化反応である。
4) 全体の反応は、$2CuSO_4 + 2H_2O \rightarrow 2H_2SO_4 + 2Cu + O_2$である。

問題28

重要度 ★☆☆

白金電極を用いて硝酸銀水溶液を電気分解したところ陰極に7.56gの銀が析出した。流れた電気量（C）として正しいものを選びなさい。

ただし、原子量は$Ag = 108$、ファラデー定数9.65×10^4（C/mol）とする。

1) 3.377×10^3 C
2) 5.066×10^3 C
3) 6.755×10^3 C
4) 10.132×10^3 C

解答・解説

問題26　　　解答　2、3、4

1）ppmとは、100万分の1の濃度を表す単位である。その通りです。
2）電離度が1に近い酸を**強酸**といいます。
3）アルカリ性の水溶液は、**フェノールフタレイン指示薬を赤色**にします。
4）Li（リチウム）を燃やすと、**赤色**の炎がでます。
5）酸性の水溶液は、青色リトマス紙を赤色にする。その通りです。

問題27　　　解答　1）○　2）×　3）×　4）○

白金電極を用いて硫酸銅（Ⅱ）$CuSO_4$水溶液を**電気分解**すると、**陰極**では、$Cu^{2+} + 2e^- \rightarrow Cu$の反応より、銅（Ⅱ）イオン$Cu^{2+}$が還元されてCuが析出します（**還元反応**）。

陽極では、$2H_2O \rightarrow 4H^+ + O_2 + 4e^-$の反応より$O_2$が発生します（**酸化反応**）。

したがって全体の反応は、$2CuSO_4 + 2H_2O \rightarrow 2H_2SO_4 + 2Cu + O_2$です。

問題28　　　解答　3

白金電極を用いて硝酸銀（$AgNO_3$）水溶液を電気分解すると、陽極では、$2H_2O \rightarrow O_2 + 4H^+ + 4e^-$、陰極では、$Ag^+ + e^- \rightarrow Ag$が起こります。電子（$e^-$）1molでAg 1mol（108g）が生成します。7.56gの銀（Ag）が析出するには、流れた電子の物質量をx（mol）とすると、電子の物質量（mol）：銀の質量（g）＝1（mol）：108（g）＝x：7.56（g）

$x = 0.07$（mol）

0.07molの電子が流れます。ファラデー定数9.65×10^4（C/mol）は、電子1molあたりの電気量のことです。したがって9.65×10^4（c/mol）×0.07（mol）＝6755＝6.755×10^3（C）

問題29

重要度 ★☆☆

白金電極を用いて硫酸銅（II）水溶液を0.8Aの一定電流で16分5秒間電気分解を行った。陰極では固体が、陽極では気体が発生した。次の(1)～(3)に答えなさい。ただし、原子量は$Cu = 63.5$、標準状態で気体1molの体積は22.4L、ファラデー定数9.65×10^4 (C/mol) とする。

1) 流れた電気量(C)として正しいものを選びなさい。

ア) 100C　　イ) 772C　　ウ) 965C

2) 陰極に析出する固体の質量(g)として正しいものを選びなさい。

ア) 0.254g　　イ) 0.508g　　ウ) 1.02g

3) 陽極で発生した気体の標準状態の体積(mL)として正しいものを選びなさい。

ア) 11.2mL　　イ) 22.4mL　　ウ) 44.8mL

問題30

重要度 ★★☆

次の各電池の名称と電池の構造（電池式）について正しいものを選び記号で答えなさい。

1) ボルタ電池　　2) ダニエル電池　　3) 鉛蓄電池

ア) (−) $Pb|H_2SO_4aq|PbO_2$ (+)

イ) (−) $Zn|H_2SO_4aq|Cu$ (+)

ウ) (−) $Zn|ZnSO_4aq|CuSO_4aq|Cu$ (+)

解答・解説

問題29

解答　1) イ　2) ア　3) ウ

ファラデー定数9.65×10^4(C/mol)は、電子1molあたりの電気量のことです。

電気量は、電気量(C)＝電流(A)×時間(秒)で求められます。……………1)

陰極では、$Cu^{2+} + 2e^- \rightarrow Cu$(2molの電子で1molのCuが析出)……………2)

陽極では、$2H_2O \rightarrow 4H^+ + O_2 + 4e^-$［$O_2$(酸素)1molの$O_2$と4molの電子が発生］……………3)

1) 電流は0.8 (A)、時間は16分5秒 (965秒) です。

したがって0.8 (A) × 965 (秒) = 772 (C)　　答えはイ) です。

2) 電気量 (C) は772 (C) なので、流れた電子の物質量は、

$\frac{772\ (C)}{9.65 \times 10^4\ (C/mol)} = 8 \times 10^{-3}$ (mol) です。

陰極の反応式の係数の関係から銅 (Cu) の質量をx (g) とすると、

電子の物質量 (mol)：銅 (Cu) の質量 (g) = 2 (mol)：63.5 (g)

= 8×10^{-3} (mol)：x (g)　　$x = 0.254$ (g)　　答えはア) です。

3) 流れた電子の物質量は、$\frac{772\ (C)}{9.65 \times 10^4\ (C/mol)} = 8 \times 10^{-3}$ (mol) です。

陽極の反応式の係数の関係からO_2 (酸素) の物質量をx (mol) とすると、

電子の物質量 (mol)：O_2 (酸素) の物質量 (mol)

= 4 (mol)：1 (mol) = 8×10^{-3} (mol)：x (mol)　　$x = 2 \times 10^{-3}$ (mol)

標準状態で気体1molの体積は22.4Lなので、

2×10^{-3} (mol) × 22.4 (L) = 0.0448 (L) = 44.8 (mL)　　答えはウ) です。

問題30　　**解答　1) イ　2) ウ　3) ア**

ボルタ電池は、亜鉛板と銅板を希硫酸に浸したものです。

電池の構造は、(−) Zn|H_2SO_4aq|Cu (+) です。

各電極の反応は、負極では$Zn \rightarrow Zn^{2+} + 2e^-$の酸化反応、正極では$2H^+ + 2e^- \rightarrow H_2$の還元反応が起こります。

ダニエル電池は、銅板を硫酸銅 (II) の水溶液に浸したものと、素焼き板を隔てて、亜鉛板を硫酸亜鉛の水溶液に浸したものとを組み合わせたものです。

電池の構造は、(−) Zn|$ZnSO_4$aq||$CuSO_4$aq|Cu (+) です。

各電極の反応は、負極では$Zn \rightarrow Zn^{2+} + 2e^-$の酸化反応、正極では$Cu^{2+} + 2e^- \rightarrow Cu$の還元反応が起こります。

鉛蓄電池は、鉛板と二酸化鉛 (酸化鉛 (IV)) を希硫酸に浸したものです。充電可能な電池です。電池の構造は、(−) Pb|H_2SO_4aq|PbO_2 (+) です。

※aq：水溶液をあらわす。

問題31

重要度 ★★★

次のうち、極性分子の組み合わせとして正しいものを選びなさい。

1) 水素、塩化水素
2) アンモニア、メタン
3) 水、二酸化炭素
4) 塩化水素、アンモニア

問題32

重要度 ★★★

次の5種類の金属イオンを含む混合水溶液がある。この混合水溶液の金属イオンを分離するために図のように操作を行った。（ア）～（オ）に含まれる金属イオンを番号で答えなさい。

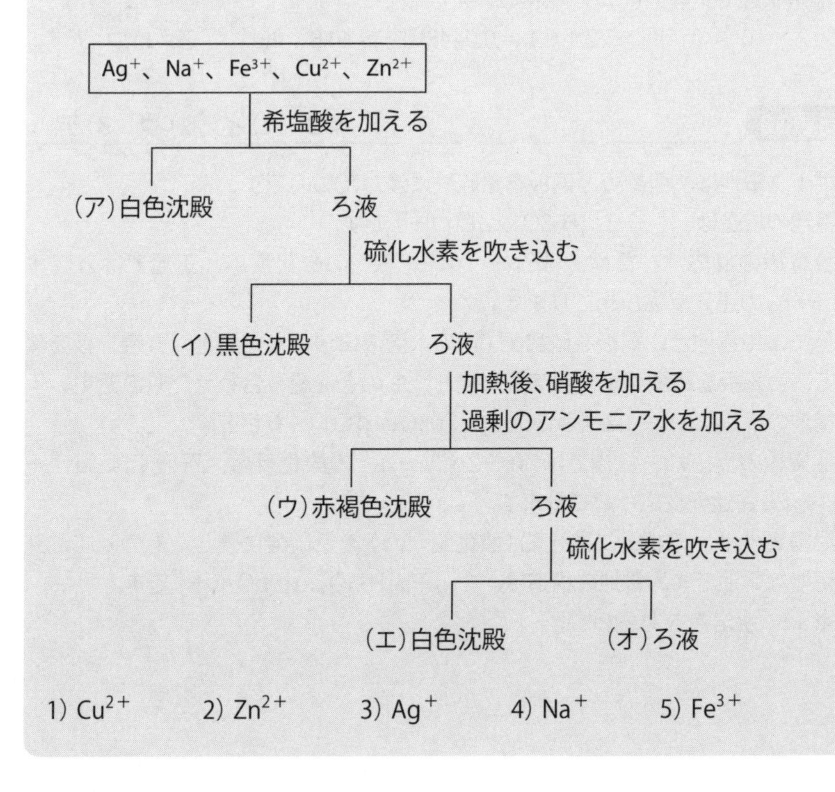

1) Cu^{2+}　2) Zn^{2+}　3) Ag^{+}　4) Na^{+}　5) Fe^{3+}

解答・解説

問題31　　解答　4

共有結合をしている原子間に電荷の偏りがあるとき、結合に極性があるといいます。電気陰性度の差が大きい2原子間の共有結合では電荷の偏りが生じます。全体として極性のある分子を**極性分子**、全体として極性がない分子を**無極性分子**といいます。水（H_2O）、アンモニア（NH_3）、塩化水素（HCl）は極性分子です。水素（H_2）、二酸化炭素（CO_2）、メタン（CH_4）は無極性分子です。

問題32　　解答　（ア）3　（イ）1　（ウ）5　（エ）2　（オ）4

金属イオンの分離です。各操作の生成物は、ア）塩化銀（AgCl）、イ）硫化銅（CuS）、ウ）水酸化鉄（III）（$Fe(OH)_3$）、エ）硫化亜鉛（ZnS）、オ）ナトリウムイオン（Na^+）です。希塩酸（HCl）の塩化物イオン（Cl^-）と反応して**Ag^+は白色沈殿**（ア）します。

次に硫化水素（H_2S）の硫化物イオン（S^{2-}）と反応して**Cu^{2+}は黒色沈殿**（イ）します。

次にH_2S（還元剤）によりFe^{3+}は還元されてFe^{2+}になります。加熱によりH_2Sを除き、硝酸（酸化剤）によりFe^{2+}は酸化されてFe^{3+}になります。過剰のアンモニア水（塩基性）を加えると**Fe^{3+}**の水酸化物（OH^-）が**赤褐色沈殿**（ウ）します。

次に塩基性条件で硫化水素を加えるとH_2Sの硫化物イオン（S^{2-}）と反応して**Zn^{2+}**が**白色沈殿**（エ）します。沈殿にならずにろ液（オ）に残るのは**Na^+**です。炎色反応で確認します。

問題33

重要度 ★★☆

次のうち、物質とその炎色反応の組み合わせとして正しいものを選び、番号で答えなさい。

物質		炎色反応
ア）ナトリウム（Na）	—	黄色
イ）バリウム（Ba）	—	橙赤色
ウ）リチウム（Li）	—	赤色
エ）カルシウム（Ca）	—	赤紫色
オ）カリウム（K）	—	黄緑色

1）ア・イ　2）ア・ウ　3）ア・オ　4）イ・ウ　5）イ・エ

解答・解説

問題33　解答　2

金属の炎色反応です。ア）ナトリウム（Na）は黄色、イ）バリウム（Ba）は黄緑色、ウ）リチウム（Li）は赤色、エ）カルシウム（Ca）は橙赤色、オ）カリウム（K）は赤紫色です。他にストロンチウム（Sr）は深赤色、銅（Cu）は青緑色です。

第3章

毒物劇物の性状

3-1 五肢択一問題

❶ 毒物劇物の色

問題１　農業用品目　重要度 ★★★

濃い藍色の結晶で、風解性がある。150℃で結晶水を失って、白色の粉末となる薬物を１つ選びなさい。なお、この薬物は水に溶けやすく、水溶液は青色リトマス試験紙を赤くする。

a）塩素酸カリウム　b）クロルピクリン　c）EPN
d）燐化亜鉛　e）硫酸銅

問題２　特定品目　重要度 ★★★

橙赤色の柱状結晶、水に溶けやすく、アルコールには溶けない。強力な酸化剤である薬物を１つ選びなさい。

a）一酸化鉛　b）トルエン　c）重クロム酸カリウム
d）硝酸　e）水酸化カリウム

問題３　重要度 ★★☆

暗赤色針状結晶、潮解性があり、水に易溶、極めて強い酸化剤である薬物を１つ選びなさい。

a）無水クロム酸　b）ベタナフトール　c）ブロムメチル
d）酢酸タリウム　e）硝酸銀

問題４　重要度 ★★☆

黒灰色、金属様の光沢ある稜板状結晶で、熱すると紫菫色蒸気を発生するが、常温でも多少不快な臭気をもつ蒸気をはなって揮散する薬物を１つ選びなさい。

a）塩素　b）セレン　c）塩素酸ナトリウム
d）沃素　e）ニトロベンゼン

解答・解説

問題1　　　解答　e

濃い藍色の結晶（青色の結晶）で**風解性**がある薬物は、劇物の**硫酸銅**（硫酸第二銅、$CuSO_4 \cdot 5H_2O$）です。風解（風化）して、白色粉末の無水硫酸銅（$CuSO_4$）になります。水溶液は青色リトマス試験紙を赤変させるので、液性は酸性です。**沈殿法**と**焙焼法**（ばいしょう）で廃棄され、用途としては、工業用には電解液や媒染剤、**農業用殺菌剤**として使われます。

a）固体、劇物　b）液体、劇物　c）固体、毒物　d）固体、劇物　e）固体、劇物

問題2　　　解答　c

橙赤系の結晶は、重クロム酸塩で、**強力な酸化剤**です。ここでは、劇物の**重クロム酸カリウム**（重クロム酸カリ、二クロム酸カリウム、$K_2Cr_2O_7$）がそれにあたります。クロム化合物なので、**還元沈殿法**で廃棄します。**工業用酸化剤**、媒染剤、製革用、電気鍍金用、顔料原料などに用いられます。

a）固体、劇物　b）液体、劇物　c）固体、劇物　d）液体、劇物　e）固体、劇物

問題3　　　解答　a

暗赤色の結晶で**潮解性**があり、強い**酸化剤**である薬物は、劇物の**無水クロム酸**[酸化クロム（VI）、CrO_3]です。なお、暗赤色結晶としてよく出題されるのは、無水クロム酸と燐化亜鉛（Zn_3P_2）です。ただし、燐化亜鉛は暗灰色と表現されることもあり、潮解性はありません。その他、紅色または暗赤色で、潮解性の結晶である塩化第二金（$AuCl_3$）があります。無水クロム酸の廃棄では**還元沈殿法**が用いられ、用途としては、工業用酸化剤、試薬として用いられます。

a）固体、劇物　b）固体、劇物　c）気体、劇物　d）固体、劇物　e）固体、劇物

問題4　　　解答　d

劇物の**沃素**（ようそ）（ヨード、I_2）は**黒灰色**（**青紫色**）で**金属様光沢のある結晶**です。**昇華**するので、蒸気が発生します。塩素、臭素ほどではないですが、ハロゲン元素ですので、腐食性があり、不燃性でもあります。

a）気体、劇物　b）固体、毒物　c）固体、劇物　d）固体、劇物　e）液体、劇物

問題5

重要度 ★★☆

種々の形で存在するが、結晶のものが最も安定で、灰色、金属光沢を有し、もろく、粉砕できる。無定形のものは黄色、黒色、褐色の3種が存在する薬物を1つ選びなさい。

a) クロルスルホン酸　b) 砒素　c) 二硫化炭素
d) 五硫化燐　e) ピクリン酸

問題6

重要度 ★★★

刺激性の臭気をはなって揮発する赤褐色の重い液体で、引火性、燃焼性はないが、強い腐食作用をもち、濃塩酸にあうと高熱を発し、また、乾草や繊維類のような有機物と接触すると火を発することがある薬物を1つ選びなさい。

a) アクロレイン　b) ニコチン　c) 臭素
d) アルシン　e) ヒドラジン

❷ ～して何色になる

問題7

重要度 ★★☆

無色透明結晶。光によって分解して黒変する。強力な酸化剤であり、腐食性がある薬物を1つ選びなさい。なお、薬物は水に極めて溶けやすい。

a) 硝酸銀　b) 無水クロム酸　c) ブロム水素酸
d) 五塩化燐　e) クロルエチル

問題8

重要度 ★★★

無色の針状結晶あるいは白色の放射状結晶塊で、空気中で容易に赤変する。特異の臭気と灼くような味を有する薬物を1つ選びなさい。

a) 水酸化カリウム　b) 燐化亜鉛　c) 蓚酸
d) フェノール　e) メタノール

解答・解説

問題5　　解答 b

毒物の砒素（As）は半金属（金属と非金属の間の性質をもつ物質）ですが、半金属も金属と同様に金属光沢を有します。「**種々の形で存在する**」、「**無定形のものは3種ある**」は、砒素のキーワードです。砒素の廃棄法は、回収法と固化隔離法です。

a）液体、劇物　b）固体、毒物　c）液体、劇物　d）固体、毒物　e）固体、劇物

問題6　　解答 c

刺激臭のある**赤褐色の重い液体**は、劇物の**臭素**（Br_2）です。臭素はハロゲンなので、**不燃性**で、**腐食性**があります。廃棄法は、**アルカリ法**と**還元法**です。

a）液体、劇物　b）液体、毒物　c）液体、劇物　d）気体、毒物　e）液体、毒物

問題7　　解答 a

光によって黒変し、**強力な酸化剤**である薬物は、劇物の**硝酸銀**（$AgNO_3$）です。光により黒変する薬物には、硝酸銀のほか、臭化銀（淡黄色粉末、AgBr）などがあります。廃棄法は**沈殿法**と**焙焼法**で、用途としては**鍍金**、**写真用**などに用いられます。

a）固体、劇物　b）固体、劇物　c）液体、劇物　d）固体、毒物　e）気体、劇物

問題8　　解答 d

「**空気中で容易に赤変する**（紅色に変化する）」は、劇物の**フェノール**（石炭酸、C_6H_5OH）に特徴的なキーワードです。ベタナフトールも同じような性質をもつ劇物ですが、「空気中では徐々に赤褐色に着色する」という表現になっています。「灼くような味」をキーワードとしてもよいかもしれませんが、ベタナフトールやブロムエチルにも同じ表現が出題されることがあります。フェノールが**潮解性**をもっていることも、少し頭の中に入れておいてください。廃棄法は**燃焼法**と**活性汚泥法**で、用途では医薬品や染料の原料、**防腐剤**などに用いられます。また、**除外濃度は5%以下**です。

a）固体、劇物　b）固体、劇物　c）固体、劇物　d）固体、劇物　e）液体、劇物

問題9

重要度 ★★☆

無色の光沢のある小葉状結晶あるいは白色の結晶性粉末で、かすかに石炭酸に類する臭気と灼くような味を有する薬物を1つ選びなさい。なお、この薬物は水には溶けにくく、熱湯にはやや溶けやすい。

a) ベタナフトール　b) ブロムアセトン　c) クレゾール
d) 亜塩素酸ナトリウム　e) 過酸化ナトリウム

問題10

重要度 ★★★

純品は無色透明な油状の液体で、特有の臭気がある。空気に触れて赤褐色を呈する薬物を1つ選びなさい。

a) アリルアルコール　b) アニリン　c) 液化アンモニア
d) 過酸化水素水　e) メチルエチルケトン

問題11

重要度 ★★☆

純品は無色の揮発性液体であるが、特殊の臭気があり、比較的不安定で、日光によって徐々に分解、白濁する。引火性であり、金属に対して腐食性もある薬物を1つ選びなさい。

a) 四エチル鉛　b) 硝酸銀　c) メチルエチルケトン
d) 水銀　e) 五硫化燐

❸ 分解すると〜、燃焼すると〜

問題12　特定品目

重要度 ★★★

無色、揮発性の液体で、特異の香気とかすかな甘味を有する。純品は空気に触れ、同時に日光の作用を受けると分解して、塩素、塩化水素、ホスゲン、四塩化炭素を生ずるが、少量のアルコールを含有させると分解を防ぐことができる薬物を1つ選びなさい。

a) メタノール　b) 塩酸　c) クロロホルム
d) 酢酸エチル　e) 硫酸

解答・解説

問題9　　解答　a

劇物のベタナフトール（β－ナフトール、2－ナフトール）は、フェノールに類する性質をもつ薬物です。そのため、**石炭酸（フェノール）に類する臭気**があり、灼くような味を有します。また、空気や日光に触れると赤変する（**赤褐色を呈する**）ので、遮光保存します。**燃焼法**で廃棄され、**除外濃度は1%以下**です。

a）固体、劇物　b）液体、劇物　c）固体・液体、劇物　d）固体、劇物
e）固体、劇物

問題10　　解答　b

純品は無色透明油状の液体であるが、**空気に触れて赤褐色を呈する**薬物は、劇物の**アニリン**（アミノベンゼン、$C_6H_5NH_2$）です。よく出題されますので、しっかり覚えておきましょう。**燃焼法**と**活性汚泥法**で廃棄します。

a）液体、毒物　b）液体、劇物　c）液体、劇物　d）液体、劇物　e）液体、劇物

問題11　　解答　a

特定毒物の**四エチル鉛**（エチル液）は、**日光により徐々に分解して白濁する引火性液体**です。鉛は重金属ですから、その化合物も固体というイメージをもちがちですが、液体であることに注意してください。廃棄法は、**酸化隔離法**と**燃焼隔離法**です。

a）液体、特定毒物　b）固体、劇物　c）液体、劇物　d）液体、毒物
e）固体、毒物

問題12　　解答　c

特異の香気とかすかな甘味を有する液体で、空気と**日光により分解して、塩素**（Cl_2）、**塩化水素**（HCl）、**ホスゲン**（$COCl_2$）、**四塩化炭素**（CCl_4）を生ずることから、この薬物は劇物の**クロロホルム**（トリクロロメタン、$CHCl_3$）であることがわかります。なお、これを防ぐために、安定剤として**少量のアルコール**を加えます。クロロホルムは**不燃性**です。**燃焼法**で廃棄され、用途としては**溶剤**として用いられます。

a）液体、劇物　b）液体、劇物　c）液体、劇物　d）液体、劇物　e）液体、劇物

問題13

重要度 ★★☆

無色または淡黄色、発煙性、刺激臭の液体で、水と激しく反応し、硫酸と塩酸を生成する薬物を1つ選びなさい。

a) アクロレイン　b) 三塩化燐　c) クロルスルホン酸
d) トルエン　e) カリウムナトリウム合金

問題14

重要度 ★★☆

無色の窒息性ガスで、水により徐々に分解され、炭酸ガスと塩化水素になる薬物を1つ選びなさい。

a) アルシン　b) ホスフィン　c) 塩素
d) ホスゲン　e) 弗化水素

④ 毒劇物の臭い

問題15

重要度 ★★★

白色または淡黄色のろう様半透明の結晶性固体で、ニンニク臭がある。水にはほとんど溶けず、アルコール、エーテルには溶けにくいが、ベンゼン、二硫化炭素には溶けやすい。空気中では非常に酸化されやすく、放置すると50℃で発火する薬物を1つ選びなさい。

a) セレン　b) 黄燐　c) 沃素
d) アルシン　e) 塩素酸ナトリウム

問題16

重要度 ★★☆

無色のアセチレンに似た、また、腐った魚の臭いのある気体である。水にわずかに溶け、酸素およびハロゲンと激しく結合する薬物を1つ選びなさい。

a) シアン化水素　b) 臭素　c) ジボラン
d) ホルマリン　e) 燐化水素

解答・解説

問題13　　解答　c

発煙性で、激しい刺激臭がある液体で、**水と激しく反応して、硫酸**（H_2SO_4）**と塩化水素**（HCl）**を生成する**薬物は、劇物の**クロルスルホン酸**（クロル硫酸、HSO_3Cl）です。化学式を見ると、それが推測できます。なお、クロルは塩素を、スルホは硫黄を含むことを示しています。**中和法**で廃棄し、用途としては、**スルホン化剤**、煙幕として用いられます。
a）液体、劇物　b）液体、毒物　c）液体、劇物　d）液体、劇物　e）液体、劇物

問題14　　解答　d

毒物の**ホスゲン**（塩化カルボニル）は気体の薬物で、化学式は$COCl_2$です。化学式を見ると、**加水分解して炭酸ガス**（CO_2）**と塩化水素**（HCl）**になる**のもわかります。ホスゲンの臭気は「**独特の青草臭**」と表現されることもあるので、少し記憶しておいてください。不燃性で、廃棄は**アルカリ法**で行います。
a）気体、毒物　b）気体、毒物　c）気体、劇物　d）気体、毒物　e）気体、毒物

問題15　　解答　b

白色または淡黄色のろう様の半透明のニンニク臭固体として最も出題されるのは、毒物の**黄燐**です。空気中では酸化されやすく、酸化熱を蓄積して50℃で**発火**します。そのため、**水中に保存**します。**燃焼法**で廃棄しますが、「**廃ガス水洗設備**」がキーワードです。用途としては、酸素の吸収剤、**殺鼠剤やマッチの原料**に用いられます。
a）固体、毒物　b）固体、毒物　c）固体、劇物　d）気体、毒物　e）固体、劇物

問題16　　解答　e

腐った魚の臭いのある気体は、毒物の**燐化水素**（ホスフィン、PH_3）です。非常に燃えやすい気体です。**燃焼法**、**酸化法**で廃棄され、用途としては、半導体工業で**ドーピングガス**として用いられます。
a）液体、毒物　b）液体、劇物　c）気体、毒物　d）液体、劇物　e）気体、毒物

問題17　特定品目　重要度 ★★★

強い果実様の香気がある可燃性無色の液体である薬物を1つ選びなさい。

a) 酢酸エチル　b) 四塩化炭素　c) 蓚酸
d) トルエン　e) 過酸化水素水

問題18　重要度 ★★☆

無色または微黄色の吸湿性の液体で、強い苦扁桃様の香気をもち、光線を屈折する薬物を1つ選びなさい。なお、この薬物は水にはわずかに溶け、その溶液は甘味を有する。アルコールには容易に溶ける。

a) 四塩化炭素　b) メタノール　c) ニトロベンゼン
d) アンモニア水　e) 硝酸

問題19　農業用品目　重要度 ★★☆

無色で特異臭のある液体。水を含まない純粋なものは無色透明の液体で、青酸臭（苦扁桃様の香気）を帯び、点火すれば青紫色の炎を発し燃焼する薬物を1つ選びなさい。

a) シアン化水素　b) クロルピクリン　c) シアン酸ナトリウム
d) 硫酸タリウム　e) ニコチン

問題20　農業用品目　重要度 ★★★

白色等軸晶の塊片あるいは粉末で、十分に乾燥したものは無臭であるが、空気中では湿気を吸収し、かつ炭酸ガスと作用して有毒な青酸臭を放つ薬物を1つ選びなさい。

a) 塩素酸カリウム　b) シアン化カリウム　c) 硫酸ニコチン
d) 硫酸銅　e) ロテノン

解答・解説

問題17　　解答　a

強い果実様の香気（果実様の芳香）がある**可燃性**（**引火性**）液体は、劇物の**酢酸エチル**（酢酸エステル、酢酸エーテル、$CH_3COOC_2H_5$）です。**燃焼法**、**活性汚泥法**で廃棄され、用途としては、**香料**、**溶剤**などに用いられます。

a）液体、劇物　b）液体、劇物　c）固体、劇物　d）液体、劇物　e）液体、劇物

問題18　　解答　c

劇物のニトロベンゼンは**苦扁桃様香気をもつ液体**として、最もよく出題される薬物です。毒物のシアン化水素（HCN）も苦扁桃様香気の液体として見かけることもありますが、青酸臭と表現される方が圧倒的に多いです。**光線を屈折する**という表現も覚えておきましょう。**燃焼法**で廃棄され、用途としては、純アニリンの製造原料として用いられます。

a）液体、劇物　b）液体、劇物　c）液体、劇物　d）液体、劇物　e）液体、劇物

問題19　　解答　a

青酸臭を帯びていることから、引火性の青酸ガス（**シアン化水素**ガス）が発生していることがわかります。**青酸臭の液体**といったら、毒物のシアン化水素です。沸点は25.7℃なので、非常に気体になりやすいことを知っておいてください。毒性では**呼吸中枢を麻痺**させ、解毒剤は**チオ硫酸ナトリウム**などを用います。燃焼法、**酸化法**、**アルカリ法**、活性汚泥法で廃棄され、用途としては、果実などの殺虫剤、船底倉庫の殺鼠剤などに用いられます。

a）液体、毒物　b）液体、劇物　c）固体、劇物　d）固体、劇物　e）液体、毒物

問題20　　解答　b

毒物の**シアン化カリウム**（青酸カリ、青化カリ）は**潮解性**があり、その吸収した水に炭酸ガスが溶け込むと液性が酸性に傾き、シアン化水素が発生するので、青酸臭を放ちます。シアン化水素の発生を防止するため、貯蔵では**酸類とは離して保存**し、廃棄ではまず**水酸化ナトリウム水溶液等でアルカリ性**にします。用途は冶金（やきん）、鍍金（ときん）、写真用に用いられるほか、農業用としては、殺虫剤として使用されます。

a）固体、劇物　b）固体、毒物　c）固体、毒物　d）固体、劇物　e）固体、劇物

❺ クロロホルム臭

問題21　農業用品目　重要度 ★★☆

常温では気体であるが、圧縮冷却すると液化しやすく、クロロホルムに類する臭気があり、ガスは重く空気の3.27倍である薬物を1つ選びなさい。なお、この薬物は液化したものは無色透明で揮発性があり、流動しやすい。

a) 燐化亜鉛　b) シアン化ナトリウム　c) 硫酸銅
d) クロルピクリン　e) ブロムメチル

❻ 刺激臭

問題22　農業用品目・(特定品目)　重要度 ★★☆

無色揮発性の液体で、鼻をさすような臭気があり、アルカリ性を呈する薬物を1つ選びなさい。

a) 塩化亜鉛　b) アンモニア水　c) 臭化メチル
d) 硫酸　e) シアン化水素

問題23　特定品目　重要度 ★★☆

無色透明の液体で、25%以上のものは湿った空気中で著しく発煙し、刺激臭がある。種々の金属を溶解し、水素を発生する薬物を1つ選びなさい。

a) アンモニア水　b) 硫酸　c) 過酸化水素水
d) 塩酸　e) 蓚酸

❼ 催涙性

問題24　農業用品目　重要度 ★★☆

純品は無色の油状液体であるが、市販品は普通微黄色を呈している。催涙性があり、強い粘膜刺激臭を有する。熱には比較的不安定で180℃以上に熱すると分解するが、引火性はない。酸、アルカリには安定である。金属腐食性が大きい。これらの性状を有する薬物を1つ選びなさい。

a) ロテノン　b) クロルピクリン　c) パラコート
d) DDVP　e) 硫酸

解答・解説

問題21　　解答　e

「**圧縮冷却して液化する**」は、劇物の**ブロムメチル**（臭化メチル、ブロモメタン、CH_3Br）のキーワードです。貯蔵法でも、このキーワードは出題されることがあります。果樹、種子、貯蔵食糧等の燻蒸に用いられますが、**普通の燻蒸濃度では臭気を感じない**ので、中毒に注意が必要です。**燃焼法**で廃棄します。

a）固体、劇物　b）固体、毒物　c）固体、劇物　d）液体、劇物　e）気体、劇物

問題22　　解答　b

揮発性で鼻をさすような**刺激臭のある無色透明の液体**で、その液性が**アルカリ性**である薬物として最もよく出題されるのは、アンモニアの水溶液であるアンモニア水です。アンモニアガスが水に溶け込むとアルカリ性を呈します。**アンモニア水**は劇物で、**除外濃度は10%以下**です。アンモニアが揮発しやすいので、貯蔵では密栓をして保存します。また、**中和法**で廃棄します。

a）固体、劇物　b）液体、劇物　c）気体、劇物　d）液体、劇物　e）液体、毒物

問題23　　解答　d

「**25%以上のものは発煙する**」は、劇物の**塩酸**のキーワードです。**刺激臭**があり、金属腐食性もあります。そのものは不燃性ですが、金属等と反応して水素が発生すると、それが発火する可能性があります。**除外濃度は10%以下**で、中和法で廃棄します。

a）液体、劇物　b）液体、劇物　c）液体、劇物　d）液体、劇物　e）固体、劇物

問題24　　解答　b

催涙性のある薬物としては、アクロレイン（$CH_2=CHCHO$）、アクリルニトリル（$CH_2=CHCN$）、ホルムアルデヒド（ホルマリン、HCHO）、ブロムアセトン（CH_3COCH_2Br）などが挙げられますが、最もよく出題されるのは、劇物の**クロルピクリン**（CCl_3NO_2）です。塩素を3分子も含むことからもわかる通り、**刺激性**、**腐食性**があり、燃えづらい薬物であることが推測できます。**分解法**で廃棄され、用途としては、農薬として土壌病原菌、線虫駆除のための**土壌燻蒸**に用いられます。

a）固体、劇物　b）液体、劇物　c）固体、毒物　d）液体、劇物　e）液体、劇物

❽ 潮解性

問題25　特定品目　重要度 ★★★

白色、結晶性の固い塊で、繊維状結晶様の破砕面を現す。水と炭酸ガスを吸収する性質が強く、空気中に放置すると潮解して、徐々に炭酸ソーダの皮膜を生ずる薬物を1つ選びなさい。

a) 水酸化ナトリウム　b) 重クロム酸ナトリウム　c) トルエン
d) 硝酸　e) 蓚酸

問題26　重要度 ★★☆

無色の斜方六面形結晶で、潮解性をもち、微弱の刺激性臭気を有する。水溶液は強酸性を呈する。皮膚、粘膜を腐食する性質を有する薬物を1つ選びなさい。

a) 燐化亜鉛　b) 硫酸亜鉛　c) 水酸化カリウム
d) トリクロル酢酸　e) 無水クロム酸

❾ 風解性

問題27　特定品目　重要度 ★★★

2モルの結晶水を有する無色、稜柱状の結晶で、乾燥空気中で風化する。注意して加熱すると昇華するが、急に加熱すると分解する薬物を1つ選びなさい。

a) クロム酸鉛　b) 硅弗化ナトリウム　c) ホルマリン
d) 蓚酸　e) 一酸化鉛

❿ 引火性

問題28　特定品目　重要度 ★★☆

無色透明、動揺しやすい揮発性の液体で、エチルアルコールに似た臭気をもち、火をつけると容易に燃える薬物を1つ選びなさい。

a) 過酸化水素水　b) キシレン　c) 酢酸エチル
d) 四塩化炭素　e) メタノール

解答・解説

問題25　　解答　a

劇物の**水酸化ナトリウム**（NaOH）は、空気中の水分を吸収して**潮解**します。また、空気中の炭酸ガスと反応して、炭酸ソーダ（炭酸ナトリウム、$NaCO_3$）の皮膜を生じます。なお、潮解とは固体が空気中の水分（湿気）を吸収して、その吸収した水分に固体自体が溶けてしまうことをいいます。また、水酸化ナトリウムは**中和法**で廃棄され、用途としては**石ケン製造**、パルプ工業などに用いられます。なお**除外濃度は5%以下**です。

a）固体、劇物　b）固体、劇物　c）液体、劇物　d）液体、劇物　e）固体、劇物

問題26　　解答　d

トリクロル酢酸（CCl_3COOH）は固体で、**潮解性**があり、腐食性があります。モノクロル酢酸（$CH_2ClCOOH$）は潮解性固体、ジクロル酢酸（$CHCl_2COOH$）は液体です。いずれも劇物で、燃焼法で廃棄します。

a）固体、劇物　b）固体、劇物　c）固体、劇物　d）固体、劇物　e）固体、劇物

問題27　　解答　d

2モルの結晶水を有する**風化**（**風解**）する薬物は、劇物の**蓚酸**［$(COOH)_2 \cdot 2H_2O$］です。風化（風解）する薬物は、蓚酸のほか、藍色（青色）結晶の硫酸銅（$CuSO_4 \cdot 5H_2O$）、白色結晶の硫酸亜鉛（$ZnSO_4 \cdot 7H_2O$）があります。なお、風化（風解）とは、結晶水を含む結晶が結晶水を失うことです。**燃焼法**、**活性汚泥法**で廃棄され、毒性では**血液中の石灰分を奪う**ことがポイントです。用途としては、**コルク**、**綿**、**藁**（わら）**の漂白剤**、鉄錆（さび）の汚れ落としに用いられます。なお、**除外濃度は10%以下**です。

a）固体、劇物　b）固体、劇物　c）液体、劇物　d）固体、劇物　e）固体、劇物

問題28　　解答　e

劇物の**メタノール**（メチルアルコール、木精、CH_3OH）は**引火性**液体で、水によく溶けます。メタノールもアルコール類ですから、エチルアルコール（エタノール、C_2H_5OH）に似た臭気があるのもわかります。メタノールの毒性のポイントは**視神経がおかされる**ことであり、用途としては、樹脂、塗装などの溶剤、（メタノール）燃料として用いられます。**燃焼法**、**活性汚泥法**で廃棄されます。

a）液体、劇物　b）液体、劇物　c）液体、劇物　d）液体、劇物　e）液体、劇物

問題29

重要度 ★★☆

本来は無色透明の麻酔性芳香をもつ液体であるが、普通市場にあるものは不快な臭気をもっている。有毒で、長く吸入すると麻酔をおこす。－20℃でも引火して燃焼する薬物を1つ選びなさい。なお、この薬物は硫黄、燐、油脂などをよく溶解するので、溶媒として用いられる。

a) 発煙硫酸　b) 二硫化炭素　c) クロロホルム
d) 液化塩化水素　e) DDVP

問題30　特定品目

重要度 ★★☆

無色透明の液体で芳香がある。蒸気は空気より重く、引火しやすい。引火点4℃、爆発範囲1.2～7.1%、沸点110.6℃、比重0.866。水にほとんど溶けない。この性状を有する薬物を1つ選びなさい。

a) メタノール　b) トルエン　c) 塩酸
d) クロロホルム　e) ホルマリン

⑪ 爆発性

問題31　農業用品目

重要度 ★★☆

無色の単斜晶系板状の結晶で、水に溶けるがアルコールには溶けにくい。その溶液は中性を示す。燃えやすい物質と混合して摩擦すると激しく爆発する薬物を1つ選びなさい。

a) 塩化亜鉛　b) シアン化ナトリウム　c) 塩素酸カリウム
d) 硫酸タリウム　e) パラコート

解答・解説

問題29　解答　b

引火点が非常に低いということは、低温でも揮発性が高いことを意味します。**揮発性が高く、低温でも極めて引火性**の液体として最もよく出題されるのは、劇物の**二硫化炭素**（引火点－30℃）です。問題文に－20℃でも引火すると書かれていますが、引火点が－20℃という訳ではありませんので、その点は注意してください。そのほか、非水溶性の引火性液体として、トルエン、酢酸エチル、メチルエチルケトン、キシレンが挙げられるようにしておきましょう。二硫化炭素は**酸化法**、**燃焼法**で廃棄され、用途としては、ゴム工業における加硫作業、マッチの製造、溶剤、防腐剤などに用いられます。

a）液体、劇物　b）液体、劇物　c）液体、劇物　d）液体、劇物　e）液体、劇物

問題30　解答　b

余裕がある場合は、性状に関する数値をすべて暗記してもよいのですが、現実的ではありません。**引火性**液体であること、芳香（かぐわしい香り、よい香り）があること、水にほとんど溶けないことから、水酸基やカルボキシル基などをもたないであろうことを推測できるようになっていれば、選択肢の中から劇物の**トルエン**であることがわかるでしょう。トルエンは**燃焼法**で廃棄され、用途としては爆薬、染料、香料、サッカリンなどの原料、溶剤などとして用いられます。毒性では蒸気の吸入により、**頭痛、食欲不振がみられ**、大量では緩和な**大赤血球性貧血**をきたすことがポイントとなります。

a）液体、劇物　b）液体、劇物　c）液体、劇物　d）液体、劇物　e）液体、劇物

問題31　解答　c

劇物の**塩素酸カリウム**（塩素酸カリ、塩剥、$KClO_3$）は**酸化剤**で、**爆発性物質**です。爆発性物質としては、塩素酸塩類、亜塩素酸ナトリウム、ピクリン酸が思い浮かぶようにしておきましょう。また、塩素酸カリウムは農業用品目に定められた薬物です。**還元法**で廃棄され、用途としては、工業用にマッチ、煙火、爆発物の製造、酸化剤、抜染剤として用いられます。

a）固体、劇物　b）固体、毒物　c）固体、劇物　d）固体、劇物　e）固体、毒物

問題32

重要度 ★★☆

淡黄色の光沢ある小葉状あるいは針状結晶で、純品は無臭であるが、普通品はかすかにニトロベンゾールの臭気をもち、苦味がある。徐々に熱すると昇華するが、急熱あるいは衝撃により爆発する薬物を1つ選びなさい。

a) 蓚酸　b) ジニトロフェノール　c) シアン化ナトリウム
d) ピクリン酸　e) EPN

⑫ 不燃性

問題33

重要度 ★★★

無色またはわずかに着色した透明の液体。特有の刺激臭がある。不燃性で、濃厚なものは空気中で白煙を生じる薬物を1つ選びなさい。なお、この薬物は水に極めて溶けやすい。大部分の金属、ガラス、コンクリート等を激しく腐食する。

a) DDVP　b) アンモニア水　c) 弗化水素酸
d) クロルエチル　e) 塩酸

問題34　特定品目

重要度 ★★☆

揮発性、麻酔性の芳香を有する無色の重い液体。不燃性であるが、さらに揮発して重い蒸気となり、火炎を包んで空気を遮断するので、強い消火力を示す薬物を1つ選びなさい。

a) 塩素　b) 四塩化炭素　c) キシレン
d) 酢酸エチル　e) メタノール

⑬ 金属

問題35

重要度 ★★☆

常温で液状のただ1つの金属。銀白色、金属光沢を有する重い液体で、硝酸には溶け、塩酸には溶けない薬物を1つ選びなさい。

a) カリウム　b) 水銀　c) 砒素
d) セレン　e) 硫酸亜鉛

解答・解説

問題32　　解答 d

劇物の**ピクリン酸**（2,4,6－トリニトロフェノール）は無色または黄色系の結晶で、**爆発性**があります。爆発性物質として塩素酸カリウム、塩素酸ナトリウム、亜塩素酸ナトリウム、ピクリン酸が挙げられるようにしておいてください。ピクリン酸は**燃焼法**で廃棄され、用途としては試薬、染料、塩類は**爆発薬**として用いられます。

a）固体、劇物　b）固体、毒物　c）固体、毒物　d）固体、劇物　e）固体、毒物

問題33　　解答 c

ガラスを腐食する液体は、毒物の**弗化水素酸**です。弗化水素酸は弗化水素（気体）の水溶液で不燃性ですが、金属等と反応すると水素が発生して、それが発火することがあります。**沈殿法**で廃棄され、用途としてはフロンガスの原料、ガラスのつや消し、半導体のエッチング剤などに用いられます。

a）液体、劇物　b）液体、劇物　c）液体、毒物　d）気体、劇物　e）液体、劇物

問題34　　解答 b

劇物の**四塩化炭素**（テトラクロルメタン、CCl_4）は、塩素原子（Cl）を4つも含むことからもわかる通り、**不燃性**で、その蒸気は空気よりも非常に重く、**強い消火力**を示します。**燃焼法**で廃棄され、洗濯剤の製造、溶剤として用いられます。また、鑑別法では**黄赤色沈殿**がキーワードとなります。

a）気体、劇物　b）液体、劇物　c）液体、劇物　d）液体、劇物　e）液体、劇物

問題35　　解答 b

単体の金属として**常温で液体の金属**は、毒物の**水銀**（Hg）だけです。比重約13.6と、非常に重い液体です。砒素（As）とセレン（Se）は、毒物で半金属（金属と非金属の間の性質をもつ）です。廃棄法は**回収法**で、用途としては寒暖計、気圧計、整流器、**歯科用アマルガム**などに用いられます。

a）固体、劇物　b）液体、毒物　c）固体、毒物　d）固体、毒物　e）固体、劇物

問題36

重要度 ★★☆

銀白色の光輝をもつ金属である。常温ではロウのような硬度をもっており、空気中では容易に酸化される。冷水中に投げ入れると浮かび上がり、すぐに爆発的に発火する薬物を1つ選びなさい。

a）一酸化鉛　b）セレン　c）塩素酸ナトリウム
d）燐化亜鉛　e）ナトリウム

⑭ その他の特徴的な性状

問題37　特定品目

重要度 ★★☆

極めて純粋な水分を含まないものは無色の液体で、特有の臭気がある。腐食性が激しく、空気に接すると刺激性白煙を発し、水を吸収する性質が強い。金、白金その他白金属の金属を除く諸金属を溶解する。工業用のものは黄色ないし赤褐色を呈しているものがある。この性状を有する薬物を1つ選びなさい。

a）硝酸　b）ホルムアルデヒド　c）四塩化炭素
d）硫酸　e）アンモニア水

問題38　農業用品目・（特定品目）

重要度 ★★☆

無色透明、油様の液体であるが、粗製のものはしばしば有機質が混じってかすかに褐色を帯びていることがある。高濃度のものは猛烈に水を吸収する薬物を1つ選びなさい。

a）アンモニア　b）クロルピクリン　c）DDVP
d）硫酸　e）シアン酸ナトリウム

⑮ 一般品目でも出題される可能性の高い農業用品目

問題39　農業用品目

重要度 ★★☆

融点36℃の白色結晶で、水には溶けにくいが、一般の有機溶媒に溶けやすい。工業的製品は暗褐色の液体で、比重1.27である。本品を25%含有する粉剤（水和剤）は灰白色で、特異の不快臭がある薬物を1つ選びなさい。

a）シアン化カリウム　b）ニコチン　c）硫酸銅
d）ブロムメチル　e）EPN

解答・解説

問題36　　解答　e

ロウのように軟らかい銀白色の光輝をもつ金属は、劇物のナトリウム（金属ナトリウム、Na）かカリウム（金属カリウム、K）です。また、水と激しく反応するので、**石油中に貯蔵**します。燃焼法と融解中和法で廃棄されます。

a) 固体、劇物　b) 固体、毒物　c) 固体、劇物　d) 固体、劇物　e) 固体、劇物

問題37　　解答　a

強酸としてよく出題されるのは、劇物の**硝酸**（HNO_3）、硫酸（H_2SO_4）、塩酸（HClaq）です。硝酸と塩酸は空気に触れると刺激性白煙を発し、硝酸と硫酸は水を吸収する性質が強いです。また、多くの金属を腐食するのは硝酸の特徴的表現で、工業用のものが赤褐色を呈するのは、硝酸に溶解している二酸化窒素（NO_2）のためです。**中和法**で廃棄され、用途としては冶金（やきん）、爆薬の製造などに用いられます。また、**除外濃度は10%以下**です。

a) 液体、劇物　b) 気体、劇物　c) 液体、劇物　d) 液体、劇物　e) 液体、劇物

問題38　　解答　d

硝酸も吸湿性（吸水性）がありますが、「**猛烈に水を吸収する**」は劇物の**硫酸**（H_2SO_4）のキーワードです。硫酸は強酸で、揮発性はなく、水と接触すると激しく**発熱**します。また、**有機物を炭化**させます。**中和法**で廃棄され、その工業用の用途は極めて広く、また**乾燥剤**としても用いられます。**除外濃度は10%以下**です。なお、発煙硫酸の場合は、発生する三酸化硫黄（SO_3）により、刺激臭がします。

a) 液体、劇物　b) 液体、劇物　c) 液体、劇物　d) 液体、劇物　e) 固体、劇物

問題39　　解答　e

毒物の**EPN**（エチルパラニトロフェニルチオベンゼンホスホネイト）は**有機燐製剤**で、純品は常温で固体です。遅効性の殺虫剤として使われ、粉剤、乳剤、配合乳剤等の製剤があります。有機燐製剤なので、**アセチルコリンエステラーゼを阻害**します。廃棄法は燃焼法で**除外濃度は1.5%以下**です。

a) 固体、毒物　b) 液体、毒物　c) 固体、劇物　d) 気体、劇物　e) 固体、毒物

問題40　農業用品目

重要度 ★★☆

白色の結晶性粉末で、融点は550℃。熱に対して安定である薬物を1つ選びなさい。なお、この薬物は除草剤、有機合成、鋼の熱処理に用いられる。

a) クロルピクリン　b) 硫酸　c) シアン酸ナトリウム
d) ロテノン　e) DDVP

問題41　農業用品目

重要度 ★★☆

斜方六面体結晶で、融点は163℃、製剤としてはデリス粉、デリス乳剤およびデリス粉剤がある薬物を1つ選びなさい。なお、この薬物は、水にはほとんど不溶、ベンゼン、アセトンに可溶、クロロホルムに易溶である。

a) クロルピクリン　b) 硫酸　c) シアン酸ナトリウム
d) ロテノン　e) DDVP

問題42　農業用品目

重要度 ★★☆

純品は無色の液体だが、工業製品は純度90%で、淡褐色透明、やや粘稠でかすかにエーテル臭を有する。水に難溶だが、有機溶剤には溶けやすい。この性状を有する薬物を1つ選びなさい。

a) クロルピクリン　b) シアン酸ナトリウム　c) ブロムメチル
d) ダイアジノン　e) ニコチン

問題43　農業用品目

重要度 ★★☆

白色の吸湿性結晶で、約300℃で分解し、水に非常に溶けやすい。中性、酸性下で安定、アルカリ性下で不安定、強アルカリ性下で分解する。工業製品は暗褐色または暗青色の特異臭のある水溶液である。この性状を有する薬物を1つ選びなさい。

a) ロテノン　b) パラコート　c) モノフルオール酢酸ナトリウム
d) イソキサチオン　e) 塩素酸ナトリウム

解答・解説

問題40 解答 c

劇物の**シアン酸ナトリウム**は農業用品目に定められており、パラコート、塩素酸ナトリウムと同じように**除草剤**に使われます。融点は550℃で、熱に対して安定で、鋼の熱処理にも用いられます。

a) 液体、劇物　b) 液体、劇物　c) 固体、劇物　d) 固体、劇物　e) 液体、劇物

問題41 解答 d

劇物の**ロテノン**は農業用品目に分類されており、**2%以下を含有する製剤は劇物から除外**されます。なお、ロテノンはデリス根（蔓性灌木デリスの根）、魚藤根（デリス属植物である魚藤の根）に存在し、製剤としてはデリス粉、デリス乳剤およびデリス粉剤があります。貯蔵する場合は、空気と光を遮断してたくわえる必要があります。

a) 液体、劇物　b) 液体、劇物　c) 固体、劇物　d) 固体、劇物　e) 液体、劇物

問題42 解答 d

ダイアジノン（2−イソプロピル−4−メチルピリミジル−6−ジエチルチオホスフェイト）は農業用品目に定められている劇物で、**有機燐製剤**です。**接触性殺虫剤**として、ニカメイチュウ、サンカメイチュウ、クロカメムシなどの駆除に用いられます。乳剤、粉剤、水和剤、粉粒剤、油剤、燻蒸剤の製剤があります。なお、廃棄法は**燃焼法**で、**除外濃度は5%**（マイクロカプセル製剤は25%）**以下**です。

a) 液体、劇物　b) 固体、劇物　c) 気体、劇物　d) 液体、劇物　e) 液体、毒物

問題43 解答 b

パラコート（1,1'−ジメチル−4,4'−ジピリジニウムジクロリド、パラコートジクロリド）は農業用品目に定められている毒物で、**除草剤**として用いられます。製剤としては、パラコートとジクワットとの混合剤があります。**燃焼法**で廃棄します。

a) 固体、劇物　b) 固体、毒物　c) 固体、特定毒物　d) 液体、劇物
e) 固体、劇物

問題44　農業用品目　重要度 ★★☆

無色の結晶で、水にやや溶け、熱湯には溶けやすい薬物を1つ選びなさい。なお、この薬物は殺鼠剤として使われ、主剤2%、3%を含有する液剤、5%、50%を含有する水溶剤、0.3%、0.6%、1%を含有する粒剤がある。

a) ダイアジノン　b) 硫酸タリウム　c) 臭化メチル
d) 燐化亜鉛　e) 塩素酸カリウム

問題45　農業用品目　重要度 ★★☆

製剤は淡黄褐色の錠剤で、空気中の湿気に触れると徐々に分解して有毒なホスフィンを発生する薬物を1つ選びなさい。

a) パラコート　b) 硫酸タリウム　c) 塩化亜鉛
d) 燐化アルミニウムとその分解促進剤とを含有する製剤
e) 弗化スルフリル

⑯ 農業用品目で出題される可能性の高い薬物

問題46　農業用品目　重要度 ★★☆

淡黄色の吸湿性結晶で、約300℃で分解し、水に溶ける。中性、酸性下で安定、アルカリ性下で不安定、強アルカリ性下で分解し、腐食性がある。工業製品は暗褐色の水溶液である。この性状を有する薬物を1つ選びなさい。

a) EPN　b) ジクワット　c) 塩素酸カリウム
d) 燐化亜鉛　e) ニコチン

解答・解説

問題44　　解答　b

殺鼠剤として使われる薬物には、劇物の**硫酸タリウム**（Tl_2SO_4）のほか、同じく劇物の酢酸タリウム（CH_3COOTl）と燐化亜鉛（Zn_3P_2）、特定毒物のモノフルオール酢酸ナトリウム（$CH_2FCOONa$）、毒物のスルホナールや黄燐（P_4）、シアン化水素（HCN）があります。なお、硫酸タリウムの製剤で、**0.3%以下を含有し、黒色に着色**され、トウガラシエキスを用いて**著しくからく着味**されているものは、劇物から除外されます。

a）液体、劇物　b）固体、劇物　c）気体、劇物　d）固体、劇物　e）固体、劇物

問題45　　解答　d

燐化アルミニウムとその分解促進剤とを含有する製剤（燐化アルミニウムと**カルバミン酸アンモニウム**との錠剤、**ホストキシン**）は農業用品目に定められている特定毒物です。カルバミン酸アンモニウムは燐化アルミニウムの分解促進剤として加えられており、燐化アルミニウムの分解により、猛毒な燐化水素（ホスフィン、毒物）が多量に発生します。倉庫内、コンテナ内、船倉内におけるネズミ、昆虫等の駆除に使われます。**燃焼法**と**酸化法**で廃棄します。

a）固体、毒物　b）固体、劇物　c）固体、劇物　d）固体、特定毒物
e）気体、毒物

問題46　　解答　b

淡黄色結晶の**ジクワット**（2,2'－ジピリジウム－1,1'－エチレンジブロミド、ジクワットブロミド）は農業用品目に定められている劇物で、**除草剤**として用いられます。製剤としてはレグロックス、パラコートとの配合剤があります。**燃焼法**で廃棄します。

a）固体、毒物　b）固体、劇物　c）固体、劇物　d）固体、劇物　e）液体、毒物

3-2 組み合わせ問題

問題1 農業用品目

重要度 ★★★

次の文は薬物の性状に関する記述である。適切な薬物を選びなさい。

① 濃い藍色の結晶で、風解性がある。150℃で結晶水を失って、白色の粉末となる。水に溶けやすく、水溶液は青色リトマス試験紙を赤くする。
② 常温では気体であるが、圧縮冷却すると液化しやすく、クロロホルムに類する臭気があり、ガスは重く、空気の3.27倍である。液化したものは無色透明で揮発性があり、流動しやすい。
③ 白色等軸晶の塊片あるいは粉末。十分に乾燥したものは無臭であるが、空気中では湿気を吸収し、かつ炭酸ガスと作用して有毒な青酸臭を放つ。
④ 無色無臭、油状の液体。濃厚なものは、水と接触して激しく発熱する。

a) 硫酸　b) ブロムメチル　c) 硫酸銅　d) シアン化カリウム

出題薬物基本情報

薬物名	分類	常温での状態	基本的特徴	化学式
硫酸	劇物	液体	強酸性	H_2SO_4
ブロムメチル	劇物	気体	吸湿性	CH_3Br
硫酸（第二）銅	劇物	固体	風解性	$CuSO_4 \cdot 5H_2O$
シアン化カリウム	毒物	固体	潮解性	KCN

解答・解説

問題1　　解答　①c　②b　③d　④a

① 劇物の**硫酸（第二）銅**［硫酸銅（Ⅱ）、硫酸銅五水和物、胆礬（たんばん）］は、**濃い藍色（結晶が小さい場合には青色）の結晶**で、空気中で**風解（風化）**します。なお、風解（風化）とは、結晶水を含む結晶（水和物）が結晶水を失うことをいいますが、風解性のある毒物・劇物としてよく出題されるのは、硫酸銅、蓚酸、硫酸亜鉛です。硫酸銅が風解（風化）すると、劇物で**白色粉末の無水硫酸銅（$CuSO_4$）**となります。また、青色リトマス試験紙が赤変するのは、液性が酸性であることをあらわしています。農業用に石灰水と混ぜ、ボルドー液として、野菜や果樹の保護殺菌剤として利用されます。

② 劇物の**ブロムメチル**（臭化メチル、ブロモメタン、メチルブロマイド）は、気体の薬物です。常温で**気体**ですので、**圧縮冷却してボンベに貯蔵**しますが、圧縮冷却したものは、無色または淡黄緑色の液体です。また、農業用として、果樹、種子、貯蔵食糧等の病害虫の燻蒸に用いられますが、**普通の燻蒸濃度では臭気を感じない**ので、吸入による中毒に注意が必要です。

③ 毒物の**シアン化カリウム**（青酸カリ）は**潮解性**があり、空気中の湿気を吸収して、その吸収した水分に溶解していきます。そして、その水分に炭酸ガス（二酸化炭素）が溶け込むと、液性が酸性に傾き、猛毒な**シアン化水素（青酸ガス）**が発生します。また、酸との反応でシアン化水素が発生するシアン化合物は、**酸類と離して貯蔵**しなければなりません。農業用としては、殺虫剤として使われますが、他に**冶金（やきん）**、**電気鍍金（ときん）**、**写真用**などにも用いられます。酸化法、アルカリ法で廃棄しますが、いずれも**水酸化ナトリウム水溶液等でアルカリ性**として、シアン化水素の発生を防止するところがポイントになります。

④ 劇物の**硫酸**は**油状の強酸性**の液体で、揮発性はないですが、**猛烈に水を吸収する**性質（吸水性）があり、水と接触すると激しく**発熱**します。また、蔗（しょ）糖（とう）や木片などの有機物に接すると、それを**炭化して黒変**させます。皮膚に触れると、激しい火傷（薬傷）を起こさせます。なお、皮膚に触れた場合の人体への影響は、強酸である硫酸、硝酸、塩酸ともに同じです。ちなみに、強アルカリである水酸化ナトリウム水溶液や水酸化カリウム水溶液が皮膚に触れた場合の人体への影響は、「皮膚が激しく腐食される。」と表現されることが多いです。硫酸に硝酸、塩酸を含め、**10％以下を含有する製剤は、劇物から除外**されます。

問題2　特定品目

重要度 ★★★

次の文は薬物の性状に関する記述である。適切な薬物を選びなさい。

① 極めて純粋な水分を含まないものは無色の液体で、特有の臭気がある。腐食性が激しく、空気に接すると刺激性白煙を発し、水を吸収する性質が強い。金、白金その他白金属の金属を除く諸金属を溶解する。工業用のものは黄色ないし赤褐色を呈しているものがある。

② 揮発性、麻酔性の芳香を有する無色の重い液体。不燃性であるが、さらに揮発して重い蒸気となり、火炎を包んで空気を遮断するので、強い消火力を示す。

③ 常温常圧においては無色刺激臭をもつ気体で、湿った空気中で激しく発煙する。冷却すると無色の液体および固体となる。

④ 2モルの結晶水を有する無色、稜柱状の結晶で、乾燥空気中で風化する。注意して加熱すると昇華するが、急に加熱すると分解する。

a) 四塩化炭素　　b) 塩化水素　　c) 蓚酸　　d) 硝酸

出題薬物基本情報

薬物名	分類	常温での状態	基本的特徴	化学式
四塩化炭素	劇物	液体	不燃性	CCl_4
塩化水素	劇物	気体	強酸性	HCl
蓚酸（しゅうさん）	劇物	固体	風解性	$(COOH)_2 \cdot 2H_2O$
硝酸	劇物	液体	強酸性	HNO_3

解答・解説

問題2　　解答　①d　②a　③b　④c

① 劇物の**硝酸**は、硫酸と同じように水を吸収する性質が強いですが、硫酸とは違い、濃厚な硝酸は揮発性があります。また、硝酸は**金、白金その他白金属の金属を除く諸金属を溶解**するほど腐食性が激しいです。工業用のものは**黄色**ないし**赤褐色**を呈しているものがありますが、これは硝酸に含まれる**二酸化窒素（亜硝酸ガス、NO_2）**によるものです。皮膚に触れると、激しい**火傷（薬傷）**を起こさせます（強酸に共通する毒性です）。硝酸に硫酸、塩酸を含め、**10%以下を含有する製剤は、劇物から除外**されます。

② 劇物の**四塩化炭素**は、揮発性のある**不燃性**の液体です。四塩化炭素は化学式（CCl_4）を見るとハロゲン元素である塩素（Cl）を分子中に4個も含むことからもわかる通り、その蒸気は重く、不燃性なので、**強い消火力**を示します。劇物のクロロホルム（トリクロロメタン、$CHCl_3$）も似た性質をもっています。

③ 常温で刺激性臭気をもつ気体としては、ハロゲンの塩素（Cl_2）、弗化水素（HF）や**塩化水素**（HCl）などのハロゲン化水素、アンモニア（NH_3）などが挙げられます。この問題の選択肢の中では、気体は劇物の塩化水素しかありませんし、塩化水素は刺激臭のある無色の気体ですから、これがあてはまります。なお、塩化水素を液化したものが液化塩化水素、塩化水素の水溶液が塩酸で、これらの常温での状態は液体です。塩化水素**10%以下を含有する製剤は、劇物から除外**されます。

④ **2モルの結晶水を有する**無色結晶として出題されるのは劇物の**蓚酸**です。化学式（$(COOH)_2 \cdot 2H_2O$）からも、2モルの結晶水を有することが推測できます。**風解（風化）**する薬物としてよく出題されるのは、硫酸銅（$CuSO_4 \cdot 5H_2O$）、蓚酸、硫酸亜鉛（$ZnSO_4 \cdot 7H_2O$）ですが、蓚酸はその中のひとつです。蓚酸はまた、**漂白剤**として使われる薬物として出題される3種の薬物（過酸化～、塩素、蓚酸）のひとつで、特に**コルク、綿、藁（わら）の漂白剤**として出題されます。毒性としては、**血液中の石灰分（カルシウム分）を奪う**性質があるので、解毒剤としては**カルシウム剤**を使用します。なお、蓚酸**10%以下を含有する製剤は、劇物から除外**されます。

問題3　特定品目

重要度 ★★★

次の文は薬物の性状に関する記述である。適切な薬物を選びなさい。

① 強い果実様の香気がある可燃性無色の液体である。
② 白色、結晶性の固い塊で、繊維状結晶様の破砕面を現す。水と炭酸ガスを吸収する性質が強く、空気中に放置すると潮解して、徐々に炭酸ソーダの皮膜を生ずる。
③ 常温においては窒息性臭気をもつ黄緑色気体。冷却すると黄色溶液を経て黄白色固体となる。
④ 無色透明の液体で、25%以上のものは湿った空気中で著しく発煙し、刺激臭がある。種々の金属を溶解し、水素を発生する。

a) 酢酸エチル　b) 塩酸　c) 塩素　d) 水酸化ナトリウム

出題薬物基本情報

薬物名	分類	常温での状態	基本的特徴	化学式
酢酸エチル	劇物	液体	引火性	$CH_3COOC_2H_5$
塩酸	劇物	液体	強酸性	HClaq ※
塩素	劇物	気体	腐食性・不燃性	Cl_2
水酸化ナトリウム	劇物	固体	潮解性	NaOH

※aq：水溶液をあらわす。

解答・解説

問題3　　　　解答　①a　②d　③c　④b

① **強い果実様香気がある液体**として出題されるのは、劇物の**酢酸エチル**です。酢酸エチルはアルコールであるエタノール（エチルアルコール）とカルボン酸である酢酸が反応してできる（カルボン酸）**エステル**で、エステルは芳香臭があるのがひとつの特徴ですが、強い果実様香気があるのはそのためです。また、問題では可燃性液体と書かれていますが、酢酸エチルは**引火性液体**とも認識してください。なお、可燃性と引火性は厳密には同じ意味ではありませんが、関連がある性質としてとらえ、可燃性≒引火性としてください。

② 劇物の**水酸化ナトリウム**は代表的な**潮解性物質**で、空気中の水分（湿気）を吸収して潮解します。潮解性があるということは、水に溶けやすい固体であることをあらわしています。また、空気中の炭酸ガス（二酸化炭素）と反応して、炭酸ソーダ（炭酸ナトリウム）の皮膜を生じます。なお、水酸化カリウムも同様の性質を有しますが、二酸化炭素と反応してできる皮膜は、炭酸カリウム（炭酸カリ）です。水酸化ナトリウム、水酸化カリウムともに**5%以下を含有する製剤は、劇物から除外**されます。また、水酸化ナトリウムの炎色反応は**黄色**、水酸化カリウムは**青紫色**となります。

③ 常温で**黄緑色気体**として出題されるのは、劇物の**塩素**（クロール、Cl_2）です。冷却すると橙黄色（黄色）の液化塩素となり、さらに冷却すると黄白色固体となります。塩素（Cl）はハロゲン元素ですので、塩素（Cl_2）は不燃性です。臭素と同じく、**アルカリ法**と**還元法**で廃棄します。塩素は**漂白剤**として用いられる3種の薬物（過酸化～、塩素、蓚酸）の中のひとつで、特に紙・パルプの漂白剤として使われます。また、**水道水の消毒剤**としても使われます。

④ **塩酸**は塩化水素（気体、HCl）の水溶液で、塩化水素を**25%以上含有するもの**は湿った空気中で発煙します。なお、硝酸も同じように発煙しますが、硫酸は発煙しません［濃硫酸に三酸化硫黄（SO_3）を含有させた発煙硫酸は、発煙しますが、硫酸とは別の薬物とされています］。硝酸、硫酸と同様に皮膚に触れると、激しい火傷（薬傷）を起こさせます。塩酸に硝酸、硫酸を含め、**10%以下を含有する製剤は、劇物から除外**されます（発煙硫酸は除外濃度は定められていません）。

問題4　特定品目

重要度 ★★★

次の文は薬物の性状に関する記述である。適切な薬物を選びなさい。

①橙赤色の柱状結晶。水に溶けやすく、アルコールには溶けない。強力な酸化剤である。

②無色、可燃性のベンゼン臭を有する液体。水に不溶、エタノール、ベンゼン、エーテルに可溶。

③無色、揮発性の液体で、特異の香気とかすかな甘味を有する。純品は空気に触れ、同時に日光の作用を受けると分解して、塩素、塩化水素、ホスゲン、四塩化炭素を生ずるが、少量のアルコールを含有させると分解を防ぐことができる。

④無色透明、油様の液体であるが、粗製のものはしばしば有機質が混じってかすかに褐色を帯びていることがある。高濃度のものは猛烈に水を吸収する。

a）クロロホルム　b）重クロム酸カリウム　c）トルエン　d）硫酸

出題薬物基本情報

薬物名	分類	常温での状態	基本的特徴	化学式
クロロホルム	劇物	液体	不燃性	$CHCl_3$
重クロム酸カリウム	劇物	固体	酸化性	$K_2Cr_2O_7$
トルエン	劇物	液体	引火性	$C_6H_5CH_3$ 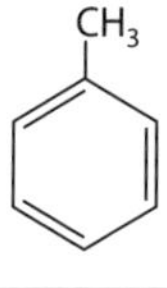
硫酸	劇物	液体	強酸性	H_2SO_4

解答・解説

問題4　**解答　①b　②c　③a　④d**

① 劇物の**重クロム酸カリウム**（二クロム酸カリウム）は**橙赤色結晶**で、水に溶けやすく、**強力な酸化剤**です。橙赤系の結晶と出題されたら、重クロム酸塩（重クロム酸カリウム、重クロム酸ナトリウム、重クロム酸アンモニウム）です。また、クロム（Cr）化合物の廃棄法は、有害な六価クロム（Cr^{6+}）を還元して三価クロム（Cr^{3+}）にかえて廃棄する**還元沈殿法**です。

② 劇物の**トルエン**は、可燃性液体（**引火性**液体）です。トルエンはベンゼン環にメチル基を1つ有する芳香族炭化水素ですが、メチル基を含めて構成元素は炭素（C）と水素（H）のみから構成されているので、**ベンゼン臭**（ベンゼンと似た臭気）がするのも理解できます。また、トルエンは爆薬、染料、香料などの原料や溶剤など、多様な用途に使われます。毒性としては麻酔性があり、蒸気の吸入により**頭痛**、**食欲不振**等が見られ、大量では緩和な**大赤血球性貧血**を起こします。

③ 劇物の**クロロホルム**（トリクロロメタン）は、**不燃性**の液体です。クロロホルムの化学式（$CHCl_3$）を見るとハロゲン元素である塩素（Cl）を分子中に3個含むことからもわかる通り、その蒸気は重く、不燃性です。劇物の四塩化炭素と似た性質をもっています。空気と日光により塩素（Cl_2）、塩化水素（HCl）、ホスゲン（$COCl_2$）、四塩化炭素（CCl_4）に分解するので、貯蔵するときには、**少量のアルコール**を加えて分解を防止します。毒性としては**原形質毒**で、**脳の節細胞を麻痺**させ、**赤血球を溶解**させます。

④ 劇物の**硫酸**は不揮発性で油状の強酸性液体で、**水を吸収する**性質（吸水性）が強く、猛烈に水を吸収し、水と接触すると激しく発熱します。また、木材などの有機物に触れると、それを炭化して黒変させます。皮膚に触れると、**激しく腐食させ**、**火傷**（薬傷）を起こさせます。この皮膚に触れた場合の人体への影響は、強酸では共通です。硫酸に硝酸、塩酸を含め、**10%以下を含有する製剤は、劇物から除外**されます。なお、硫酸は特定品目に定められていますが、アンモニアと同じように、農業用品目にも定められています。

問題5

重要度 ★★★

次の文は薬物の性状に関する記述である。適切な薬物を選びなさい。

① 白色または淡黄色のろう様半透明の結晶性固体で、ニンニク臭がある。水にはほとんど溶けず、アルコール、エーテルには溶けにくいが、ベンゼン、二硫化炭素には溶けやすい。空気中では非常に酸化されやすく、放置すると50℃で発火する。

② 本来は無色透明の麻酔性芳香をもつ液体であるが、普通市場にあるものは不快な臭気をもっている。有毒で、長く吸入すると麻酔をおこす。－20℃でも引火して燃焼する。硫黄、燐、油脂などをよく溶解するので、溶媒として用いられる。

③ 無臭または微刺激臭のある無色透明の蒸発しやすい液体で、有機溶媒には任意の割合で混合する。火災、爆発の危険性が高い。

④ 無色のニンニク臭を有するガス体。水に溶けやすい。点火すれば無水亜砒酸の白色煙を放って燃える。

a) アクリルニトリル　　b) 水素化砒素　　c) 二硫化炭素　　d) 黄燐

出題薬物基本情報

薬物名	分類	常温での状態	基本的特徴	化学式
アクリルニトリル	劇物	液体	催涙性・引火性	$CH_2=CHCN$
水素化砒素	毒物	気体	還元性	AsH_3
二硫化炭素	劇物	液体	引火性	CS_2
黄燐（おうりん）	毒物	固体	発火性	P_4

解答・解説

問題5　　解答　①d　②c　③a　④b

① 白色または淡黄色の**ニンニク臭固体**は、毒物の**黄燐**です。また、黄燐は酸化熱を蓄積して空気中で発火（**自然発火**）するので、酸化を防ぐために**水中に保存**します。つまりこれは、黄燐が水にほとんど溶けないためにできる貯蔵法であることがわかります。なお、ニンニク臭の固体は黄燐ですが、液体はパラチオン（特定毒物）、気体は水素化砒素（アルシン、毒物）、セレン化水素（水素化セレニウム、H_2Se、毒物）を見かけます。

② 劇物の**二硫化炭素**は、非常に揮発しやすく、その蒸気は非常に重いので、低所に滞留しやすい薬物です。引火点－30℃なので、液温がこの温度でも引火するほど非常に引火性が高い薬物です。また、硫黄（S）を含む化合物は不快な臭気（嫌な臭い）をもつものが多く、二硫化炭素（CS_2）も硫黄化合物で、不快な臭気をもっています。二硫化炭素は水に溶けにくく、比重が約1.3と水よりも大きい（水よりも重い）です。そのため、その性質を利用して、一度容器を開封したものは揮発を防止するために、蒸留水を加えて二硫化炭素の液面を覆い、保存することもあります。

③ 劇物の**アクリルニトリル**は、有機シアン化合物として農業用品目に定められており、可燃性液体（引火性液体）で、**催涙性**があります。アクリルニトリルの化学式は$CH_2=CHCN$で、アクロレイン（$CH_2=CHCHO$）と似ていますので、性質も似ており、**反応性が高く**、重合しやすい性質があります。重合を抑制するため、安定剤（重合抑制剤）としてハイドロキノンを添加します。**燃焼法**、**アルカリ法**、**活性汚泥法**で廃棄します。

④ **ニンニク臭の気体**としてよく出題されるのは、毒物の**水素化砒素**（アルシン、砒化水素、AsH_3）ですが、セレン化水素（水素化セレニウム、H_2Se、毒物）もニンニク臭の気体です。また、問題の薬物は燃焼すると無水亜砒酸（As_2O_3）となることから、薬物は砒素（As）を含む薬物であることがわかります（燃焼とは、熱と光を伴う激しい酸化反応ですから、一般的には酸素と化合して酸化物となります）。**燃焼隔離法**と**酸化隔離法**で廃棄します。

問題 6

重要度 ★★★

次の文は薬物の性状に関する記述である。適切な薬物を選びなさい。

① 純品は無色透明な油状の液体で、特有の臭気がある。空気に触れて赤褐色を呈する。

② 無色のアセチレンに似た、また、腐った魚の臭いのある気体である。水にわずかに溶け、酸素およびハロゲンと激しく結合する。

③ 無色またはわずかに着色した透明の液体。特有の刺激臭がある。不燃性で、濃厚なものは空気中で白煙を生じる。水に極めて溶けやすい。ガラスを腐食する。

④ 常温で液状のただ1つの金属。銀白色、金属光沢を有する重い液体で、比重は13.6。硝酸には溶け、塩酸には溶けない。

a）燐化水素　　b）弗化水素酸　　c）アニリン　　d）水銀

出題薬物基本情報

薬物名	分類	常温での状態	基本的特徴	化学式
燐化水素（ホスフィン）	毒物	気体	引火性	PH_3
弗化水素酸	毒物	液体	腐食性	HFaq ※
アニリン	劇物	液体	—	$C_6H_5NH_2$
水銀	毒物	液体	—	Hg

※aq：水溶液をあらわす。

解答・解説

問題6　　**解答　①c　②a　③b　④d**

① 純粋なものは無色透明油状の液体ですが、空気に触れて徐々に**赤褐色**を呈するのは、劇物の**アニリン**（アミノベンゼン、フェニルアミン）です。なお、純粋なものの色が赤褐色の液体は、劇物の臭素（ブロム、Br_2）です。混同しないように注意しましょう。また、アニリンは、**血液毒かつ神経毒**であり、血液に作用してメトヘモグロビンをつくり、チアノーゼをおこします。

② アセチレンに似た、**腐った魚の臭い（魚腐臭）**の気体は、毒物の**燐化水素**（ホスフィン）です。燐化水素は自然発火性の気体で、水に溶けにくいです。

③ 毒物の**弗化水素酸**は、弗化水素（気体、HF）の水溶液です。**不燃性**で、濃厚なものは空気中で白煙を生じます。大部分の金属、コンクリート、**ガラス等を激しく腐食**するので、銅、鉄、コンクリート、木製のタンクにゴム、鉛、ポリ塩化ビニル、ポリエチレンの**ライニング**をほどこした容器に貯蔵します。貯蔵に際しては火気厳禁ですが、それは弗化水素が金属を腐食して水素ガスが発生し、それが引火爆発するのを防ぐためです。フロンガスの原料、ガラスのつや消し等に使われます。

④ **常温で唯一の液状金属**は、毒物の**水銀**です。比重が13.6と非常に大きいことも覚えておきましょう。また、単体で液体の金属は水銀のみですが、劇物のカリウムナトリウム合金は、常温で液体です。間違えないようにしましょう。水銀は多くの金属と**アマルガム**をつくりますが、アマルガムとは水銀と他の一種または数種の金属との合金のことです。工業用寒暖計や歯科用アマルガム等に使用されます。水銀および多くの水銀化合物は毒物です。毒物に定められている水銀化合物として重要なものは、酸化第二水銀（HgO）、塩化第二水銀（昇汞（しょうこう）、$HgCl_2$）、チメロサール（エチル水銀チオサリチル酸ナトリウム、$NaOCOC_6H_4SHgC_2H_5$）です。なお、酸化第二水銀は赤色または黄色の粉末で、5%以下を含有するものは毒物から除外され、劇物となります。塩化第二水銀は毒物ですが、**塩化第一水銀（甘汞（かんこう）、Hg_2Cl_2）は劇物**です。チメロサールは水銀化合物らしからぬ名称ですが、殺菌消毒薬にも使われる有機水銀化合物です。

問題 7

重要度 ★★★

次の文は薬物の性状に関する記述である。適切な薬物を選びなさい。

① 刺激性の臭気をはなって揮発する赤褐色の重い液体。引火性、燃焼性はないが、強い腐食作用をもち、濃塩酸にあうと高熱を発し、また、乾草や繊維類のような有機物と接触すると火を発することがある。

② 黒灰色、金属様の光沢ある稜板状結晶。熱すると紫菫色蒸気を発生するが、常温でも多少不快な臭気をもつ蒸気をはなって揮散する。

③ 銀白色の光輝をもつ金属である。常温ではロウのような硬度をもっており、空気中では容易に酸化される。冷水中に投げ入れると浮かび上がり、すぐに爆発的に発火する。

④ 無色または微黄色の吸湿性の液体で、強い苦扁桃様の香気をもち、光線を屈折する。水にはわずかに溶け、その溶液は甘味を有する。アルコールには容易に溶ける。

a) 臭素　b) 沃素　c) ニトロベンゼン　d) ナトリウム

出題薬物基本情報

薬物名	分類	常温での状態	基本的特徴	化学式
臭素	劇物	液体	腐食性・不燃性	Br_2
沃素（ようそ）	劇物	固体	腐食性・不燃性	I_2
ニトロベンゼン	劇物	液体	吸湿性	$C_6H_5NO_2$
ナトリウム	劇物	固体	禁水性	Na

解答・解説

問題7　　解答　①a　②b　③d　④c

① 純品が**赤褐色の重い液体**は、劇物の**臭素**（Br_2）です。なお、純品が無色透明油状の液体で、空気に触れると赤褐色を呈するのはアニリン（$C_6H_5NH_2$）です。整理して、記憶しておいてください。臭素はハロゲンなので、刺激性臭気があり、腐食性、不燃性です。揮発性が強く、かつ腐食性が激しいので、粘膜を強く刺激します。貯蔵法では、多量ならば**陶製壺**等を使用することと、濃塩酸、アンモニア水、アンモニアガス等と引き離してたくわえることを覚えておいてください。これらと引き離すことは、臭素と同じハロゲンである沃素（I_2）でも共通です。また、臭素の廃棄法としてはアルカリ法と還元法がありますが、**還元法**がよく出題されます。

② 劇物の**沃素**（ようそ）（ヨード）は黒灰色、金属様の光沢のある結晶（固体。結晶の大きさによっては黒紫色）です。常温でも蒸気が発生することから、この固体は**昇華**することをあらわしています。昇華とは、固体から気体になる、または気体が固体になる状態変化をさす用語です。沃素は塩素（Cl_2）や臭素（Br_2）ほどではありませんが腐食性があり、不燃性です。貯蔵法のポイントは臭素と共通で、**濃塩酸、アンモニア水、アンモニアガス等と引き離してたくわえること**です。昇華するので、その容器には気密容器を用います。また、沃素は**澱粉**（でんぷん）**に触れると藍色を呈する**（沃素－澱粉反応）性質があるので、沃素の鑑別に使われます。

③ 劇物の**ナトリウム**（金属ナトリウム）は銀白色の光輝をもつ、ロウのような軟らかい金属で、カリウム（金属カリウム）も同様の性質があります。**水とは激しく反応**して、水酸化ナトリウムと水素が生じ、反応熱によりその水素が発火します。貯蔵法では、雨水などの漏れが絶対ないような場所で、**石油中にたくわえます。**ナトリウムおよびナトリウムを含む化合物の炎色反応は**黄色**（カリウムは青紫色）で、この性質を利用して、鑑別します。

④ 劇物の**ニトロベンゼン**は強い**苦扁桃様**（くへんとうよう）**の香気**をもち、光線を屈折します。苦扁桃とはアーモンドのことです。なお、シアン化水素の臭気は青酸臭と表現する場合がほとんどですが、苦扁桃様の香気と表現されることもあります。苦扁桃様の香気は生のアーモンドの実の臭い、具体的にはアーモンダパウダーを使った杏仁豆腐の臭いです。また、ニトロベンゼンは純アニリンの製造原料、石けん香料に用いられます。

問題 8

重要度 ★★★

次の文は薬物の性状に関する記述である。適切な薬物を選びなさい。

① 純品は無色の揮発性液体であるが、特殊の臭気があり、比較的不安定で、日光によって徐々に分解、白濁する。引火性であり、金属に対して腐食性もある。

② 淡黄色の光沢ある小葉状あるいは針状結晶で、純品は無臭であるが、普通品はかすかにニトロベンゾールの臭気をもち、苦味がある。徐々に熱すると昇華するが、急熱あるいは衝撃により爆発する。

③ 無色または淡黄色の液体で刺激臭があり、引火性である。熱または炎にさらしたときは、分解して毒性の高い煙を発生するから危険である。

④ 無色の針状結晶あるいは白色の放射状結晶塊で、空気中で容易に赤変する。特異の臭気と灼くような味を有する。

a) アクロレイン　　b) 四エチル鉛　　c) フェノール　　d) ピクリン酸

出題薬物基本情報

薬物名	分類	常温での状態	基本的特徴	化学式
アクロレイン	劇物	液体	催涙性・引火性	$CH_2=CHCHO$
四エチル鉛	特定毒物	液体	引火性	$Pb(C_2H_5)_4$ 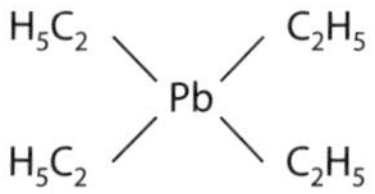
フェノール	劇物	固体	潮解性	C_6H_5OH 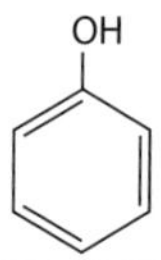
ピクリン酸	劇物	固体	爆発性	$C_6H_2(OH)(NO_2)_3$ 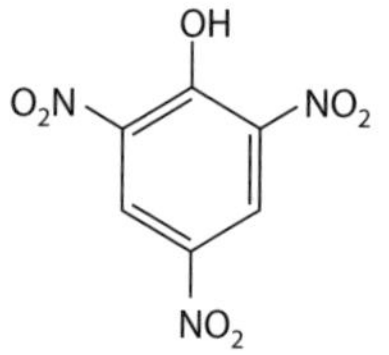

解答・解説

問題8　　解答　①b　②d　③a　④c

① **特定毒物**の**四エチル鉛**は金属の鉛（Pb）の化合物ですが、**液体**です。比較的不安定で、日光により徐々に分解、**白濁**します。**引火性**で、金属に対して腐食性もあり、ガソリンのアンチノック剤として用いられます。貯蔵法としては、容器として**特別製のドラム缶**を用い、出入を遮断できる**独立倉庫**で保管します。毒性は一般の無機鉛化合物と違い、有機鉛化合物であるため、非常に強い毒作用があります。四メチル鉛、四アルキル鉛（トリエチルメチル鉛、ジエチルジメチル鉛、エチルトリメチル鉛の混合液）も四エチル鉛と同じように特定毒物です。

② 劇物の**ピクリン酸**は無色ないし**黄色**の結晶で、2,4,6－トリニトロフェノールともいい、ニトロ基が3つ結合したフェノールです。**急熱、衝撃により爆発**しますので、ピクリン酸の塩類は爆発薬として用いられます。貯蔵に際しては、爆発性があるので、**硫黄、ヨード、ガソリン、アルコール等と離して**たくわえます。なお、ニトロベンゾールとはニトロベンゼンのことです。ニトロベンゼンは苦扁桃様香気のある液体ですから、ピクリン酸はかすかに苦扁桃様の香気がすると言い換えることができます。ピクリン酸で苦扁桃様香気と出題されることはないですが、イメージするための参考にしてください。

③ 劇物の**アクロレイン**は、揮発性の強い、**催涙性**のある引火性液体です。貯蔵に際しては、引火性があるため、**火気厳禁で、非常に反応性に富む**物質なので、安定剤を加え、空気を遮断してたくわえます。また、アクロレインは眼と呼吸器系を激しく刺激し、気管支カタルや結膜炎をおこさせます。**燃焼法**、**酸化法**、**活性汚泥法**で廃棄します。

④ **空気中で赤変する結晶**としてよく出題されるのは、劇物の**フェノール**（石炭酸）と**ベタナフトール**（β－ナフトール、2－ナフトール）です。この2つの薬物は臭気についても類似していますが、フェノールは「特異な臭気」、ベタナフトールは「石炭酸に類する臭気」と表現されることが多いです。味については、「灼くような味を有する」という表現で共通しています。なお、出題されることはないかもしれませんが、フェノールは潮解性があります。**フェノールを5%以下含有する製剤は、劇物から除外**されます。一方、**ベタナフトールを1%以下含有する製剤は、劇物から除外**されます。

問題9　農業用品目

重要度 ★★☆

次の文は薬物の性状に関する記述である。適切な薬物を選びなさい。

① 特有の刺激臭のある無色の気体で、圧縮することによって常温でも簡単に液化する。空気中では燃焼しないが、酸素中では黄色の炎をあげて燃焼する。

② 白色の粉末で非常に水を吸いやすく、空気中の水分を吸って次第に青色を呈する。

③ 重い白色の粉末で吸湿性があり、からい味と酢酸の臭いとを有する。冷水にはたやすく溶けるが、有機溶媒には溶けない。

④ 無色、針状の結晶をし、不揮発性で刺激性の味がある。

a) 硫酸ニコチン　　　b) 無水硫酸銅
c) モノフルオール酢酸ナトリウム　　　d) アンモニア

出題薬物基本情報

薬物名	分類	常温での状態	基本的特徴	化学式
硫酸ニコチン	毒物	固体	—	（下図）
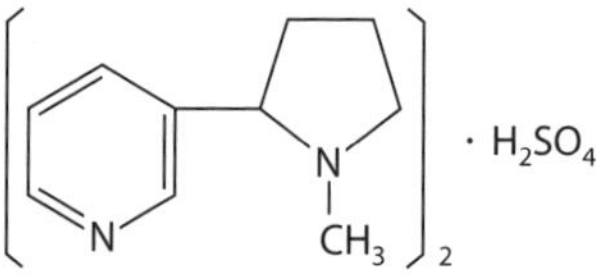 N　N　CH_3　$)_2$　・H_2SO_4				
無水硫酸銅	劇物	固体	吸水性	$CuSO_4$
モノフルオール酢酸ナトリウム	特定毒物	固体	吸湿性	$CH_2FCOONa$
アンモニア	劇物	気体	刺激性	NH_3

解答・解説

問題9　　**解答　①d　②b　③c　④a**

① 劇物の**アンモニア**は気体で、農業用品目に定められており、特定品目でもあります。アンモニアは圧縮することにより容易に液化し、液化アンモニアとなります。また、アンモニアは水に溶けやすく、その水溶液がアンモニア水（NH_3aq、液性は**アルカリ性**を示す）です。アンモニアが劇物であるように、液化アンモニア、アンモニア水はいずれも劇物で、アンモニア**10%以下を含有する製剤は、劇物から除外**されます。なお、酸素中で黄色の炎をあげて燃焼することと、炎色反応（ナトリウムを含んでいると炎の色が黄色になること）とは関係がありません。炎の色が出てきたら、炎色反応とすぐに結びつけるのではなく、このような例もあることを認識しておいてください。

② 劇物の**無水硫酸銅**は「無機銅塩類（雷銅を除く）」として、農業用品目に定められています。無水硫酸銅は**白色の粉末**ですが、水分を吸って水和物に変化します。そして、水和物になると次第に青色に変化します。つまり、風解（風化）と逆の反応がおきます。無水硫酸銅は炭酸水素ナトリウムとともにうどんこ病の予防・治療に優れた効果のあるジーファイン水和剤（殺菌剤）の有効成分として使用されるほか、その吸水性を利用して**乾燥剤**としても利用されます。

③ **特定毒物のモノフルオール酢酸ナトリウム**は、農業用品目に定められています。**TCAサイクル（アコニターゼ）を阻害**し、哺乳動物にははなはだしい毒作用を呈し、野鼠の駆除（殺鼠剤）に使われます。解毒剤としては、**アセトアミド**を使用します。なお、モノフルオール酢酸は針状結晶で、融点は33℃です。モノフルオール酢酸ナトリウムが特定毒物であるように、モノフルオール酢酸、モノフルオール酢酸アミドは特定毒物ですが、モノフルオール酢酸パラブロムアニリド、モノフルオール酢酸パラブロムベンジルアミドは劇物です。しかし、劇物の2つの薬物は出題されることは、ほとんどないと思います。

④ 毒物の**硫酸ニコチン**は、ニコチンを硫酸と結びつけて不揮発性にしたもので、ニコチンと同じく農業用品目に定められています。硫酸ニコチンは農業用としては、病害虫に対する接触剤（殺虫剤）として用いられます。なお、市販の製剤は液体です。

問題 10　特定品目

重要度 ★★☆

次の文は薬物の性状に関する記述である。適切な薬物を選びなさい。

①黄色または黄赤色の粉末で、水にほとんど溶けない。酸、アルカリに可溶だが、酢酸、アンモニア水には不溶である。

②重質無色透明の液体で、芳香族炭化水素特有の臭いがある。

③無色透明の濃厚な液体で、強く冷却すると稜柱状の結晶に変ずる。常温でも徐々に酸素と水に分解するが、もし微量の不純物を混入したり、加熱すると爆鳴を発して急に分解する。不安定な化合物で、ことにアルカリの存在するときはその分解作用が極めて著しいので、普通安定剤として種々の酸類または塩酸を添加して貯蔵する。強い酸化力と還元力を併有している。

④無色透明、動揺しやすい揮発性の液体で、エチルアルコールに似た臭気をもち、火をつけると容易に燃える。

a) 過酸化水素水　　b) キシレン　　c) クロム酸鉛　　d) メタノール

出題薬物基本情報

<table>
<tr><th>薬物名</th><th>分類</th><th>常温での状態</th><th>基本的特徴</th><th>化学式</th></tr>
<tr><td>過酸化水素水</td><td>劇物</td><td>液体</td><td>漂白作用</td><td>H_2O_2aq ※</td></tr>
<tr><td>キシレン</td><td>劇物</td><td>液体</td><td>引火性</td><td>（下図）</td></tr>
<tr><td colspan="5"> 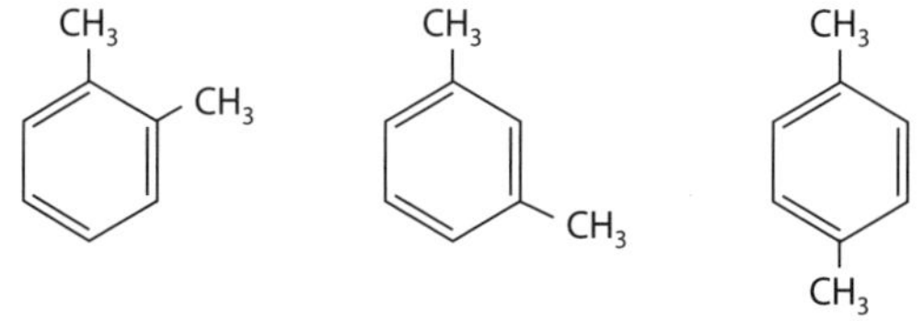o–キシレン　m–キシレン　p–キシレン</td></tr>
<tr><td>クロム酸鉛</td><td>劇物</td><td>固体</td><td>不燃性</td><td>$PbCrO_4$</td></tr>
<tr><td>メタノール</td><td>劇物</td><td>液体</td><td>引火性</td><td>CH_3OH</td></tr>
</table>

※aq：水溶液をあらわす。

解答・解説

問題10　　**解答　①c　②b　③a　④d**

① 劇物の**クロム酸鉛**［クロム酸鉛（II）、黄鉛（おうえん）、クロムイエロー］は、「クロム酸塩類」として特定品目に定められています。純品は黄色単斜晶系結晶ですが、通常、硫酸鉛やオキシクロム酸鉛などが一緒に含まれており、これらの有無や含まれる割合などにより、黄～黄赤色を示します。なお、クロム酸鉛**70％以下を含有する製剤は、劇物から除外**されます。また、その他のクロム酸塩として代表的なものに、橙黄色結晶のクロム酸カリウム（K_2CrO_4）、黄色結晶で潮解性のあるクロム酸ナトリウム（$Na_2CrO_4 \cdot 10H_2O$）などがあります。クロム酸鉛の廃棄法は、クロムの化合物なので**還元沈殿法**で処理しますが、鉛も含んでいるので、多量の場合には**焙焼法**（ばいしょう）で処理します。用途としては顔料に用いられます。

② 劇物の**キシレン**（キシロール）は液体で、一般にはオルトキシレン（o－キシレン）、メタキシレン（m－キシレン）、パラキシレン（p－キシレン）の三異性体の混合物をさします。その蒸気は空気より重く、引火しやすいです。**燃焼法**で廃棄します。

③ 劇物の**過酸化水素**（H_2O_2）は、不安定な無色油状の不燃性液体で、水と自由に混合し、通常は水溶液として使用されます。この水溶液が過酸化水素水ですが、過酸化水素水も不安定なので、常温でも徐々に酸素と水に分解します。そのため、貯蔵するときは、容器に**三分の一の空間**を保って貯蔵し、アルカリによる急激な分解を防ぐために安定剤として**少量の酸**の添加が許容されています。廃棄法においては、**希釈法**で廃棄する代表的な薬物です。また、過酸化水素水は**酸化・還元の両作用**を有しており、工業上貴重な**漂白剤**として使用されます。漂白剤に使用される薬物としては、過酸化水素水のほか、塩素と蓚酸も覚えておきましょう。なお、過酸化水素**6％以下を含有するものは、劇物から除外**されます。

④ 劇物の**メタノール**（メチルアルコール、木精）は、エチルアルコールに似た臭気をもつ可燃性（**引火性**）液体ですので、非常に燃えやすく、廃棄法としては、一般に**燃焼法**で廃棄します。また、一般に引火性液体は水に溶けないものが多いですが、メタノールは水に極めて溶けやすいので、漏洩時の応急措置としては、**多量の水で十分に希釈**して洗い流すのが基本です。毒性としては、**視神経がおかされる**ことがポイントとなります。これはメタノールを摂取すると神経細胞内で蟻酸（ぎさん）が生じるために起こります。

問題 11

重要度 ★★☆

次の文は薬物の性状に関する記述である。適切な薬物を選びなさい。

①無色の斜方六面形結晶で、潮解性をもち、微弱の刺激性臭気を有する。水溶液は強酸性を呈する。皮膚粘膜を腐食する性質を有する。

②不燃性の無色液化ガスで激しい刺激性がある。ガスは空気より重く、空気中の水や湿気と作用して白煙を生ずる。強い腐食性を示し、ガラスを腐食する。水に極めて溶けやすい。

③無色透明結晶。光によって分解して黒変する。強力な酸化剤であり、腐食性がある。水に極めて溶けやすい。

④酢酸に似た刺激臭のある液体。

a) アクリル酸　　b) トリクロル酢酸　　c) 弗化水素　　d) 硝酸銀

出題薬物基本情報

薬物名	分類	常温での状態	基本的特徴	化学式
アクリル酸	劇物	液体	刺激性	$CH_2=CHCOOH$
トリクロル酢酸	劇物	固体	潮解性	CCl_3COOH
弗化水素	毒物	気体	刺激性・不燃性	HF
硝酸銀	劇物	固体	酸化性	$AgNO_3$

解答・解説

問題11　　解答 ①b ②c ③d ④a

① 劇物の**トリクロル酢酸**（トリクロロ酢酸）は、強い腐食性をもつ**潮解性**の固体です。水に極めて溶けやすく、水溶液は強酸性を示します。なお、モノクロル酢酸（モノクロロ酢酸、$CH_2ClCOOH$）はトリクロル酢酸と同じような性質を有する固体ですが、ジクロル酢酸（ジクロロ酢酸、$CHCl_2COOH$）は刺激臭のある無色の液体で、いずれも劇物です。注意しましょう。

② 毒物の**弗化水素**は液化しやすい気体ですが、弗化水素は水に極めて溶けやすく、この弗化水素の水溶液を弗化水素酸（弗酸、HFaq、毒物）といいます。濃厚な弗化水素酸は、空気中で白煙を生じます。弗化水素、弗化水素酸ともに多くの金属を腐食するところは硝酸と同じですが、**ガラスを腐食**するところが、大切なキーワードです。貯蔵法では、容器の材質の腐食を防ぐために、容器に**ライニング**をほどこしたものを用いるのがポイントです。なお、弗化水素自体は不燃性で、爆発性もありませんが、水分の存在下で各種金属を腐食すると、水素が発生して、これにより引火爆発を起こすことがあります。**沈殿法**で廃棄します。

③ 劇物の**硝酸銀**は強力な酸化剤で、光により分解して**黒変**しますが、特に有機物の共存下では、それが促進されます。そして、光により黒変する性質を利用して、**写真用**に使用されます。毒性ではタンパク凝固作用があり、皮膚、組織を激しく腐食しますが、浸透性はなく、比較的低い毒性です。解毒法としては、タンパク汁や牛乳、下剤を使用するなどの方法があります。なお、金属の体内への吸収を防ぐためにタンパク汁、卵白、牛乳を摂取する方法がよく行われます。鑑別法では、水溶液に塩酸を加えて塩化銀（AgCl）の**白色沈殿**ができるかどうかにより鑑別します。

④ 酢酸に似た刺激臭のある液体というところから、トリクロル酢酸といきたいところですが、トリクロル酢酸は固体ですから違います。この薬物は、劇物の**アクリル酸**です。アクリル酸は強い刺激臭のある無色の液体で、水に極めて溶けやすい薬物です。非常に重合しやすく、加熱、日光、過酸化物などにより重合が促進され、重合熱で爆発することがあります。重合を防止するために通常、重合防止剤としてハイドロキノン（ヒドロキノン）を加えて貯蔵します。燃焼法と活性汚泥法で廃棄します。なお、アクリル酸**10%以下を含有する製剤は、劇物から除外**されます。

問題12

重要度 ★★☆

次の文は薬物の性状に関する記述である。適切な薬物を選びなさい。

①無色の刺激性の強い液体。還元性が強い。
②灰色の金属光沢を有するペレットまたは黒色の粉末。水に不溶、硫酸、二硫化炭素に可溶。
③無色、油状の液体で、刺激臭はない。水には不溶であるが、水と接触すれば徐々に加水分解する。
④淡黄色の刺激臭と不快臭のある結晶。不燃性で、潮解性がある。水により加水分解し、塩酸と燐酸を生成する。

a) 五塩化燐　b) ジメチル硫酸　c) セレン　d) 蟻酸

出題薬物基本情報

薬物名	分類	常温での状態	基本的特徴	化学式
五塩化燐（ごえんかりん）	毒物	固体	潮解性	PCl_5
ジメチル硫酸	劇物	液体	—	$(CH_3)_2SO_4$ または $(CH_3O)_2SO_2$
セレン	毒物	固体	半金属	Se
蟻酸（ぎさん）	劇物	液体	還元性	$HCOOH$

解答・解説

問題12 　　**解答 ①d ②c ③b ④a**

① 劇物の**蟻酸**は、刺激臭のある強酸性のカルボン酸（カルボキシル基をもつ有機酸）であると同時に、カルボキシル基（－COOH）に直接水素が結合していて、アルデヒドのような性質を示すため、強い**還元性**を示します。また、腐食性が激しく、水に溶けやすい薬物です。なお、蟻酸のほか、毒物のヒドラジン（無水ヒドラジン、$NH_2 \cdot NH_2$、液体）や劇物のヒドロキシルアミン（NH_2OH、固体）も蟻酸と同じように強い還元性があります。**燃焼法、活性汚泥法**で廃棄します。また、**蟻酸90%以下を含有する製剤は、劇物から除外**されます。用途としては、ゴム薬、染色助剤、皮なめし助剤などに利用されます。

② 毒物の**セレン**（セレニウム）は半金属（金属と非金属の間の性質を有する）で、「**灰色のペレットまたは黒色粉末**」をキーワードとしてください。固化隔離法、回収法で廃棄します。用途としては、ガラスの脱色や釉薬（ゆうやく）（うわぐすり）、整流器に利用されます。

③ 劇物の**ジメチル硫酸**（硫酸ジメチル、硫酸メチル）は刺激臭はありませんが、わずかに臭いがあります。また、水と反応して加水分解すると、硫酸水素メチル（モノメチル硫酸、CH_3OSO_3）とメタノール（メチルアルコール、CH_3OH）が生じます。**燃焼法、アルカリ法**で廃棄します。用途としては、メチル化剤として利用されます。

④ 毒物の**五塩化燐**は不快な刺激臭のある**固体**で、**潮解性**があります。空気中の湿気により、加水分解して塩化ホスホリル（$POCl_3$、液体、毒物）と塩化水素（HCl）となり、生じた塩化水素ガスにより発煙します。また、160℃で昇華すると同時に分解もはじまり、300℃で三塩化燐（PCl_3）と塩素（Cl_2）に完全に分解します。水と触れた場合には加水分解して、最終的には燐酸（りんさん）（H_3PO_4）と塩酸（HClaq）になります。なお、五塩化燐と同様に毒物である三塩化燐（PCl_3）は無色の刺激臭のある不燃性**液体**で、空気中の湿気により発煙します。水と触れた場合には加水分解して、亜燐酸（ホスホン酸、H_3PO_3またはH_2PHO_3）と塩酸になります。問題文では、水により加水分解して燐酸と塩酸が生じており、ここから薬物は燐（P）と塩素（Cl）を含むことがわかります。五塩化燐という薬物名からもそれは明白でしょう。また、三塩化燐でも亜燐酸と塩酸を生じていますから、同じように考えられます。五塩化燐、三塩化燐ともに**アルカリ法**で廃棄します。

問題13

重要度 ★★☆

次の文は薬物の性状に関する記述である。適切な薬物を選びなさい。

① 無色または淡黄色、発煙性、刺激臭の液体。水と激しく反応し、硫酸と塩酸を生成する。

② オルト、メタ、パラの三異性体があり、工業的にはこれらの混合物をさす。オルトおよびパラ異性体は無色の結晶であるが、メタ異性体は無色ないし淡褐色の液体である。水にわずかに溶け、混濁を与える。

③ 無色透明、揮発性の液体で、強く光線を屈折し、中性の反応を呈する。エーテル様の香気と灼くような味をもつ。純品は日光や空気に触れると分解して、ブロム水素酸とブロムを生じて褐色を呈し、また、苛性カリによってアルコールとブロムカリとに分解する。

④ 無色で特異臭のある液体。水を含まない純粋なものは無色透明の液体で、青酸臭を帯び、点火すれば青紫色の炎を発し燃焼する。

a) 臭化エチル　b) シアン化水素　c) クロルスルホン酸　d) クレゾール

出題薬物基本情報

薬物名	分類	常温での状態	基本的特徴	化学式
臭化エチル	劇物	液体	引火性	C_2H_5Br
シアン化水素	毒物	液体	引火性	HCN
クロルスルホン酸	劇物	液体	吸湿性	HSO_3Cl
クレゾール	劇物	固体・液体	—	$C_6H_4(OH)CH_3$

CH_3 OH
o−クレゾール
（固体）

CH_3 OH
m−クレゾール
（液体）

CH_3 OH
p−クレゾール
（固体）

解答・解説

問題13　　解答 ①c　②d　③a　④b

① 劇物の**クロルスルホン酸**（クロロスルホン酸、クロル硫酸、クロロ硫酸）は空気中で発煙し、吸湿性が高い薬物です。問題文では、水（H_2O）と激しく反応して、塩酸（HClの水溶液）と硫酸（H_2SO_4）が生じており、水は塩素（Cl）も硫黄（S）も含まないことから、薬物はこれらを含むことがわかります。そして、クロルスルホン酸の化学式がわかっていれば、そこからすぐわかりますし、たとえそれがわからないとしても薬物名の「クロル」は塩素を含むことを、「スルホ」は硫黄を含む（「チオ」も同じ）ことを表していますので、ここからも推測できます。なお、廃棄法は**中和法**で、アルカリ溶液で中和して処理するのが基本です。

② 劇物の**クレゾール**（メチルフェノール、ヒドロキシトルエン）は、フェノールと化学式が類似していることからも推測できる通り、フェノール様の臭気があり、空気中では徐々に着色します。「**オルト、メタ、パラの三異性体がある**」は、クレゾールのキーワードです（キシレンやトルイジンも三異性体を有します）。燃焼法、活性汚泥法で廃棄します。なお、**5%以下を含有する製剤は、劇物から除外**されます。

③ 劇物の**臭化エチル**（ブロムエチル、エチルブロマイド、ブロムエタン）は、日光や空気により分解して、ブロム（臭素、Br_2）やブロム水素酸（臭化水素酸、HBrの水溶液）が、苛性カリ（水酸化カリウム、KOH）により分解して、ブロムカリ（臭化カリウム、KBr）とアルコールが生じていることから、薬物は臭素を含む化合物であることが推測できます。また、臭化エチルは**液体**ですが、臭化メチル（ブロムメチル、CH_3Br）は**気体**であることに注意してください。なお、臭化エチルはハロゲン化合物ですが、引火性があることに注意してください（臭化メチルは引火しづらい）。化合物の化学式で、炭素鎖の長さとハロゲン元素の種類と数のバランスにより燃焼性が変わります。つまり、ハロゲン元素を含んでいれば燃えづらいと簡単に考えないで欲しいのです。

④ 毒物の**シアン化水素**（蟻酸ニトリル、青化水素、青酸ガス）は常温で**液体**（沸点25.7℃）ですが、非常に気体になりやすい薬物です。**青酸臭**とありますが、苦扁桃様の臭気と表現されることもあるので、ニトロベンゼンと間違えないようにしましょう。なお、炎の色は、金属の炎色反応とは関係ありません。

コラム 薬物の分類について

薬物の分類［特定毒物、毒物、劇物、普通物（毒物・劇物でない）］を、出題されるものを中心に以下に記載します。常に分類を意識しながら薬物を見て、特定毒物、毒物、劇物、普通物の分類ができるようになっておきましょう。

[特定毒物]

① 四エチル鉛、四メチル鉛、四アルキル鉛
② 有機燐化合物のうち、パラチオン、メチルパラチオン、メチルジメトン、TEPP（有機燐化合物でもEPNは毒物、DDVPは劇物）
③ モノフルオール酢酸（ナトリウム）、モノフルオール酢酸アミド
④ 燐化アルミニウムとその分解促進剤とを含有する製剤［ホストキシン］

[毒物]

① EPN（有機燐化合物）
② 無機燐化合物等（黄燐、硫化燐、塩化燐、燐化水素）
③ 無機シアン化合物（シアン化水素、シアン化カリウム、シアン化ナトリウム）
④ 水銀および水銀化合物［塩化第一水銀（甘汞（かんこう））は劇物］
⑤ 砒素および砒素化合物
⑥ セレンおよびセレン化合物
⑦ カドミウム化合物
⑧ ニコチン、硫酸ニコチン
⑨ 弗化水素（酸）
⑩ その他、アジ化ナトリウム、アリルアルコール、ジボラン、ニッケルカルボニル、ヒドラジン、ホスゲン、パラコート、クラーレ等

[劇物]

上に示した特定毒物、毒物以外のものと覚えましょう。

[普通物]

普通物では、水酸化マグネシウム、炭酸ナトリウム、二酸化炭素、硫酸バリウム、エタノール、アセトン、酢酸などが出題されているのを見かけたことがあります。なお、薬物の中には除外濃度以下で普通物になるものがあることも忘れないようにしましょう。除外濃度については第9章コラム（p.404）をご覧ください。

第4章

毒物劇物の貯蔵法

4-1 五肢択一問題

問題1

重要度 ★★☆

空気に触れると発火しやすいので、水中にたくわえる薬物を1つ選びなさい。

a) 黄燐　b) カリウム　c) 臭素
d) 水酸化カリウム　e) ベタナフトール

問題2

重要度 ★★★

空気中にそのままたくわえることはできないので、石油中にたくわえる薬物を1つ選びなさい。

a) アクロレイン　b) 黄燐　c) シアン化カリウム
d) ナトリウム　e) 沃素

問題3 特定品目

重要度 ★★★

二酸化炭素と水を吸収する性質が強いから、密栓してたくわえる薬物を1つ選びなさい。

a) 過酸化水素水　b) クロロホルム　c) 四塩化炭素
d) 水酸化ナトリウム　e) ホルマリン

問題4 特定品目

重要度 ★★★

空気と日光により変質するので、分解を防止するために少量のアルコールを加えて冷暗所にたくわえる薬物を1つ選びなさい。

a) 過酸化水素水　b) クロロホルム　c) 重クロム酸カリウム
d) 水酸化カリウム　e) ホルマリン

解答・解説

問題1　　解答 a

水中保存するのは、**黄燐**です。**ニンニク臭の固体**で、空気中では**自然発火**する毒物なので、水中保存します。
a) 固体、毒物　b) 固体、劇物　c) 液体、劇物　d) 固体、劇物　e) 固体、劇物

問題2　　解答 d

石油中保存するのは、**ナトリウム**（**金属ナトリウム**）か**カリウム**（**金属カリウム**）です。水に触れると水素を発生し、その水素が発火する劇物なので、水に触れないように石油中（一般的には灯油中）に保存します。
a) 液体、劇物　b) 固体、毒物　c) 固体、毒物　d) 固体、劇物　e) 固体、劇物

問題3　　解答 d

水酸化ナトリウムと**水酸化カリウム**は**代表的な潮解性物質**で、劇物です。潮解とは、固体の物質が空気中の水分（湿気）を吸収して、その水分に溶けてしまうことをいいます。潮解性物質は性状でも出てきたように他にもたくさんありますが、密栓保存が基本です。「**二酸化炭素と水を吸収する性質が強いから、密栓してたくわえる**」と出たら、水酸化ナトリウムと水酸化カリウムが思い浮かぶようにしておきましょう。
a) 液体、劇物　b) 液体、劇物　c) 液体、劇物　d) 固体、劇物　e) 液体、劇物

問題4　　解答 b

劇物の**クロロホルム**は空気と日光により分解して、塩素、塩化水素、ホスゲン、四塩化炭素になります。分解を防止するために、**少量のアルコールを加えて貯蔵**します。また、クロロホルムは不燃性の物質です。なお、劇物のホルマリンも少量のアルコールを加えて保存する薬物なので、ごくまれにこの記述が見られることがありますが、常温保存がポイントなので、こちらをキーワードとして記憶してください。
a) 液体、劇物　b) 液体、劇物　c) 固体、劇物　d) 固体、劇物　e) 液体、劇物

問題5　特定品目

重要度 ★★★

容器に三分の一の空間を保ってたくわえ、安定剤として少量の酸を加えることが許容されている薬物を1つ選びなさい。

a) 過酸化水素水　b) クロロホルム　c) 四塩化炭素
d) 水酸化ナトリウム　e) ホルマリン

問題6

重要度 ★★★

火気厳禁で、非常に反応性に富む物質なので、安定剤を加えて空気を遮断してたくわえる薬物を1つ選びなさい。

a) アクロレイン　b) シアン化水素　c) 二硫化炭素
d) ピクリン酸　e) 臭素

問題7　農業用品目

重要度 ★★★

容器に密栓して、酸類と離して空気の流通のよい乾燥した冷所にたくわえる薬物を1つ選びなさい。

a) アンモニア水　b) シアン化カリウム　c) シアン化水素
d) 臭化メチル　e) 硫酸銅

問題8　農業用品目

重要度 ★☆☆

強酸と安全な距離を保ち、できるだけ直接空気と触れることを避け、窒素などの不活性ガスを充填してたくわえる薬物を1つ選びなさい。

a) アクリルニトリル　b) 塩化亜鉛　c) ニコチン
d) クロルピクリン　e) 硫酸タリウム

解答・解説

問題5　　解答 a

劇物の**過酸化水素水**は不安定な液体で、常温でも徐々に酸素と水に分解します。そのため、容器に**三分の一の空間**を保ちます。また、分解を防止するために**少量の酸**（塩酸やリン酸）を加えます。

a) 液体、劇物　b) 液体、劇物　c) 液体、劇物　d) 固体、劇物　e) 液体、劇物

問題6　　解答 a

劇物の**アクロレイン**は**反応性に富み**、激しく重合する性質があるので、重合防止のために**安定剤**として**ハイドロキノン**を加え、空気を避けて貯蔵します。引火性のため、**火気厳禁**です。

a) 液体、劇物　b) 液体、毒物　c) 液体、劇物　d) 固体、劇物　e) 液体、劇物

問題7　　解答 b

毒物の**シアン化カリウム**と**シアン化ナトリウム**は酸類と反応して、有毒なシアン化水素（青酸ガス）が発生します。そのため、**酸類と離して**貯蔵する必要があります。

a) 液体、劇物　b) 固体、毒物　c) 液体、毒物　d) 気体、劇物　e) 固体、劇物

問題8　　解答 a

劇物の**アクリルニトリル**は強酸と激しく反応するので、**強酸と安全な距離を保つ**必要があります。アクリルニトリル（$CH_2=CHCN$）はアクロレイン（$CH_2=CHCHO$）と化学式が似ていることからもわかる通り、性質が似ていて、非常に反応性に富むので、その容器に**不活性ガス**を充填する必要があります。また、**有機シアン化合物**なので、強酸との反応により、シアン化水素が発生するおそれがあります。

a) 液体、劇物　b) 固体、劇物　c) 液体、毒物　d) 液体、劇物　e) 固体、劇物

問題9

重要度 ★★☆

火気に対して安全で隔離された場所で、硫黄、ヨード、ガソリン、アルコール等と離してたくわえる薬物を1つ選びなさい。

a) アルシン　b) 過酸化水素　c) 三酸化二砒素
d) 水酸化ナトリウム　e) ピクリン酸

問題10

重要度 ★★☆

容器は気密容器を用い、腐食されやすい金属、濃塩酸、アンモニア水、アンモニアガス、テレビン油などとなるべく引き離して、通風のよい冷所にたくわえる薬物を1つ選びなさい。

a) 黄燐　b) 三硫化燐　c) シアン化カリウム
d) 臭化メチル　e) 沃素

問題11

重要度 

容器は特別製のドラム缶を用い、出入を遮断できる独立倉庫で火気のないところを選定し、床面をコンクリートまたは分厚な枕木の上でたくわえる薬物を1つ選びなさい。

a) クロロホルム　b) シアン化水素　c) 四エチル鉛
d) ナトリウム　e) β−ナフトール

問題12

重要度 

銅、鉄、コンクリートまたは木製のタンクにゴム、鉛、塩化ビニルあるいはポリエチレンのライニングを施した容器にたくわえる薬物を1つ選びなさい。

a) アクロレイン　b) 亜砒酸　c) 四エチル鉛
d) 弗化水素酸　e) ホルマリン

解答・解説

問題9 解答 e

劇物の**ピクリン酸**は**爆発性物質**です。酸化剤となる**硫黄**、ヨード、爆発により火災の拡大を招く引火性の**ガソリン**、**アルコール等とは離して**貯蔵しなければなりません。

a) 気体、毒物　b) 液体、劇物　c) 固体、毒物　d) 固体、劇物　e) 固体、劇物

問題10 解答 e

劇物の**沃素**（ヨード）は黒灰色の稜板状結晶で**昇華性**があるので、気密容器に貯蔵します。**腐食されやすい金属、濃塩酸、アンモニア水、アンモニアガス、テレビン油**などと離して貯蔵する薬物は、この**沃素**と赤褐色の重い液体である**臭素**です。臭素では、「**陶製壺**」もキーワードとなります。

a) 固体、毒物　b) 固体、毒物　c) 固体、毒物　d) 気体、劇物　e) 固体、劇物

問題11 解答 c

特定毒物の**四エチル鉛**は、非常に揮発しやすく、引火性です。四エチル鉛は鉛化合物なので、鉛というイメージで固体ではないかと思いがちですが、常温で**液体**です。「**特別製のドラム缶**」や「**独立倉庫**」は、四エチル鉛のキーワードです。

a) 液体、劇物　b) 液体、毒物　c) 液体、特定毒物　d) 固体、劇物
e) 固体、劇物

問題12 解答 d

毒物の**弗化水素酸**は弗化水素（気体）の水溶液で、諸金属や**ガラスを腐食**する腐食性が激しい液体です。そのため、ゴム、鉛、ポリ塩化ビニルあるいはポリエチレンのライニング（腐食を防ぐために張りつける材料）を施した容器に貯蔵します。「**ライニング**」は、弗化水素酸のキーワードです。

a) 液体、劇物　b) 固体、毒物　c) 液体、特定毒物　d) 液体、毒物
e) 液体、劇物

問題13　特定品目

重要度 ★★★

亜鉛または錫メッキした鋼鉄製容器で保管し、高温に接しない場所にたくわえる。ドラム缶で保管する場合には雨水が漏入しないようにし、直射日光を避け冷所に置く。蒸気は空気より重く、低所に滞留するので、地下室などの換気の悪い場所を避けてたくわえる薬物を1つ選びなさい。

a) 過酸化水素水　b) クロロホルム　c) 四塩化炭素
d) 水酸化ナトリウム　e) ホルマリン

問題14

重要度 ★☆☆

揮発性が高く、低温でも極めて引火性なので、いったん開封したものは蒸留水を混ぜておいた方がよい薬物を1つ選びなさい。

a) 亜砒酸ナトリウム　b) クロロホルム　c) 三硫化四燐
d) 二硫化炭素　e) ホルマリン

問題15

重要度 ★★☆

空気や光線に触れると赤変するから、遮光してたくわえなければならない薬物を1つ選びなさい。

a) 五硫化二燐　b) シアン化ナトリウム　c) ベタナフトール
d) 弗化水素酸　e) 沃素

問題16　農業用品目

重要度 ★★★

圧縮冷却して液化し、圧縮容器に入れ、直射日光、温度の上昇を避けて冷暗所にたくわえる薬物を1つ選びなさい。

a) アンモニア水　b) シアン化カリウム　c) シアン化水素
d) ブロムメチル　e) 硫酸銅

解答・解説

問題13　　解答 c

劇物の**四塩化炭素**は蒸気比重が大きく、その蒸気は有毒なので、低所に滞留しないように地下室などの換気の悪い場所は避けなければなりません。**亜鉛または錫（スズ）メッキした容器で保管**すること、高温に接したり、湿気により徐々に分解して毒性の高い**ホスゲン**等を生じることも覚えておきましょう。また、四塩化炭素は**不燃性**の薬物です。

a) 液体、劇物　b) 液体、劇物　c) 液体、劇物　d) 固体、劇物　e) 液体、劇物

問題14　　解答 d

劇物の**二硫化炭素**は水には溶けにくく、その引火点は－30℃で、**引火の危険性が高い**です。また、**非常に揮発しやすく**、その蒸気比重は約2.6と空気より重く、低所に滞留しやすいです。水に溶けにくく、比重が約1.3と水より重いので、その揮発を防ぐために一度開封したものは蒸留水を混ぜておくこともあります。**高い揮発性と極めて低い引火点**のセットは、二硫化炭素のキーワードです。

a) 固体、毒物　b) 液体、劇物　c) 固体、毒物　d) 液体、劇物　e) 液体、劇物

問題15　　解答 c

劇物のベタナフトール（β－ナフトール）は固体で、**空気や光線に触れると赤変する**ので、遮光して貯蔵します。**フェノール**もベタナフトールと同じ性質があるので、遮光保存します。

a) 固体、毒物　b) 固体、毒物　c) 固体、劇物　d) 液体、毒物　e) 固体、劇物

問題16　　解答 d

劇物の**ブロムメチル**（**臭化メチル**）は気体なので、**圧縮冷却して液化**し、圧縮容器に入れて貯蔵します。「**圧縮冷却して液化**」は、ブロムメチルのキーワードです。気体の薬物の貯蔵には、「圧縮冷却して液化して、圧縮容器に保存する」方法と「ボンベに貯蔵」する方法の記載があります。

a) 液体、劇物　b) 固体、毒物　c) 液体、毒物　d) 気体、劇物　e) 固体、劇物

問題17　農業用品目

重要度 ★

酸素によって分解するので、空気と光を遮断してたくわえる薬物を1つ選びなさい。

a) アンモニア水　b) クロルピクリン　c) シアン化ナトリウム
d) 水酸化ナトリウム　e) ロテノン

問題18　農業用品目

重要度 ★★

極めて猛毒であるから、多量のときは銅製シリンダーに入れ、爆発性、燃焼性のものと隔離し、日光および加熱を避け、通風のよい冷所にたくわえる薬物を1つ選びなさい。

a) アンモニア水　b) シアン化水素　c) シアン化ナトリウム
d) 臭化メチル　e) 硫酸銅

問題19

重要度 ★ 

火災、爆発の危険があり、わずかの加熱で発火し、発生した有毒ガスで爆発することがあるので、換気の良好な冷暗所にたくわえる薬物を1つ選びなさい。

a) アルシン　b) 三硫化燐　c) 水酸化カリウム
d) ベタナフトール　e) ナトリウム

問題20　特定品目

重要度 ★ 

寒冷にあうと混濁するので、常温でたくわえる薬物を1つ選びなさい。

a) 過酸化水素水　b) クロロホルム　c) 四塩化炭素
d) 水酸化ナトリウム　e) ホルマリン

解答・解説

問題17　解答 e

劇物の**ロテノン**は、農薬としてサルハムシ類、ウリバエ類等に用いられます。ロテノンはデリス属の植物の根（デリス根）に含まれ、これを含む製剤をデリス製剤といい、ロテノン**2%以下を含有する製剤は劇物から除外**されます。

ロテノンは酸素によって分解して、デリス製剤としての殺虫効果が失われるので、空気と光を遮断してたくわえます。

a）液体、劇物　b）液体、劇物　c）固体、毒物　d）固体、劇物　e）固体、劇物

問題18　解答 b

毒物の**シアン化水素（青酸ガス）**は常温で液体ですが、沸点が約26℃なので、非常に気体になりやすい毒物です。「**極めて猛毒**」という表現は時々見かけますが、毒性の高い毒物に指定されている薬物をイメージするようにしましょう。また、「**銅製シリンダー**」は、シアン化水素に特有のキーワードです。

a）液体、劇物　b）液体、毒物　c）固体、毒物　d）気体、劇物　e）固体、劇物

問題19　解答 b

毒物の**三硫化燐（三硫化四燐）**は**非常に発火しやすい**ので、引火性、自然発火性、爆発性の物質とは離さなければなりません。燃焼したときは、有毒な可燃性ガスである硫化水素（H_2S）が発生します。また、**五硫化燐（五硫化二燐）**も同じ特徴があります。

a）気体、毒物　b）固体、毒物　c）固体、劇物　d）固体、劇物　e）固体、劇物

問題20　解答 e

劇物の**ホルマリン**はホルムアルデヒド（HCHO、気体）の水溶液で、寒冷にあうとパラホルムアルデヒドを析出するので、**常温で貯蔵**します。クロロホルムと同様に、安定剤としてアルコールを添加することが多いですが、ホルマリンは常温保存であることをしっかり覚えておいてください。

a）液体、劇物　b）液体、劇物　c）液体、劇物　d）固体、劇物　e）液体、劇物

4-2 組み合わせ問題

問題1 農業用品目

重要度 ★★★

次の文は薬物の貯蔵に関する記述である。適切な薬物を選びなさい。

① 水を吸収して発熱するので、よく密栓してたくわえる。
② 少量ならば褐色ガラスビンを用い、多量ならば銅製シリンダーを用いる。日光および加熱を避け、通風のよい冷所に置く。極めて猛毒であるから、爆発性、燃焼性のものと隔離すべきである。
③ 常温では気体なので、圧縮冷却して液化し、圧縮容器に入れ、直射日光その他、温度上昇の原因を避けて、冷暗所に貯蔵する。
④ 少量ならばガラスビン、多量ならばブリキ缶あるいは鉄ドラムを用い、酸類とは離して空気の流通のよい乾燥した冷所に密封してたくわえる。

a) ブロムメチル　b) シアン化水素　c) 硫酸　d) シアン化カリウム

出題薬物基本情報

薬物名	分類	常温での状態	基本的特徴	化学式
ブロムメチル	劇物	気体	―	CH_3Br
シアン化水素	毒物	液体	引火性	HCN
硫酸	劇物	液体	強酸性	H_2SO_4
シアン化カリウム	毒物	固体	潮解性	KCN

解答・解説

問題1　　解答 ①c　②b　③a　④d

① 劇物の**硫酸**は、**猛烈に水を吸収する**性質があり、吸水により発熱します。そのため、水（湿気）に触れないように密栓してたくわえます。

② 毒物の**シアン化水素**（青化水素、青酸ガス、蟻酸ニトリル）は青酸臭（苦扁桃様の臭気）のある引火性液体で、極めて猛毒です。また、シアン化水素の沸点は25.7℃であるので、極めて揮発しやすい液体であることがわかります。「**極めて猛毒**」と「**銅製シリンダー**」はシアン化水素のキーワードです。

③ 劇物の**ブロムメチル**（臭化メチル）は気体なので、圧力を加えて液化して、圧縮容器で保存します。「**圧縮冷却して液化**」は、ブロムメチルのキーワードです。また、ブロムメチルは気体ですが、ブロムエチル（臭化エチル）は液体の劇物です。ブロムエチルは引火性が高いですが、ブロムメチルは引火の危険性はそれほど高くありません。臭素はハロゲンですが、一般にハロゲン原子を分子中にたくさんもつ薬物は燃えづらくなります。一方、炭化水素は一般には燃えやすいですが、その炭化水素が分子内にハロゲン原子を含む場合には、炭化水素とハロゲンのバランスによることになります。そのため、ハロゲンを含むから、燃えやすいとは一概にいえないのです。

④ 毒物の**シアン化カリウム**は、酸類に触れると猛毒のシアン化水素（青酸ガス）が発生します。そのため、酸類とは離して保存する必要があります。また、シアン化カリウムは**潮解性**があり、吸収した水に二酸化炭素が溶け込むとその液性が酸性に傾き、シアン化水素が発生するので、乾燥した冷所に密栓してたくわえます。「**酸類と離して**」は、シアン化合物のキーワードです。また、液性が酸性に傾くとシアン化水素が空気中に発生しやすくなるので、シアン化合物やシアン化水素が漏洩した際や廃棄する際には、まず、水酸化ナトリウム等を加えて液性をアルカリ性（pH11以上）にして、シアン化水素の発生を防止する必要があるのはそのためです。シアン化ナトリウムも同様です。

問題2　特定品目

重要度 ★★★

次の文は薬物の貯蔵に関する記述である。適切な薬物を選びなさい。

① 二酸化炭素と水を吸収する性質が強いから、密栓してたくわえる。

② 少量ならば褐色ガラスビン、大量ならばカーボイなどを使用し、三分の一の空間を保って貯蔵する。日光の直射を避け、冷所に、有機物、金属塩、樹脂、油類、その他有機性蒸気を放出する物質と引き離して貯蔵する。一般に安定剤として少量の酸類の添加は許容されている。

③ 亜鉛または錫メッキをした鋼鉄製容器で保管し、高温に接しない場所にたくわえる。ドラム缶で保管する場合には雨水が漏入しないようにし、直射日光を避け冷所に置く。本品の蒸気は空気より重く、低所に滞留するので、地下室など換気の悪い場所には保管しない。

④ 揮発しやすいので、よく密栓してたくわえる。

a) 水酸化ナトリウム　b) 四塩化炭素　c) アンモニア水　d) 過酸化水素水

出題薬物基本情報

薬物名	分類	常温での状態	基本的特徴	化学式
水酸化ナトリウム	劇物	固体	潮解性	$NaOH$
四塩化炭素	劇物	液体	不燃性	CCl_4
アンモニア水	劇物	液体	刺激臭	NH_3aq ※
過酸化水素水	劇物	液体	漂白作用	H_2O_2aq ※

※aq：水溶液をあらわす。

解答・解説

問題2　　解答 ①a ②d ③b ④c

① 劇物の**水酸化ナトリウム**（苛性ソーダ）は水酸化カリウム（KOH）とならび代表的な**潮解性物質**で、密栓してたくわえるのはそのためです。潮解とは、固体が空気中の湿気（水分）を吸収して、その吸収した水に固体自身が溶けてしまうことをいいます。ここでは潮解という語が直接出てきませんが、それが推測できるようにしておきましょう。また、潮解とは直接関連はありませんが、水酸化ナトリウムは空気中の二酸化炭素と反応して、炭酸ナトリウム（Na_2CO_3）の皮膜が生じます。

② 劇物の**過酸化水素水**は過酸化水素（常温では液体）の水溶液で、市販の過酸化水素水は通常30～40%の過酸化水素を含有しています。不安定な物質で、常温でも徐々に水と酸素に分解するので、容器に三分の一の空間を保って貯蔵します。また、安定剤として少量の酸を添加して分解を防止できますが、有機物等の不純物に触れると、急に分解します。過酸化水素水は強い酸化力と還元力を併有していること、殺菌力を有すること（3%過酸化水素水をオキシドールといいます）、脱色作用（漂白作用）があることなども、過酸化水素水の特徴となります。「**三分の一の空間を保つ**」と「**少量の酸を加える**」は、過酸化水素のキーワードとして記憶しておいてください。

③ 劇物の**四塩化炭素**は、揮発しやすく**不燃性の液体**です。その**蒸気は非常に重く**、低所に滞留しやすいので、地下室などの換気の悪い場所では保管できません。揮発しやすく、その蒸気は不燃性なので、空気を遮断して、強い消火力を示します。また、空気、湿気などにより常温でも徐々に分解して**塩化水素**（HCl）、**ホスゲン**（$COCl_2$）等が生じるので、ドラム缶で保管する場合に雨水が漏入しないようにしなければなりません。

④ 揮発するということは、その薬物の蒸気・ミストが空気中に出ていることを意味します。選択肢の中では四塩化炭素、アンモニア水、クロロホルムが揮発性液体にあたりますが、他の選択肢も含めて判断すると劇物の**アンモニア水**が妥当だということになります。アンモニア水は、気体であるアンモニアが水に溶けたもので、アンモニアが水に溶けると液性が弱アルカリ性となります。

問題 3　特定品目

重要度 ★★☆

次の文は薬物の貯蔵に関する記述である。適切な薬物を選びなさい。

① 火気を避け、密栓して冷所にたくわえる。
② 低温では結晶が析出して混濁するので、常温でたくわえる。
③ 炭酸ガスと水を吸収する性質が強いから、密栓してたくわえる。
④ 冷暗所にたくわえる。純品は空気と日光によって変質するので、少量のアルコールを加えて分解を防止する。

a) クロロホルム　b) 水酸化カリウム　c) ホルマリン　d) メタノール

出題薬物基本情報

薬物名	分類	常温での状態	基徴	化学式
クロロホルム	劇物	液体	不燃性	$CHCl_3$
水酸化カリウム	劇物	固体	潮解性	KOH
ホルマリン	劇物	液体	催涙性	HCHOaq※
メタノール	劇物	液体	引火性	CH_3OH

※aq：水溶液をあらわす。

解答・解説

問題3　　**解答 ①d ②c ③b ④a**

① 劇物の**メタノール**は引火性液体なので、火気を避け、密栓して保存します。引火とは、物質が他から点火源を与えられた時に燃焼することをいいますが、これは可燃性蒸気が空気中に発生する物質であることを意味しています。メタノールは、水溶性の引火性液体です。

② 劇物の**ホルマリン**は、ホルムアルデヒド（HCHO）を36.5～37.5%（重量）含有する水溶液で、刺激性の臭気をもち、催涙性があります。一般に安定剤として、メタノール等が添加されています。そのため、ホルマリンには引火性がありませんが、加熱すると添加されているメタノールが引火する危険性があります。また、ホルマリンは空気に触れると蟻酸を生じ、低温でパラホルムアルデヒドを析出しますので、常温で密栓して保存します。これを「**寒冷にあえば混濁するので、常温で保存する**」という別の表現で出題されたこともあります。ホルマリンは「**常温で保存する**」ことをキーワードとして、かつ、クロロホルムと同じように安定剤としてアルコールを加えることも、少しだけ覚えておいてください。

③ 代表的な**潮解性物質**がこの**水酸化カリウム**（苛性カリ）と水酸化ナトリウム（苛性ソーダ）で、「**水を吸収する性質が強い**」から密栓してたくわえるのは、そのためです。潮解という語が直接出てきませんが、それが推測できるようにしておきましょう。

④「**空気と日光により変質する**」とは、空気と日光によって分解して塩素（Cl_2）、塩化水素（HCl）、ホスゲン（$COCl_2$）、四塩化炭素（CCl_4）などが生じることを簡潔に表現したものです。少量のアルコールを加えるのは、この分解を防ぐためです。「**少量のアルコール**」は、劇物で不燃性物質である**クロロホルム**のキーワードです。実はホルマリンも少量のアルコールを加える薬物で、ごくまれにその記述がある場合がありますが、「常温で保存する」というホルマリンに特有の特徴的な貯蔵法の表現がありますので、そちらで判断できるようにしておけばよいでしょう。要は「少量のアルコール」という語があったとしても、単純にクロロホルムとしないようにできればよいのです。

問題4

重要度 ★★☆

次の文は薬物の貯蔵に関する記述である。適切な薬物を選びなさい。

① 水中に沈めて瓶に入れ、さらに砂を入れた缶中に固定して冷暗所にたくわえる。

② 空気中にそのままたくわえることができないので、普通石油中にたくわえる。水分の混入、火気を避け貯蔵する。

③ 空気や光線に触れると赤変するから、遮光してたくわえなければならない。

④ 硫酸や硝酸などの強酸と激しく反応するので、強酸と安全な距離を保つ必要がある。できるだけ直接空気に触れることを避け、窒素のような不活性ガスの雰囲気の中に貯蔵するのがよい。

a) アクリルニトリル　　b) ナトリウム　　c) ベタナフトール　　d) 黄燐

出題薬物基本情報

薬物名	分類	常温での状態	基本的特徴	化学式
アクリルニトリル	劇物	液体	引火性	$CH_2=CHCN$
ナトリウム	劇物	固体	禁水性	Na
ベタナフトール	劇物	固体	—	$C_{10}H_7OH$
黄燐	毒物	固体	発火性	P_4

解答・解説

問題4　　解答 ①d ②b ③c ④a

① 毒物の**黄燐**は**ニンニク臭の固体**で、非常に酸化されやすく、空気中ではおよそ50℃で**自然発火**します。黄燐は燃焼により、五酸化燐（十酸化四燐、無水燐酸 P_4O_{10}）が生じますが、酸化熱の蓄積による自然発火を防止するために、水中に沈めて保存します。「**水中保存**」は、黄燐のキーワードです。

② 劇物の**ナトリウム**（金属ナトリウム）とカリウム（金属カリウム）は**ロウのように軟らかい金属**で、水とは激しく反応して水酸化ナトリウム（NaOH）が生じます。水と反応すると水素が発生して、その水素が**発火**します。空気中にも湿気（水分）があるので、空気中には保存できません。そのため、石油中に保存します。「**石油中保存**」は、ナトリウムとカリウムのキーワードです。

③ 劇物の**ベタナフトール**（β－ナフトール）は結晶性粉末（固体）で、**空気や光線に触れると赤変**します。そのため、貯蔵にあたっては**遮光保存**します。貯蔵法で出題されることはないかもしれませんが、潮解性物質のフェノールも同様の性質があるので、同じように取扱います。

④ 劇物の**アクリルニトリル**（$CH_2=CHCN$）は弱い刺激臭のある引火性液体で、強酸と激しく反応し、シアン化水素を含むガスが発生するおそれがあります。また、非常に反応性に富むので、その容器に窒素のような不活性ガスを満たしておく必要があります。非常に反応性に富むことと、二重結合があることとは関連がありますので、それを意識できるようにしてください。

問題5

重要度 ★★☆

次の文は薬物の貯蔵に関する記述である。適切な薬物を選びなさい。

① 容器は特別製のドラム缶を用い、出入を遮断できる独立倉庫で火気のないところを選定し、床面はコンクリートまたは分厚な枕木の上に保管する。

② よく密栓してたくわえる。

③ 火気に対し安全で隔離された場所に、硫黄、ヨード、ガソリン、アルコール等と離して保管する。鉄、銅、鉛等の金属容器を使用しない。

④ 銅、鉄、コンクリートまたは木製のタンクにゴム、鉛、ポリ塩化ビニルあるいはポリエチレンのライニングを施した容器を用いる。火気厳禁。

a) 亜砒酸ナトリウム　b) 四エチル鉛　c) ピクリン酸　d) 弗化水素酸

出題薬物基本情報

<table>
<tr><th>薬物名</th><th>分類</th><th>常温での状態</th><th>基本的特徴</th><th>化学式</th></tr>
<tr><td rowspan="3">亜砒酸ナトリウム</td><td>毒物</td><td>固体</td><td>—</td><td>—</td></tr>
<tr><th colspan="4">組成</th></tr>
<tr><td colspan="4">$NaAsO_2$（メタ亜砒酸ナトリウム）を主とし、その他、Na_2HAsO_3（亜砒酸水素二ナトリウム）Na_2AsO_3（オルト亜砒酸ナトリウム）Na_4AsO_3（ピロ亜砒酸ナトリウム）等を含む混合物</td></tr>
<tr><td>四エチル鉛</td><td>特定毒物</td><td>液体</td><td>引火性</td><td>$Pb(C_2H_5)_4$</td></tr>
<tr><td>ピクリン酸</td><td>劇物</td><td>固体</td><td>爆発性</td><td>$C_6H_2(OH)(NO_2)_3$</td></tr>
<tr><td>弗化水素酸</td><td>毒物</td><td>液体</td><td>腐食性</td><td>HFaq※</td></tr>
</table>

※aq：水溶液をあらわす。

解答・解説

問題5 **解答 ①b ②a ③c ④d**

① 特定毒物の**四エチル鉛**（テトラエチル鉛）と四メチル鉛（テトラメチル鉛）、四アルキル鉛（トリエチルメチル鉛、ジエチルジメチル鉛、エチルトリメチル鉛の総称です）はいずれも**引火性液体**で、金属に対して腐食性があります。有機鉛化合物であるため、一般的な無機鉛化合物と比べてその毒作用は極めて強いことからも、漏洩を防ぐために特別製のドラム缶に貯蔵し、出入を遮断できる独立倉庫とする必要があります。「**特別製のドラム缶**」もしくは「**独立倉庫**」を四エチル鉛のキーワードとして、覚えておいてください。

② 毒劇物の一般的な貯蔵法は、「**密栓して冷暗所に保存**」です。そのように考えると、多くの物質がこれにあたることになりますが、「よく密栓してたくわえる」という貯蔵法で見かけるのは、毒物の**亜砒酸ナトリウム**です。毒物なのに貯蔵法は意外にもシンプルなので、出題されるのかもしれません。ちなみに、同じ砒素化合物で毒物の**三酸化二砒素**（**無水亜砒酸**）もその貯蔵法は「**少量ならばガラスビンに密栓し、大量ならば木樽に入れる**」という、こちらもシンプルなものです。

③ 劇物の**ピクリン酸**は、爆薬の原料となることからも推測できるように、急熱や衝撃により爆発する固体です。そのため、酸化剤となり、さらに激しく爆発する要因となる硫黄、ヨード（沃素）、燃焼しやすく、火災の拡大にもつながるガソリン、アルコール等と離して保管する必要があります。「**硫黄、ヨード、ガソリン、アルコール等と離して**」は、ピクリン酸のキーワードです。また、ピクリン酸は淡黄色の結晶で、アルコール等に溶かすと鮮やかな黄色（蛍光ペンの黄色に近い）を呈するので、染料にも使われます。

④ 毒物の**弗化水素酸**は弗化水素（気体）の水溶液で、諸金属や**ガラスを腐食**する、腐食性が激しい液体です。そのため、ライニング（腐食を防ぐために張りつける材料）を施した容器に貯蔵します。「**ライニング**」は、弗化水素（酸）のキーワードです。

問題6

重要度 ★★☆

次の文は薬物の貯蔵に関する記述である。適切な薬物を選びなさい。

① ボンベに貯蔵する。

② 火気厳禁。非常に反応性に富む物質なので、安定剤を加え空気を遮断して貯蔵する。

③ 少量ならば共栓ガラスビン、多量ならば鋼製ドラムなどを使用する。揮発性が強く、容器内で圧力を生じ、微孔を通って放出するので、密閉するのははなはだ困難である。低温でも極めて引火性である。いったん開封したものは蒸留水を混ぜておくと安全である。日光の直射を受けない冷所に、可燃性、発熱性、自然発火性のものからは十分に引き離しておくことが必要である。

④ 少量ならば共栓ガラスビン、多量ならばカーボイ、陶製壺などを使用し、冷所に濃塩酸、アンモニア水、アンモニアガスなどと引き離してたくわえる。直射日光を避け、通風をよくする。

a) 二硫化炭素　b) 臭素　c) アクロレイン　d) 水素化砒素

出題薬物基本情報

薬物名	分類	常温での状態	基本的特徴	化学式
二硫化炭素	劇物	液体	引火性	CS_2
臭素	劇物	液体	不燃性	Br_2
アクロレイン	劇物	液体	引火性	$CH_2=CHCHO$
水素化砒素	毒物	気体	引火性	AsH_3

解答・解説

問題6　　　　解答 ①d ②c ③a ④b

① ボンベや圧縮容器に貯蔵するのは、常温で気体の薬物か非常に気体になりやすい薬物と考えてください。ここでは、**毒物**で**ニンニク臭の気体**である**水素化砒素**（砒化水素、アルシン）がそれにあたります。水素化砒素は**引火性の気体**で、燃焼により有毒な酸化砒素（Ⅲ）の煙霧が発生するので注意が必要です。

② 劇物の**アクロレイン**（アクリルアルデヒド）は**引火性液体**で、刺激臭があり、催涙性があります。二重結合をもっていることからも推測できるように、非常に反応性に富む物質です。そのため、安定剤を加え空気を遮断して貯蔵します。「**火気厳禁。非常に反応性に富む物質**」という表現を、アクロレインのキーワードとしておきましょう。

③ 劇物の**二硫化炭素**は、非常に揮発性が高く、引火点－30℃と**引火性**も極めて高い劇物です。二硫化炭素は水に溶けにくく、（液）比重は約1.3と水よりも重いので、揮発を防ぐためにいったん開封したものは、蒸留水を加えて揮発を防止することもあります。二硫化炭素の蒸気は有毒ですが、二硫化炭素の燃焼により発生する二酸化硫黄（SO_2）も有毒な気体です。「**揮発性と引火性の高さ**」のセットは、二硫化炭素のキーワードです。

④ 劇物の**臭素**（ブロム）は、刺激性臭気を放って揮発する赤褐色の重い液体です。**腐食されやすい金属、濃塩酸、アンモニア水、アンモニアガス、テレビン油**などと離すのは、**ハロゲン**です。また、臭素もハロゲンですから不燃性で、臭素の化合物は消火剤にも使われるものがあります。貯蔵法で出題されるハロゲンとしては、この臭素と黒灰色金属光沢のある稜板状結晶で昇華性のある沃素があり、また、「**陶製壺**」は臭素のキーワードです。

問題7

重要度 ★★☆

次の文は薬物の貯蔵に関する記述である。適切な薬物を選びなさい。

① 風解を防ぐため、密栓して冷所にたくわえる。
② 空気中にそのままたくわえることはできないので、通常石油中にたくわえる。石油も酸素を吸収するから、長時間のうちには表面に酸化物の白い皮を生ずる。冷所で、雨水などの漏れが絶対ないような場所に保存する。
③ 少量ならば共栓ガラスビンを用い、多量ならばブリキ缶を使用し、木箱入れとする。引火性、自然発火性、爆発性物質を遠ざけて、通風のよい冷所に置く。
④ 容器は気密性容器を用い、通風のよい冷所にたくわえる。腐食されやすい金属、濃塩酸、アンモニア水、アンモニアガス、テレビン油などはなるべく引き離しておく。

a) 三硫化燐　b) カリウム　c) 硫酸銅　d) 沃素

出題薬物基本情報

薬物名	分類	常温での状態	基本的特徴	化学式
三硫化燐	毒物	固体	発火性	P_4S_3
カリウム	劇物	固体	禁水性	K
硫酸銅	劇物	固体	風解性	$CuSO_4 \cdot 5H_2O$
沃素	劇物	固体	昇華性	I_2

解答・解説

問題7 　　**解答 ①c ②b ③a ④d**

①「風解を防ぐため」となっているので、この薬物は風解性がある（風化する）ことがわかります。風解性のある薬物として覚えておきたいのは、蓚酸、**硫酸銅**、硫酸亜鉛の3つで、同じように貯蔵します。

② 劇物の**カリウム**（金属カリウム）はロウのように軟らかい金属で非常に酸化されやすく、水と反応して水素を発生し、発火します。そのため、空気や水に触れないように石油中（具体的には灯油中）に保存します。「**石油中保存**」は、このカリウム（金属カリウム）とナトリウム（金属ナトリウム）のキーワードです。カリウムの方がナトリウムよりも反応性が高いですが、「毒物及び劇物取締法」に規定され、政令で定める発火性のある劇物は、ナトリウムです。おそらく、産業上、ナトリウムの方がよく使われているからでしょう。

③ 毒物の**三硫化燐**（三硫化四燐）はマッチの製造に用いられるように、**発火しやすい**ので、火災の危険性を高める引火性、自然発火性、爆発性物質を遠ざけて貯蔵する必要があります。同じく毒物の五硫化燐（五硫化二燐、十硫化四燐）も同様の危険性を有しています。

④ 劇物の**沃素**（ヨード）は**昇華**（固体が気体になること、または気体が固体になることを昇華といいますが、ここでは前者にあたります）するので、気密容器に貯蔵します。**腐食されやすい金属、濃塩酸、アンモニア水、アンモニアガス、テレビン油**などと離すのは、**ハロゲン**です。貯蔵法で出題されるハロゲンとしては、沃素と赤褐色の重い液体である臭素がありますが、いずれも劇物です。

コラム　薬物名と元素名（元素記号）との関連性について

元素名（元素記号）と薬物名との関連性について、以下に記載いたします。薬物名からどんな元素が含まれているのか、また、薬物の化学式中にどんな元素が含まれているのか、これをヒントにわかるようになっておきましょう。

① B（硼素、ホウ素）：ジボラン（B_2H_6）、硼弗化～（$-BF_4$）
② N（窒素）：硝酸～（$-NO_3$）、亜硝酸～（$-NO_2$）、アジ化ナトリウム（NaN_3）
③ F（弗素、フッ素）：弗化、フルオロ、フルオール
④ Na（ナトリウム）：ソーダ
⑤ Si（硅素、珪素、ケイ素）：硅弗化（$-SiF_6$）
⑥ P（燐、リン）：燐化、燐酸～（$-PO_4$）、ホスホ、ホスフィン、ホスフェイト
⑦ S（硫黄）：硫化、硫酸～（$-SO_4$）、スルホ、チオ
⑧ Cl（塩素）：塩化、塩酸、塩素酸～（$-ClO_3$）、クロロ、クロル
⑨ K（カリウム）：カリ
⑩ V（バナジウム）
⑪ Cr（クロム）：クロム酸～（$-CrO_4$）、重クロム酸（$-Cr_2O_7$）
⑫ Ni（ニッケル）：ニッケルカルボニル［$Ni(CO)_4$］
⑬ Cu（銅）
⑭ Zn（亜鉛）
⑮ Ge（ゲルマニウム）：モノゲルマン（GeH_4）
⑯ As（砒素）：砒、アルシン（AsH_3）
⑰ Se（セレン）
⑱ Br（臭素）：臭化、ブロム、ブロモ
⑲ Ag（銀）
⑳ Cd（カドミウム）
㉑ Sn（錫、スズ）
㉒ Sb（アンチモン）
㉓ I（沃素、ヨウ素）：ヨード、沃化
㉔ Ba（バリウム）
㉕ Au（金）
㉖ Hg（水銀）：チメロサール（有機水銀化合物です）
㉗ Tl（タリウム）
㉘ Pb（鉛）　など

第5章

毒物劇物の廃棄法

5-1 五肢択一問題

❶ 希釈法

水で希釈する廃棄方法です。

問題1　特定品目　重要度 ★★★

次の方法で廃棄する薬物を1つ選びなさい。

「多量の水で希釈して処理する。」

a) 水酸化カリウム　b) クロロホルム　c) トルエン
d) 重クロム酸カリウム　e) 過酸化水素水

❷ 中和法（アルカリ）

酸で中和する廃棄方法です。酸で中和する以外は、水で希釈するだけです。

問題2　特定品目　重要度 ★★★

次の方法で廃棄する薬物を1つ選びなさい。

「水を加えて希薄な水溶液とし、酸（希塩酸、希硫酸など）で中和させた後、多量の水で希釈して処理する。」

a) 一酸化鉛　b) 水酸化カリウム　c) キシレン
d) 四塩化炭素　e) メタノール

問題3　特定品目　重要度 ★★★

次の方法で廃棄する薬物を1つ選びなさい。

「水で希薄な水溶液とし、酸（希塩酸、希硫酸など）で中和させた後、多量の水で希釈して処理する。」

a) アンモニア水　b) クロム酸ナトリウム　c) メチルエチルケトン
d) トルエン　e) 硫酸

毒物劇物の廃棄法の分類について

毒物劇物の廃棄法を分類すると、
①希釈法、②中和法、③溶解中和法、④燃焼法、⑤酸化法、⑥還元法、⑦アルカリ法、⑧分解法、⑨回収法、⑩焙焼法（還元焙焼法）、⑪固化隔離法、⑫沈殿隔離法、⑬燃焼隔離法、⑭酸化隔離法、⑮酸化沈殿法、⑯還元沈殿法、⑰分解沈殿法、⑱沈殿法、⑲活性汚泥法 の19種に分類されます。解答・解説のa)～e)に記載してある①～⑲の数字はこれに対応していますので、参考にしてください。

解答・解説

問題1　　解答　e

水で希釈するのみの廃棄法は、**希釈法**です。**過酸化水素（水）**や過酸化尿素は、希釈法で処理します。なお、過酸化ナトリウムの廃棄法は中和法です。廃棄処理中に水酸化ナトリウムが生成するので、酸で中和する必要があるためです。注意してください。
a) 固体、劇物②　b) 液体、劇物④　c) 液体、劇物④　d) 固体、劇物⑯
e) 液体、劇物①

問題2　　解答　b

水で希薄な水溶液とし、希塩酸や希硫酸などの**酸で中和**させた後、多量の水で希釈して廃棄する薬物は**アルカリ**で、その廃棄法は**中和法**です。**水酸化カリウム**、**水酸化ナトリウム**は代表的なアルカリで、この方法で廃棄します。
a) 固体、劇物⑩⑪　b) 固体、劇物②　c) 液体、劇物④　d) 液体、劇物④
e) 液体、劇物④⑲

問題3　　解答　a

水で希薄な水溶液とし、希塩酸や希硫酸などの**酸で中和**させた後、多量の水で希釈して廃棄する薬物は**アルカリ**で、その廃棄法は**中和法**です。**アンモニア水**はアンモニア（NH_3、気体）の水溶液でアルカリなので、この方法で廃棄します。
a) 液体、劇物②　b) 固体、劇物⑯　c) 液体、劇物④　d) 液体、劇物④
e) 液体、劇物②

問題4　**農業用品目**　重要度 ★★★

次の方法で廃棄する薬物を1つ選びなさい。

「水で希薄な水溶液とし、酸（希塩酸、希硫酸など）で中和させた後、多量の水で希釈して処理する。」

a) シアン化カリウム　b) EPN　c) アンモニア水
d) クロルピクリン　e) 塩素酸カリウム

問題5　重要度 ★☆☆

次の方法で廃棄する薬物を1つ選びなさい。

「水に加えて希薄な水溶液とし、酸（希塩酸、希硫酸等）で中和した後、多量の水で希釈して処理する。」

a) クレゾール　b) 過酸化ナトリウム　c) ピクリン酸
d) 臭素　e) ホルマリン

❸ 中和法（酸）

アルカリで中和する廃棄方法です。アルカリで中和する以外は、水で希釈するだけです。

問題6　**特定品目**　重要度 ★★★

次の方法で廃棄する薬物を1つ選びなさい。

「徐々に石灰乳などの撹拌溶液に加え中和させた後、多量の水で希釈して処理する。」

a) 塩酸　b) 重クロム酸ナトリウム　c) クロロホルム
d) 酢酸エチル　e) 過酸化水素水

問題7　**特定品目**　重要度 ★★★

次の方法で廃棄する薬物を1つ選びなさい。

「徐々に石灰乳などの撹拌溶液に加えて中和させた後、多量の水で希釈して処理する。」

a) キシレン　b) 水酸化ナトリウム　c) 硫酸
d) クロム酸カリウム　e) 四塩化炭素

解答・解説

問題4　解答　c

水で希薄な水溶液とし、希塩酸や希硫酸などの**酸で中和**させた後、多量の水で希釈して廃棄する薬物は**アルカリ**で、その廃棄法は**中和法**です。**アンモニア水**はアンモニア（NH_3、気体）の水溶液で、その液性はアルカリ性なので、この方法で廃棄します。a) 固体、毒物⑤⑦　b) 固体、毒物④　c) 液体、劇物②　d) 液体、劇物⑧　e) 固体、劇物⑥

問題5　解答　b

過酸化ナトリウムは水と反応して、酸素を発生するとともに強アルカリの水酸化ナトリウムが生じます。よって、**酸で中和**させて処理する、**中和法**で廃棄します。a) 固体・液体、劇物④⑲　b) 固体、劇物②　c) 固体、劇物④　d) 液体、劇物⑥⑦　e) 液体、劇物④⑤⑲

問題6　解答　a

石灰乳は**アルカリ**で、これにより**中和**させた後、多量の水で希釈して廃棄する薬物は**酸**です。この廃棄法は**中和法**で、塩化水素の水溶液である**塩酸**は強酸なので、この方法で廃棄します。
a) 液体、劇物②　b) 固体、劇物⑯　c) 液体、劇物④　d) 液体、劇物④⑲
e) 液体、劇物①

問題7　解答　c

石灰乳は**アルカリ**で、これにより**中和**させた後、多量の水で希釈して廃棄する薬物は**酸**です。この廃棄法は**中和法**で、**硫酸**は強酸なので、この方法で廃棄します。
a) 液体、劇物④　b) 固体、劇物②　c) 液体、劇物②　d) 固体、劇物⑯
e) 液体、劇物④

問題8　農業用品目

重要度 ★★★

次の方法で廃棄する薬物を1つ選びなさい。

「徐々に石灰乳などの撹拌溶液に加えて中和させた後、多量の水で希釈して処理する。」

a) 塩素酸ナトリウム　b) クロルピクリン　c) アンモニア水
d) ブロムメチル　e) 硫酸

問題9

重要度 ★★☆

次の方法で廃棄する薬物を1つ選びなさい。

「徐々にソーダ灰または消石灰の撹拌溶液に加えて中和させた後、多量の水で希釈して処理する。消石灰の場合は上澄液のみを流す。」

a) 黄燐　b) エチレンオキシド　c) 硝酸
d) フェノール　e) 水銀

④ 溶解中和法

金属ナトリウム、金属カリウムに特徴的な廃棄法です。

問題10

重要度 

次の方法で廃棄する薬物を1つ選びなさい。

「不活性ガスを通じて酸素濃度を3%以下にしたグローブボックス内で、乾燥した鉄製容器を用い、エタノールを徐々に加えて溶かす。溶解後、水を徐々に加えて加水分解し、希硫酸等で中和する。」

a) 亜塩素酸ナトリウム　b) アクリル酸　c) ジメチル硫酸
d) ナトリウム　e) 蓚酸

解答・解説

問題8

解答　e

石灰乳は**アルカリ**で、これにより**中和**させた後、多量の水で希釈して廃棄する薬物は酸です。この廃棄法は**中和法**で、**硫酸**は強酸なので、この方法で廃棄します。

a) 固体、劇物⑥　b) 液体、劇物⑧　c) 液体、劇物②　d) 気体、劇物④
e) 液体、劇物②

問題9

解答　c

ソーダ灰、消石灰は**アルカリ**で、これにより**中和**させた後、多量の水で希釈して廃棄する薬物は酸です。この廃棄法は**中和法**で、**硝酸**は強酸なので、この方法で廃棄します。

a) 固体、毒物④　b) 気体、劇物⑲　c) 液体、劇物②　d) 固体、劇物④⑲
e) 液体、毒物⑨

問題10

解答　d

この廃棄法は、**溶解中和法**です。劇物の**ナトリウム**はエタノールに溶解すると、ナトリウムエトキシド（ナトリウムエチラート）として溶解します。そこに水を徐々に加えると、ナトリウムエトキシドが加水分解して、水酸化ナトリウムとエタノールが生じます。なお、グローブボックスとは外気と遮断された状況下で作業が可能となるように、内部に手だけが入れられるよう設計された密閉容器です。不活性ガスを通じて酸素濃度を3%以下にした**グローブボックス**内で、乾燥した鉄製容器を用いるのは、エタノールの引火防止とナトリウムと水の反応を防止し、発生する水素による爆発的な反応を防ぐためです。

a) 固体、劇物⑥　b) 液体、劇物④⑲　c) 液体、劇物④⑦
d) 固体、劇物③④　e) 固体、劇物④⑲

❺ 燃焼法（可燃性・有毒ガス発生なし）

燃えやすく、燃焼時に有毒ガスの発生量が少ない薬物の廃棄方法です。引火性や可燃性の薬物は燃えやすいので、珪藻土（けいそうど）等に吸収させて焼却するか、直接火室へ噴霧して焼却します。また、燃焼時に有毒ガスの発生量が少ないので、焼却炉にスクラバーやアフターバーナーを具備する必要はありません。

問題11　特定品目

重要度 ★★☆

次の方法で廃棄する薬物を1つ選びなさい。

「硅藻土等に吸収させて開放型の焼却炉で少量ずつ焼却するか、焼却炉の火室へ噴霧し焼却する。」

a）硫酸　b）トルエン　c）過酸化水素
d）重クロム酸カリウム　e）クロロホルム

問題12　特定品目

重要度 ★★☆

次の方法で廃棄する薬物を1つ選びなさい。

「硅藻土等に吸収させて開放型の焼却炉で少量ずつ焼却するか、焼却炉の火室へ噴霧し焼却する。」

a）四塩化炭素　b）クロム酸カリウム　c）一酸化鉛
d）アンモニア水　e）キシレン

用語解説　アフターバーナー

焼却炉、エンジン等の排気ガス中のHC（Hydrocarbons、炭化水素）、CO（一酸化炭素）等を再燃焼させるために用いられる装置。

用語解説 スクラバー

水または他の液体を利用して排気ガス中の粒子および有毒ガスを分離捕集する集塵装置。液体を含塵ガス中へ分散させ、粒子と液滴との衝突、増湿による粒子相互の付着凝集、液膜による捕集粒子の再飛散防止、凝縮による粒径の増大等による粒子の捕集ならびに有毒ガスの吸収を容易にした装置です。

解答・解説

問題11　　解答 b

この廃棄法は、**燃焼法**です。焼却炉にスクラバーやアフターバーナーを具備しなくてもよく、珪藻土(けいそうど)等に吸収させて焼却するか、直接火室へ噴霧して焼却するものは、燃えやすく、燃焼に際して有毒ガスの発生がほとんどない薬物です。**トルエン**($C_6H_5CH_3$)はベンゼン臭を有する**引火性液体**で、構成元素が炭素(C)、水素(H)、酸素(O)のみからなるので、有毒ガスの発生する可能性も低いです。
a) 液体、劇物② b) 液体、劇物④ c) 液体、劇物① d) 固体、劇物⑯
e) 液体、劇物④

問題12　　解答 e

この廃棄法は、**燃焼法**です。焼却炉にスクラバーやアフターバーナーを具備しなくてもよく、珪藻土(けいそうど)等に吸収させて焼却するか、直接火室へ噴霧して焼却するものは、燃えやすく、燃焼に際して有毒ガスの発生がほとんどない薬物です。**キシレン**[$C_6H_4(CH_3)_2$]は芳香のある**引火性液体**で、構成元素が炭素(C)、水素(H)、酸素(O)のみからなるので、有毒ガスの発生する可能性も低いです。
a) 液体、劇物④ b) 固体、劇物⑯ c) 固体、劇物⑩⑪ d) 液体、劇物②
e) 液体、劇物④

問題13　特定品目

重要度 ★☆☆

次の方法で廃棄する薬物を1つ選びなさい。

「硅藻土等に吸収させて開放型の焼却炉で少量ずつ焼却するか、焼却炉の火室へ噴霧し焼却する。」

a) メタノール　b) 硫酸　c) 四塩化炭素
d) 水酸化カリウム　e) 重クロム酸ナトリウム

問題14　特定品目

重要度 ★★☆

次の方法で廃棄する薬物を1つ選びなさい。

「硅藻土等に吸収させて開放型の焼却炉で少量ずつ焼却するか、焼却炉の火室へ噴霧し焼却する。」

a) 水酸化ナトリウム　b) クロロホルム　c) 酢酸エチル
d) クロム酸鉛　e) 過酸化水素水

問題15　特定品目

重要度 ★★☆

次の方法で廃棄する薬物を1つ選びなさい。

「硅藻土等に吸収させて開放型の焼却炉で少量ずつ焼却するか、焼却炉の火室へ噴霧し焼却する。」

a) 水酸化カリウム　b) 過酸化水素水　c) アンモニア
d) クロム酸ナトリウム　e) メチルエチルケトン

解答・解説

問題13　解答 a

この廃棄法は、**燃焼法**です。焼却炉にスクラバーやアフターバーナーを具備しなくてもよく、珪藻土(けいそうど)等に吸収させて焼却するか、直接火室へ噴霧して焼却するものは、燃えやすく、燃焼に際して有毒ガスの発生がほとんどない薬物です。**メタノール**(CH_3OH)はエチルアルコールに似た臭気のある**引火性液体**で、構成元素が炭素(C)、水素(H)、酸素(O)のみからなるので、有毒ガスの発生する可能性も低いです。

a) 液体、劇物④⑲　b) 液体、劇物②　c) 液体、劇物④　d) 固体、劇物②
e) 固体、劇物⑯

問題14　解答 c

この廃棄法は、**燃焼法**です。焼却炉にスクラバーやアフターバーナーを具備しなくてもよく、珪藻土(けいそうど)等に吸収させて焼却するか、直接火室へ噴霧して焼却するものは、燃えやすく、燃焼に際して有毒ガスの発生がほとんどない薬物です。**酢酸エチル**($CH_3COOC_2H_5$)は強い果実臭のある**引火性液体**で燃えやすく、構成元素が炭素(C)、水素(H)、酸素(O)のみからなるので、有毒ガスの発生する可能性も低いです。

a) 固体、劇物②　b) 液体、劇物④　c) 液体、劇物④⑲　d) 固体、劇物⑩⑯
e) 液体、劇物①

問題15　解答 e

この廃棄法は、**燃焼法**です。焼却炉にスクラバーやアフターバーナーを具備しなくてもよく、珪藻土(けいそうど)等に吸収させて焼却するか、直接火室へ噴霧して焼却するものは、燃えやすく、燃焼に際して有毒ガスの発生がほとんどない薬物です。**メチルエチルケトン**(エチルメチルケトン、$CH_3COC_2H_5$)はアセトン様の芳香がある**引火性液体**で燃えやすく、構成元素が炭素(C)、水素(H)、酸素(O)のみからなるので、有毒ガスの発生する可能性も低いです。

a) 固体、劇物②　b) 液体、劇物①　c) 気体、劇物②　d) 固体、劇物⑯
e) 液体、劇物④

⑥ 燃焼法（可燃性・有毒ガス発生あり）

燃えやすく、燃焼時に有毒ガスが発生する薬物の廃棄方法です。引火性や可燃性の薬物は燃えやすいので、珪藻土（けいそうど）等に吸収させて焼却するか、直接火室へ噴霧して焼却します。また、燃焼時に有毒ガスが発生するので、スクラバーやアフターバーナーを具備した焼却炉で焼却する必要があります。

問題16　特定品目

重要度 ★★☆

次の方法で廃棄する薬物を1つ選びなさい。

「アフターバーナーを具備した焼却炉の火室へ噴霧し、焼却する。」

a) 過酸化水素水　b) 塩素　c) ホルマリン
d) 硝酸　e) クロム酸カリウム

問題17

重要度 

次の方法で廃棄する薬物を1つ選びなさい。

「スクラバーを具備した焼却炉の火室へ噴霧し焼却する。」

a) 過酸化水素水　b) フェノール　c) 硝酸
d) 二硫化炭素　e) アンモニア水

⑦ 燃焼法（可燃性・その他）

燃えやすく、燃焼時に有毒ガスが発生する薬物ですが、その薬物に特徴的な処理方法で廃棄するものです。

問題18

重要度 

次の方法で廃棄する薬物を1つ選びなさい。

「廃ガス水洗設備および必要があればアフターバーナーを具備した焼却設備で焼却する。」

a) 黄燐　b) 一酸化鉛　c) ジクロル酢酸
d) ピクリン酸　e) アンモニア

解答・解説

問題16　　解答 c

この廃棄法は、**燃焼法**です。ホルムアルデヒド（HCHO、気体）は可燃性ですが、**ホルマリン**（ホルムアルデヒドの水溶液）は水溶液なので、ホルムアルデヒドが燃焼しづらい状態であるといえます。そのため、不完全な燃焼でホルムアルデヒドや一酸化炭素が発生しないように、焼却炉にアフターバーナーを具備しておく必要があります。

a) 液体、劇物①　b) 気体、劇物⑥⑦　c) 液体、劇物④⑤⑲
d) 液体、劇物②　e) 固体、劇物⑯

問題17　　解答 d

この廃棄法は、**燃焼法**です。スクラバーを具備した焼却炉の火室へ噴霧して焼却するものは、燃えやすく、燃焼に際して有毒ガスが発生する薬物です。**二硫化炭素**（CS_2）は無色透明で麻酔性芳香をもつ液体で非常に燃えやすく、構成元素に硫黄（S）を含んでいるので、**有毒ガス**（亜硫酸ガス、SO_2）が発生します。

a) 液体、劇物①　b) 固体、劇物④⑲　c) 液体、劇物②　d) 液体、劇物④⑤
e) 液体、劇物②

問題18　　解答 a

この廃棄法は、**燃焼法**です。「**廃ガス水洗設備**」を具備した焼却設備で焼却するのは、**黄燐**に特有のキーワードです。黄燐はニンニク臭のする固体で、空気中で自然発火するので、水中に保存しますが、黄燐が燃焼すると、有毒ガス[五酸化（二）燐、P_2O_5]が発生します。

a) 固体、毒物④　b) 固体、劇物⑩⑪　c) 液体、劇物④　d) 固体、劇物④
e) 気体、劇物②

⑧ 燃焼法（燃えづらい・有毒ガス発生なし）

燃えづらいが、燃焼時に有毒ガスの発生量が少ない薬物の廃棄方法です。不燃性などの薬物は燃えづらいので、おが屑（木粉）に吸収させて焼却するか、可燃性溶剤に溶かして焼却します。また、燃焼時に有毒ガスの発生量が少ないので、焼却炉にスクラバーやアフターバーナーを具備する必要はありません。

問題19

重要度 ★★☆

次の方法で廃棄する薬物を1つ選びなさい。

「木粉（おが屑）等に吸収させて焼却するか、または可燃性溶剤とともに焼却炉の火室へ噴霧し焼却する。」

a）フェノール　b）シアン化ナトリウム　c）臭素
d）四アルキル鉛　e）硝酸銀

問題20

重要度 ★★☆

次の方法で廃棄する薬物を1つ選びなさい。

「木粉（おが屑）等に吸収させて焼却炉で焼却するか、または可燃性溶剤とともに焼却炉の火室へ噴霧し焼却する。」

a）メタノール　b）アクロレイン　c）砒素
d）クレゾール　e）硝酸銀

問題21

重要度 

次の方法で廃棄する薬物を1つ選びなさい。

「可燃性溶剤とともに焼却炉の火室へ噴霧し焼却する。」

a）塩素酸ナトリウム　b）過酸化水素水　c）トルイジン
d）塩化バリウム　e）硫酸

解答・解説

問題19 解答 a

この廃棄法は、**燃焼法**です。焼却炉にスクラバーやアフターバーナーを具備していなくてもよいですが、おが屑や可燃性溶剤などの燃焼しやすいものと一緒に燃焼させるのは、薬物自体が燃えづらいけれども、燃焼に際して有毒ガスの発生がほとんどない薬物です。**フェノール**は無色の針状結晶あるいは白色の放射状結晶塊で、空気中で容易に赤変します。特異の香気と灼くような味を有します。

a) 固体、劇物④⑲　b) 固体、毒物⑤⑦　c) 液体、劇物⑥⑦
d) 液体、特定毒物⑬⑭　e) 固体、劇物⑩⑱

問題20 解答 d

この廃棄法は、**燃焼法**です。焼却炉にスクラバーやアフターバーナーを具備していなくてもよいですが、おが屑や可燃性溶剤などの燃焼しやすいものと一緒に燃焼させるのは、薬物自体が燃えづらいけれども、燃焼に際して有毒ガスの発生がほとんどない薬物です。**クレゾール**(メチルフェノール)はオルト、メタ、パラの三異性体があり、工業的にはこれらの混合物をさします。オルト、パラ異性体は無色の結晶ですが、メタ異性体は無色ないし淡褐色の液体です。クレゾール**5%以下を含有する製剤は劇物から除外**されます。

a) 液体、劇物④⑲　b) 液体、劇物④⑤⑲　c) 固体、毒物⑨⑪
d) 固体・液体、劇物④⑲　e) 固体、劇物⑩⑱

問題21 解答 c

この廃棄法は、**燃焼法**です。焼却炉にスクラバーやアフターバーナーを具備していなくてもよいですが、おが屑や可燃性溶剤などの燃焼しやすいものと一緒に燃焼させるのは、薬物自体が燃えづらいけれども、燃焼に際して有毒ガスの発生がほとんどない薬物です。劇物の**トルイジン**のオルト、メタ異性体は無色または褐色の液体、パラ異性体は固体で、特異臭があります。

a) 固体、劇物⑥　b) 液体、劇物①　c) 固体・液体、劇物④⑲
d) 固体、劇物⑱　e) 液体、劇物②

⑨ 燃焼法（燃えづらい・有毒ガス発生あり）

燃えづらく、燃焼時に有毒ガスが発生する薬物の廃棄方法です。不燃性などの薬物は燃えづらいので、おが屑（木粉）に吸収させて焼却するか、可燃性溶剤に溶かして焼却します。また、燃焼時に有毒ガスが発生するので、スクラバーやアフターバーナーを具備した焼却炉で焼却する必要があります。

問題22

重要度 ★☆☆

次の方法で廃棄する薬物を1つ選びなさい。

「可燃性溶剤とともにアフターバーナーおよびスクラバーを具備した焼却炉の火室へ噴霧し焼却する。」

a) アンモニア水　b) シアン化カリウム　c) キシレン
d) 一酸化鉛　e) トリクロル酢酸

問題23　特定品目

重要度 ★★☆

次の方法で廃棄する薬物を1つ選びなさい。

「過剰の可燃性溶剤または重油等の燃料とともに、アフターバーナーおよびスクラバーを具備した焼却炉の火室へ噴霧してできるだけ高温で焼却する。」

a) クロロホルム　b) 硝酸　c) トルエン
d) 水酸化ナトリウム　e) クロム酸鉛

問題24　特定品目

重要度 ★☆☆

次の方法で廃棄する薬物を1つ選びなさい。

「過剰の可燃性溶剤または重油等の燃料とともに、アフターバーナーおよびスクラバーを具備した焼却炉の火室へ噴霧してできるだけ高温で焼却する。」

a) メタノール　b) 重クロム酸カリウム　c) 塩素
d) メチルエチルケトン　e) 四塩化炭素

解答・解説

問題22　　解答 e

この廃棄法は、**燃焼法**です。スクラバーやアフターバーナーを具備した焼却炉で、木粉（おが屑）や可燃性溶剤などの燃焼しやすいものと一緒に燃焼させるのは、薬物自体が燃えづらく、燃焼に際して有毒ガスが発生する薬物です。劇物の**トリクロル酢酸**は、無色の斜方六面形結晶で、潮解性があります。微弱の刺激性臭気を有し、水に溶けやすく、水溶液は強酸性を呈します。強い腐食性があります。燃焼時に塩素を含む**有毒ガス**が発生します。

a）液体、劇物②　b）固体、毒物⑤⑦　c）液体、劇物④　d）固体、劇物⑩⑪
e）固体、劇物④

問題23　　解答 a

この廃棄法は、**燃焼法**です。劇物の**クロロホルム**（$CHCl_3$）は塩素を分子中に多く含む化合物なので、有毒ガスが発生する可能性が高く、スクラバーやアフターバーナーを具備した焼却炉で燃焼しなければなりません。また、不燃性なので、過剰の可燃性溶剤または重油等の燃料とともできるだけ高温で焼却しなければなりません。クロロホルムは無色、揮発性の液体で、特異の香気とかすかな甘味を有します。燃焼時に塩素を含む**有毒ガス**が発生します。

a）液体、劇物④　b）液体、劇物②　c）液体、劇物④　d）固体、劇物②
e）固体、劇物⑩⑯

問題24　　解答 e

この廃棄法は、**燃焼法**です。劇物の**四塩化炭素**（CCl_4）は塩素を分子中に多く含む化合物なので、有毒ガスが発生する可能性が高く、スクラバーやアフターバーナーを具備した焼却炉で燃焼しなければなりません。また、不燃性なので、過剰の可燃性溶剤または重油等の燃料とともできるだけ高温で焼却しなければなりません。燃焼時に塩素を含む**有毒ガス**が発生します。なお、四塩化炭素の蒸気は火炎を包んで空気を遮断するので、強い消火力を示します。

a）液体、劇物④⑲　b）固体、劇物⑯　c）気体、劇物⑥⑦　d）液体、劇物④
e）液体、劇物④

⑩ 燃焼法（燃えやすいか、燃えづらいかどちらともいえないもの）

燃えやすい薬物の燃焼法と燃えづらい薬物の燃焼法のどちらの廃棄法も記載されている薬物で、どちらとも判断できない場合の燃焼法による廃棄法。

問題25

重要度 

次の方法で廃棄する薬物を1つ選びなさい。

「焼却炉でそのまま焼却するか、または可燃性溶剤とともに焼却炉の火室へ噴霧し焼却する。」

a) 無水クロム酸　b) クロルピクリン　c) ニッケルカルボニル
d) クロルエチル　e) ベタナフトール

⑪ 燃焼法（その薬物に特有な燃焼法）

その薬物に特有な方法で燃焼させる廃棄法。

問題26

次の方法で廃棄する薬物を1つ選びなさい。

「スクラバーを具備した焼却炉の中で、乾燥した鉄製容器を用い、油または油を浸した布等を加えて点火し、鉄棒で時々撹拌して完全に燃焼させる。残留物は放冷後、水に溶かし、希硫酸等で中和する。」

a) 酸化第二水銀　b) ジボラン　c) ナトリウム
d) メタノール　e) クロム酸ナトリウム

問題27

重要度 

次の方法で廃棄する薬物を1つ選びなさい。

「大過剰の可燃性溶剤とともに、アフターバーナーおよびスクラバーを具備した焼却炉の火室へ噴霧して焼却する。」

a) ベタナフトール　b) 過酸化ナトリウム　c) 燐化水素
d) ピクリン酸　e) 二硫化炭素

解答・解説

問題25　　解答　e

この廃棄法は、**燃焼法**です。有毒ガスが発生する可能性が低い薬物であることはわかりますが、燃えやすいのか、燃えづらいのかは判断できません。このような場合もあるので、注意してください。ただし、燃焼法で廃棄する薬物であるかどうかは、判断できるようになっていた方がよいと思います。なお、**ベタナフトール**（β－ナフトール、2－ナフトール）は、無色の光沢のある小葉状結晶あるいは白色結晶性粉末で、かすかに石炭酸（フェノール）に類する臭気と灼くような味を有します。　a）固体、劇物⑯　b）液体、劇物⑧　c）液体、毒物④⑮　d）気体、劇物④　e）固体、劇物④

問題26　　解答　c

この廃棄法は、**燃焼法**です。水に触れると反応して水素ガスが発生して危険なので、乾燥した鉄製容器を用い、鉄棒で時々撹拌しながら完全に燃焼させます。

残留物は主に過酸化ナトリウムですが、水に溶かすと水酸化ナトリウムが生成するので、希硫酸等で中和します。なお、**ナトリウム**（金属ナトリウム）は金属光沢をもつ、銀白色のロウのような軟らかい金属です。水と激しく反応して、水酸化ナトリウムと水素が発生し、その水素が発火します。「**鉄棒**」をキーワードとして記憶しておきましょう。　a）固体、毒物⑩⑫　b）気体、毒物④⑤　c）固体、劇物③④　d）液体、劇物④⑲　e）固体、劇物⑯

問題27　　解答　d

この廃棄法は、**燃焼法**です。**大過剰の可燃性溶剤**とともに焼却するので、とても燃えづらいと思いがちですが、過剰の可燃性溶剤または重油等の燃料とともに焼却するクロロホルムや四塩化炭素が不燃性であることとは、意味が違います。**ピクリン酸**は爆発性があるので、加熱すると爆発するおそれがあります。そのため、廃棄するピクリン酸量に対して、大過剰の可燃性溶剤とともに焼却するのです。なお、ピクリン酸（2,4,6－トリニトロフェノール）は淡黄色の光沢のある小葉状あるいは針状結晶で、徐々に熱すると昇華しますが、急熱あるいは衝撃により爆発します。　a）固体、劇物④　b）固体、劇物②　c）気体、毒物④⑤　d）固体、劇物④　e）液体、劇物④⑤

⑫ 酸化法

酸化剤で酸化分解させる廃棄法です。酸化剤としては、一般的に次亜塩素酸ナトリウムがよく使われます。

問題28　農業用品目　重要度 ★★★

次の方法で廃棄する薬物を1つ選びなさい。

「水酸化ナトリウム水溶液を加えてアルカリ性（pH11以上）とし、酸化剤（次亜塩素酸ナトリウム、晒粉等）の水溶液を加えて酸化分解する。分解後は硫酸を加えて中和し、多量の水で希釈して処理する。」

a) DDVP　b) クロルピクリン　c) EPN
d) 塩素酸カリウム　e) シアン化ナトリウム

問題29　農業用品目　重要度 ★★☆

次の方法で廃棄する薬物を1つ選びなさい。

「多量の水酸化ナトリウム水溶液［20%（w/v）以上］に吹き込んだ後、酸化剤（次亜塩素酸ナトリウム、晒粉等）の水溶液を加えて酸化分解する。分解後は硫酸を加えて中和し、多量の水で希釈して処理する。」

a) シアン化水素　b) クロルピクリン
c) 塩素酸カリウム　d) 臭化メチル　e) DDVP

⑬ 還元法

還元剤で還元させる廃棄法です。還元剤としては、一般的にチオ硫酸ナトリウムがよく使われます。

問題30　重要度 ★★☆

次の方法で廃棄する薬物を1つ選びなさい。

「多量の水で希釈し、還元剤（チオ硫酸ナトリウム水溶液など）の溶液を加えた後、中和する。その後、多量の水で希釈して処理する。」

a) ホルマリン　b) 硫酸　c) 臭素
d) 水銀　e) シアン化カリウム

解答・解説

問題28　　解答 e

この廃棄法は、**酸化法**です。液性が酸性に傾くと猛毒の青酸ガス（シアン化水素、HCN）が空気中に発生するので、最初に**水酸化ナトリウム水溶液を加えてアルカリ性とする**ことにより、青酸ガス（シアン化水素、HCN）の空気中への発生を防止します。ここが酸化法またはアルカリ法によるシアン化合物の廃棄におけるポイントです。重要ですから、しっかり覚えておいてください。その後、酸化剤を加えて酸化分解させ、分解後、残留している水酸化ナトリウムを中和するために硫酸を加えます。なお、**シアン化ナトリウム**（青酸ソーダ）は白色の粉末、粒状またはタブレット状の固体で潮解性があります。

a) 液体、劇物④⑦　b) 液体、劇物⑧　c) 固体、毒物④　d) 固体、劇物⑥
e) 固体、毒物⑤⑦

問題29　　解答 a

この廃棄法は、**酸化法**です。**シアン化水素**は沸点約26℃と、非常に気体になりやすい液体です。多量の水酸化ナトリウム水溶液中に「**吹き込む**」と表現されているのもそのためです。「吹き込む」という語を見かけたら、廃棄したい薬物は気体または気体になりやすいものであると推測できるようになっておきましょう。水酸化ナトリウム水溶液と混和する点は、シアン化合物共通ですので、しっかりと覚えておきましょう。なお、シアン化水素（青酸ガス）は無色透明の液体で、青酸臭（苦扁桃様香気または芳香臭と表現される場合もある）があります。

a) 液体、毒物④⑤⑦⑲　b) 液体、劇物⑧　c) 固体、劇物⑥　d) 気体、劇物④
e) 液体、劇物④⑦

問題30　　解答 c

この廃棄法は、**還元法**です。**臭素**は刺激臭のある赤褐色の液体で、強い酸化作用がありますので、チオ硫酸ナトリウム水溶液などの還元剤で処理します。臭素はこの還元法のほか、アルカリ法でも処理できます。廃棄法でよく出題される薬物なので、しっかり覚えておきましょう。

a) 液体、劇物④⑤⑲　b) 液体、劇物②　c) 液体、劇物⑥⑦　d) 液体、毒物⑨
e) 固体、毒物⑤⑦

問題31　農業用品目　重要度 ★★★

次の方法で廃棄する薬物を1つ選びなさい。

「還元剤（たとえばチオ硫酸ナトリウム等）の水溶液に希硫酸を加えて酸性にし、この中に少量ずつ投入する。反応終了後、反応液を中和し、多量の水で希釈して処理する。」

a）塩素酸カリウム　b）DDVP　c）アンモニア
d）硫酸銅　e）クロルピクリン

⑭ アルカリ法

アルカリ加水分解させる廃棄法です。

問題32　農業用品目　重要度 ★★★

次の方法で廃棄する薬物を1つ選びなさい。

「水酸化ナトリウム水溶液でアルカリ性とし、高温加圧下で加水分解する。」

a）EPN　b）硫酸　c）クロルピクリン
d）シアン化カリウム　e）塩素酸ナトリウム

問題33　農業用品目　重要度 ★★☆

次の方法で廃棄する薬物を1つ選びなさい。

「多量の水酸化ナトリウム水溶液［20%（w/v）以上］に吹き込んだ後、高温高圧下で加水分解する。」

a）クロルピクリン　b）シアン化水素　c）硫酸銅
d）ブロムメチル　e）EPN

解答・解説

問題31

解答 a

この廃棄法は還元法です。**塩素酸カリウム**は強力な酸化剤なので、チオ硫酸ナトリウム水溶液などの還元剤で処理します。なお、少量ずつ投入するのは多量に投入すると爆発性の二酸化塩素が発生するからで、反応終了後に反応液を中和するのは、加えた希硫酸の中和のためです。塩素酸ナトリウムに限らず、塩素酸塩類全般、それに亜塩素酸ナトリウムも還元法で処理できます。また、塩素酸塩類、亜塩素酸ナトリウムは、爆発性があることも記憶しておきましょう。

a) 固体、劇物⑥　b) 液体、劇物④⑦　c) 気体、劇物②　d) 固体、劇物⑩⑱
e) 液体、劇物⑧

問題32

解答 d

この廃棄法は、**アルカリ法**です。酸性下で猛毒の青酸ガス（シアン化水素、HCN）が空気中に発生するので、**液性をアルカリ性とすること**により、その発生を防止します。これはシアン化合物の廃棄のポイントとなるところですので、しっかりと覚えておきましょう。そして、その後に高温高圧下でアルカリ加水分解させます。

a) 固体、毒物④　b) 液体、劇物②　c) 液体、劇物⑧　d) 固体、毒物⑤⑦
e) 固体、劇物⑥

問題33

解答 b

この廃棄法は、**アルカリ法**です。酸性下で猛毒の青酸ガス（**シアン化水素**、HCN）が空気中に発生するので、**液性をアルカリ性とすること**により、シアン化水素の空気中への揮散を防止します。これはシアン化合物の廃棄のポイントとなるところですので、しっかりと覚えておきましょう。そして、その後に高温高圧下でアルカリ加水分解させます。シアン化水素は沸点25.7℃とそれ自身、常温で非常に気体になりやすい薬物なので、「多量の水酸化ナトリウム水溶液に吹き込んだ後、」となっているのはそのためです。

a) 液体、劇物⑧　b) 液体、毒物④⑤⑦⑲　c) 固体、劇物⑩⑱
d) 気体、劇物④　e) 固体、毒物④

問題34

重要度 ★★☆

次の方法で廃棄する薬物を1つ選びなさい。

「アルカリ水溶液（石灰乳または水酸化ナトリウム水溶液）中に少量ずつ滴下し、多量の水で希釈して処理する。」

a）臭素　b）キシレン　c）黄燐
d）発煙硫酸　e）ピクリン酸

⑮ 分解法

問題35　農業用品目

重要度 ★★★

次の方法で廃棄する薬物を1つ選びなさい。

「少量の界面活性剤を加えた亜硫酸ナトリウムと炭酸ナトリウムの混合溶液中で、撹拌し分解させた後、多量の水で希釈して処理する。」

a）EPN　b）シアン化カリウム　c）硫酸亜鉛
d）クロルピクリン　e）塩素酸カリウム

⑯ 回収法

金属（半金属もある）または金属化合物を回収する廃棄法です。

問題36

重要度 

次の方法で廃棄する薬物を1つ選びなさい。

「そのまま再生利用するため蒸留する。」

a）水酸化カリウム　b）ナトリウム　c）四塩化炭素
d）水銀　e）メチルメルカプタン

解答・解説

問題34

解答 a

この廃棄法は、**アルカリ法**です。「アルカリで中和する」ではないので、これは中和法ではありません。また、「少量ずつ滴下」なので、廃棄したい薬物は液体であることがわかります。**臭素**は石灰乳（水酸化カルシウム）により臭化カルシウム（$CaBr_2$）、水酸化ナトリウムにより臭化ナトリウム（NaBr）が生じますが、いずれも水に可溶です。臭素はこのアルカリ法による廃棄のほか、還元法でも処理できます。

a）液体、劇物⑥⑦　b）液体、劇物④　c）固体、毒物④　d）液体、劇物②
e）固体、劇物④

問題35

解答 d

この廃棄法は分解法です。**分解法**で処理する薬物と問われたら、**クロルピクリン**です。「**少量の界面活性剤**」をキーワードとしてください。とても重要で、よく出題されます。しっかりと覚えておいてください。なお、**亜硝酸カリウム**と**亜硝酸ナトリウム**も**分解法**で処理しますが、こちらは出題される可能性はとても低いと思います。

a）固体、毒物④　b）固体、毒物⑤⑦　c）固体、劇物⑩⑱　d）液体、劇物⑧
e）固体、劇物⑥

問題36

解答 d

この廃棄法は**回収法**です。回収法は金属（半金属）と金属化合物で使われる廃棄法です。廃棄法が回収法で出題される薬物として最もよく出題されるのは、**水銀**です。回収法と焙焼法（還元焙焼法）が金属（半金属）と金属化合物の廃棄法であることと一緒にしっかり記憶しておいてください。なお、砒素とセレンも回収法で処理できますが、これらは金属と非金属の中間の性質を示す半金属と分類されることもあるものです。

a）固体、劇物②　b）固体、劇物③④　c）液体、劇物④　d）液体、毒物⑨
e）気体、毒物④⑤

問題37

重要度 ★★

次の方法で廃棄する薬物を1つ選びなさい。

「そのまま再生利用するために蒸留する。」

a) 亜塩素酸ナトリウム　b) 砒素　c) トルイジン
d) ジボラン　e) 塩素

⑰ 焙焼法（ばいしょうほう）

還元焙焼法により、金属化合物の金属を回収する廃棄方法です。

問題38

重要度 ★ 

次の方法で廃棄する薬物を1つ選びなさい。

「還元焙焼法により、金属として回収する。」

a) 硝酸銀　b) シアン化ナトリウム　c) クロロホルム
d) ジメチル硫酸　e) 酢酸エチル

問題39　特定品目

重要度 ★★

次の方法で廃棄する薬物を1つ選びなさい。

「還元焙焼法により、金属として回収する。」

a) メタノール　b) クロム酸鉛　c) クロロホルム
d) トルエン　e) 塩酸

解答・解説

問題37 解答 b

この廃棄法は**回収法**です。**砒素**は回収法と固化隔離法（有毒な金属を含む場合の廃棄法）で廃棄できます。なお、砒素は金属と非金属の中間の性質を有する半金属です。回収法は、特定の金属（半金属）と金属化合物で使われる廃棄法です。

a）固体、劇物⑥　b）固体、毒物⑨⑪　c）固体・液体、劇物④⑲
d）気体、毒物④⑤　e）気体、劇物⑥⑦

問題38 解答 a

焙焼法（還元焙焼法）は、金属化合物で使われる廃棄法として、記憶しておいてください。焙焼法（還元焙焼法）で特別によく出題される薬物はありませんが、**硝酸銀**を含む無機銀塩類のほか、カドミウム化合物、水銀化合物、鉛化合物、無機亜鉛塩類、無機錫（すず）塩類、無機銅塩類などの金属を含む化合物は、焙焼法（還元焙焼法）で処理できます（例外はあります）。

a）固体、劇物⑩⑱　b）固体、毒物⑤⑦　c）液体、劇物④
d）液体、劇物④⑦　e）液体、劇物④⑲

問題39 解答 b

焙焼法（還元焙焼法）は、金属化合物で使われる廃棄法です。クロム酸塩の中で、焙焼法（還元焙焼法）で処理できるのは、**クロム酸鉛**、クロム酸亜鉛カリウム、四塩基性クロム酸亜鉛です。クロム酸塩（重クロム酸塩）の廃棄法として、とても重要なのは還元沈殿法で、これらのクロム酸塩も**還元沈殿法**で処理できますが、クロム酸塩の中で鉛、亜鉛を含むものは、**焙焼法（還元焙焼法）**でも処理できると覚えておいてください（一部に例外があります）。

a）液体、劇物④⑲　b）固体、劇物⑩⑯　c）液体、劇物④　d）液体、劇物④
e）液体、劇物②

⑱ 隔離法

隔離法には固化隔離法、沈殿隔離法、燃焼隔離法、酸化隔離法があります。一般的には**毒性の高い金属（半金属）と金属化合物の廃棄法**です。「隔離」は、セメントを用いて固めることで環境と隔離することをあらわします。

問題40

重要度 ★☆☆

次の方法で廃棄する薬物を1つ選びなさい。

「アフターバーナーおよびスクラバー（洗浄液にアルカリ液）を具備した焼却炉の火室へ噴霧し焼却する。洗浄液に消石灰、ソーダ灰等の水溶液を加えて処理し、沈殿濾過し、さらに焼却炉とともにセメントを用いて固化する。溶出試験を行い、溶出量が判定基準以下であることを確認して埋立処分する。」

a）蓚酸　b）亜塩素酸ナトリウム　c）四アルキル鉛
d）ホルマリン　e）アクリルニトリル

問題41

重要度 

次の方法で廃棄する薬物を1つ選びなさい。

「多量の次亜塩素酸塩水溶液を加えて分解させた後、消石灰、ソーダ灰等を加えて処理し、沈殿濾過してさらにセメントを加えて固化し、溶出試験を行い、溶出量が判定基準以下であることを確認して埋立処分する。」

a）四アルキル鉛　b）ジメチル硫酸　c）四塩化炭素
d）EPN　e）アニリン

解答・解説

問題40　　解答　c

この廃棄法は**燃焼隔離法**です。**四アルキル鉛**は引火性の液体です。焼却炉で燃焼させますが、アフターバーナーによって燃焼時に発生する廃ガスをなるべく高温で完全燃焼させ、スクラバーで発生する微小粒子や有毒ガスを洗浄液に捕集します。この洗浄液には鉛成分が含まれているので、アルカリ（消石灰やソーダ灰等）で水酸化鉛とし、それを沈殿濾過して、焼却炉と一緒にセメントで固化します。四アルキル鉛の廃棄法は、酸化隔離法と燃焼隔離法であることをしっかりと覚えておきましょう。

a) 固体、劇物④⑲　b) 固体、劇物⑥　c) 液体、特定毒物⑬⑭
d) 液体、劇物④⑤⑲　e) 液体、劇物④⑦⑲

問題41　　解答　a

この廃棄法は**酸化隔離法**です。次亜塩素酸塩水溶液で酸化分解させ、アルカリ（消石灰、ソーダ灰等）でpH8.5以上にして水酸化鉛（II）として沈殿させます。これを沈殿濾過の上、セメントで固化します。鉛は毒性が高い金属なので、隔離法で廃棄すること、**四アルキル鉛**の廃棄法は、**酸化隔離法**と**燃焼隔離法**であることをしっかりと覚えておきましょう。

a) 液体、特定毒物⑬⑭　b) 液体、劇物④⑦　c) 液体、劇物④
d) 固体、毒物④　e) 液体、劇物④⑲

⑲ 沈殿法

「沈殿法」には酸化沈殿法、還元沈殿法、分解沈殿法、沈殿法があります。「沈殿法」は、一般的には**毒性の比較的低い金属を含む化合物の廃棄法**です。「沈殿法」では、生成する沈殿を環境と隔離（セメントで固める）せずに埋立処分するところが、隔離法との違いです。

問題42　特定品目

重要度 ★★☆

次の方法で廃棄する薬物を1つ選びなさい。

「希硫酸に溶かし、還元剤（硫酸第一鉄等）の水溶液を過剰に用いて還元した後、消石灰、ソーダ灰等の水溶液で処理し、沈殿濾過する。溶出試験を行い、溶出量が判定基準以下であることを確認して埋立処分する。」

a）ホルマリン　b）重クロム酸カリウム　c）メチルエチルケトン
d）硝酸　e）一酸化鉛

問題43　特定品目

重要度 ★☆☆

次の方法で廃棄する薬物を1つ選びなさい。

「希硫酸に溶かし、還元剤（硫酸第一鉄等）の水溶液を過剰に用いて還元した後、消石灰、ソーダ灰等の水溶液で処理し、沈殿濾過する。溶出試験を行い、溶出量が判定基準以下であることを確認して埋立処分する。」

a）アンモニア水　b）硫酸　c）水酸化カリウム
d）蓚酸　e）クロム酸ナトリウム

解答・解説

問題42　　解答　b

この廃棄法は**還元沈殿法**です。還元沈殿法は**重クロム酸塩**、クロム酸塩、無水クロム酸の廃棄法として、とても重要です。これらクロム化合物の還元沈殿法による廃棄でポイントとなるのは、毒性の高い**六価クロム**（Cr^{6+}）を、硫酸第一鉄等の還元剤により毒性の低い**三価クロム**（Cr^{3+}）とした後、消石灰、ソーダ灰等のアルカリで処理して、**水酸化クロム**［$Cr(OH)_3$］**の沈殿**とするところです。六価クロムは毒性が高い金属ですから、セメントで固化としたいところですが、セメントで固化して処理しないのは、セメント中というアルカリ環境下では、三価クロムが六価クロムに戻ってしまうためです。沈殿法は一般に毒性の比較的低い金属の処理で行われますが、このような例外的なものもあることを覚えておいてください。なお、重クロム酸は橙赤色の柱状結晶で、強力な酸化剤です。

a）液体、劇物④⑤⑲　b）固体、劇物⑯　c）液体、劇物④　d）液体、劇物②
e）固体、劇物⑩⑪

問題43　　解答　e

この廃棄法は**還元沈殿法**です。**クロム酸塩**の一般的な廃棄法は、還元沈殿法です。**六価クロム**（Cr^{6+}）は毒性の高い金属ですが、それを還元剤で還元して、比較的毒性の低い**三価クロム**（Cr^{3+}）とし、消石灰、ソーダ灰等のアルカリにより、**水酸化クロム**［$Cr(OH)_3$］**の沈殿**として処理するところは、重クロム酸塩や無水クロム酸と同じです。なお、クロム酸塩のうち、多量のクロム酸鉛、クロム酸亜鉛カリウム、四塩基性クロム酸亜鉛を処理したい場合には、**焙焼法**（**還元焙焼法**）で処理することもできます。また、クロム酸ナトリウムは潮解性のある黄色結晶で、強力な酸化剤です。

a）液体、劇物②　b）液体、劇物②　c）固体、劇物②　d）固体、劇物④⑲
e）固体、劇物⑯

問題44

重要度 ★

次の方法で廃棄する薬物を1つ選びなさい。

「希硫酸に溶かし、還元剤（硫酸第一鉄等）の水溶液を過剰に用いて還元した後、消石灰、ソーダ灰等の水溶液で処理し、沈殿濾過する。溶出試験を行い、溶出量が判定基準以下であることを確認して埋立処分する。」

a）過酸化ナトリウム　b）クロルピクリン　c）無水クロム酸
d）フェノール　e）二硫化炭素

問題45

重要度 ★

次の方法で廃棄する薬物を1つ選びなさい。

「多量の消石灰水溶液に撹拌しながら少量ずつ加えて中和し、沈殿濾過して埋立処分する。」

a）クレゾール　b）クロロホルム　c）硫酸
d）カリウム　e）弗化水素酸

問題46

重要度 ★

次の方法で廃棄する薬物を1つ選びなさい。

「水に溶かし、食塩水を加えて沈殿濾過する。」

a）硫酸銅　b）クロルピクリン　c）アンモニア水
d）硝酸銀　e）クロルエチル

解答・解説

問題44 解答 c

この廃棄法は**還元沈殿法**です。**無水クロム酸**の廃棄法は、還元沈殿法です。毒性の高い**六価クロム**（Cr^{6+}）を還元剤で還元して、比較的毒性の低い**三価クロム**（Cr^{3+}）とし、消石灰、ソーダ灰等のアルカリにより、**水酸化クロム**［$Cr(OH)_3$］**の沈殿**とします。なお、無水クロム酸は潮解性のある暗赤色の固体で、極めて強い酸化剤です。

a）固体、劇物② b）液体、劇物⑧ c）固体、劇物⑯ d）固体、劇物④⑲
e）液体、劇物④⑤

問題45 解答 e

この廃棄法は**沈殿法**です。**弗化水素酸**は弗化水素の水溶液で、消石灰水溶液（水酸化カルシウム水溶液）中に少量ずつ加えて、弗化カルシウムの沈殿とし、埋立処分します。弗化水素酸を消石灰水溶液と急に混合すると、多量の熱が発生し、弗化水素酸が飛散することがあるので、注意が必要です。弗素（F）は金属元素ではありませんが、「（～）沈殿法」の中には、金属を含む化合物でない例外があります。その代表的なものが、**弗化水素**と**弗化水素酸**です。

なお、弗化水素と弗化水素酸の廃棄では分解を伴わない沈殿法ですが、硅（けい）弗化水素酸（ヘキサフルオロケイ酸）や硼（ほう）弗化水素酸（テトラフルオロホウ酸）、**硅弗化ナトリウム（ヘキサフルオロケイ酸ナトリウム）**の廃棄では、ヘキサフルオロケイ酸イオンとテトラフルオロホウ酸イオンの分解を伴うので、**分解沈殿法**といいます。

a）固体・液体、劇物④⑲ b）液体、劇物④ c）液体、劇物②
d）固体、劇物③④ e）液体、毒物⑱

問題46 解答 d

この廃棄法は**沈殿法**です。処理で使用する食塩水は塩化ナトリウム水溶液のことです。**硝酸銀**はこの塩化ナトリウムと反応して、不溶性の塩化銀の沈殿が生成するので、これを処理します。この方法は、硝酸銀の漏洩時の応急処置でも利用されます。また、**塩化銀**は鑑別法でも**白色沈殿**として重要です。

a）固体、劇物⑩⑱ b）液体、劇物⑧ c）液体、劇物② d）固体、劇物⑩⑱
e）気体、劇物④

⑳ 活性汚泥法

好気性微生物（酸素が存在する環境で生育する微生物）の作用を利用して、薬物を分解処理する方法です。

問題47　農業用品目

重要度 

次の方法で廃棄する薬物を1つ選びなさい。

「多量の水酸化ナトリウム水溶液［20%（w/v）以上］に吹き込んだ後、多量の水で希釈して活性汚泥槽で処理する。」

a）塩素酸カリウム　b）クロルピクリン　c）ブロムメチル
d）アンモニア水　e）シアン化水素

問題48

重要度 

次の方法で廃棄する薬物を1つ選びなさい。

「多量の水に少量ずつガスを吹き込み溶解し希釈した後、少量の硫酸を加えエチレングリコールに変え、アルカリ水で中和し、活性汚泥で処理する。」

a）トリクロル酢酸　b）二硫化炭素　c）亜硝酸ナトリウム
d）エチレンオキシド　e）沃化水素酸

用語解説　活性汚泥法

生物学的廃水処理法の1つで、排水中の有機物を好気性微生物作用で分解処理する方法です。排水中に空気を通じ（曝気）、微生物の作用により有機物を分解させます。繁殖した微生物は凝集してフロック状の汚泥となり、これを沈降分解すると排水は透明な処理液となります。この方法は、廃水中のBODの除去に有用です。

用語解説　BOD（Biochemical Oxygen Demand）

生物化学的酸素消費量といい、水中の好気性微生物が有機物を分解するときに消費される酸素量のことです。廃水中に含まれる生物が分解できる有機物量の指標として、河川の水質の評価に用いられます。

解答・解説

問題47　　解答 e

この廃棄法は、**活性汚泥法**です。活性汚泥法は他の物理・化学的な方法とは違って、微生物を利用した生物学的な廃棄方法で、活性汚泥（槽）で処理することから、それがわかります。なお、シアン化合物の廃棄法（酸化法、アルカリ法）でもあったように、多量の水酸化ナトリウム水溶液に吹き込んでいることから、「シアン化合物かもしれない」、「吹き込んでいるので、気体または気体になりやすい薬物である」ということを推測できるようになっておきましょう。ここでは、非常に気体になりやすい液体の**シアン化水素**です。シアン化水素は活性汚泥法のほか、酸化法、アルカリ法、燃焼法でも処理できます。

a）固体、劇物⑥　b）液体、劇物⑧　c）気体、劇物④　d）液体、劇物②
e）液体、毒物④⑤⑦⑲

問題48　　解答 d

この廃棄法は、**活性汚泥法**です。多量の水に少量ずつガスを吹き込んでいるので、廃棄したい薬物は水に可溶で気体であることがわかります。これは**エチレンオキシド**（酸化エチレン）ですが、分子中に環状構造のある可燃性気体で、酸を触媒として水と反応させると、その環状構造が切れ、エチレングリコール（$HOCH_2CH_2OH$）が生成します。加えた希硫酸を中和するためにアルカリを加えた後に、このエチレングリコールを活性汚泥で分解します。**活性汚泥法で処理できる薬物**には、これらのほか、**シアン化水素**、**ホルムアルデヒド**、**アクリルニトリル**、**アクロレイン**、**メタノール**、**酢酸エチル**、**フェノール**、**アニリン**、**クレゾール**、**トルイジン**、**アクリル酸**、**蓚酸**などの**有機化合物**があります。

a）固体、劇物④　b）液体、劇物④⑤　c）固体、劇物⑧　d）気体、劇物⑲
e）液体、劇物②

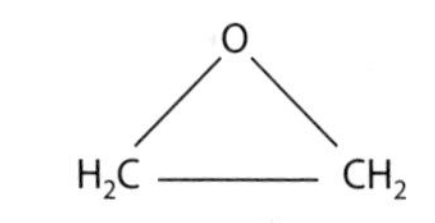

エチレンオキシド（酸化エチレン）

5-2 組み合わせ問題

問題1　農業用品目

重要度 ★★★

次の薬物の廃棄法として、適切なものを選びなさい。

① クロルピクリン
② シアン化カリウム
③ DDVP
④ アンモニア水

a) 中和法　　b) 分解法　　c) 酸化法　　d) 燃焼法

出題薬物基本情報

薬物名	分類	常温での状態	基本的特徴	化学式
クロルピクリン	劇物	液体	催涙性	CCl_3NO_2
シアン化カリウム	毒物	固体	潮解性	KCN
DDVP※1	劇物	液体	ー	（下図）
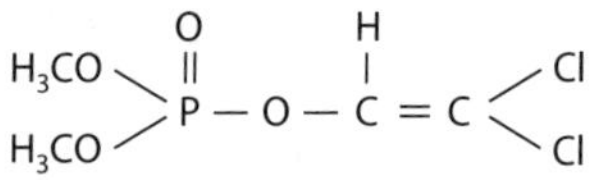 $(H_3CO)_2P(=O)-O-C(H)=CCl_2$				
アンモニア水※2	劇物	液体	刺激性	NH_3aq※3

※1　毒物のEPN（エチルパラニトロフェニルチオノベンゼンホスホネイト）も同様に有機燐製剤で、純品は固体だが、工業製品は一般に暗褐色液体である。DDVPと同様な方法で廃棄する。なお、EPN1.5%以下を含有する製剤は、劇物である。

※2　アンモニア水は農業品目、特定品目の両方に定められている。

※3　aq：水溶液をあらわす。

解答・解説

問題1　　解答 ①b　②c　③d　④a

① 劇物の**クロルピクリン**（クロロピクリン、トリクロルニトロメタン、ニトロクロロホルム）は**催涙性**の液体で、農業用品目に定められています。その廃棄法は**分解法**で、具体的な処理方法は「少量の**界面活性剤**を加えた亜硫酸ナトリウムと炭酸ナトリウムの混合溶液中で撹拌し分解させた後、多量の水で希釈して処理する」というものですが、ここでは「界面活性剤」をキーワードとして記憶しておきましょう。とてもよく出題されますから、クロルピクリンと、「分解法」、「界面活性剤」が確実に結びつくようにしてください。

② 毒物の**シアン化カリウム**（青酸カリ、青化カリ）は潮解性があり、無機シアン化合物として農業用品目に定められています。シアン化カリウムは、湿気を吸収して潮解するとともに、その吸収した水分に炭酸ガス（二酸化炭素）が溶け込んで液性が酸性に傾くと、有毒な青酸臭を放ちます［シアン化水素（青酸ガス）を発生します］。そのため、廃棄法ではシアン化水素の発生を防止するため、まずは**液性をアルカリ性**にし、その後に分解させます。これはシアン化合物の廃棄のポイントで、よく出題されるので、しっかりと覚えておきましょう。なお、**酸化法**は「水酸化ナトリウム水溶液を加えてアルカリ性（pH11以上）とし、酸化剤（次亜塩素酸ナトリウム、晒粉（さらしこ）等）の水溶液を加えて酸化分解する。分解後は硫酸を加えて中和し、多量の水で希釈して処理する」というもので、ほかに**アルカリ法**でも廃棄できます。

③ 劇物で液体の**DDVP**（ジクロルボス、ジメチル－2,2－ジクロルビニルホスフェイト）は**有機燐製剤**で、農業用品目に定められています。比較的燃えづらく、燃焼時に有毒ガスが発生するので、木粉（おが屑）等に吸収させて、もしくは可燃性溶剤とともにアフターバーナーおよびスクラバーを具備した焼却炉で焼却する、または焼却炉の火室へ噴霧して焼却します（**燃焼法**）。ほかにアルカリ法でも廃棄できます。

④ 劇物の**アンモニア水**はアンモニアガス（NH_3）の水溶液で、その液性は**弱アルカリ性**です。農業用品目・特定品目に定められており、**中和法**（「水で希薄な水溶液とし、**酸**（**希塩酸、希硫酸など**）で**中和**させた後、多量の水で希釈して処理する」）で廃棄します。アルカリは、**酸で中和**して廃棄します。なお、**10%以下を含有する製剤は劇物から除外**されます。

問題2　特定品目

重要度 ★★★

次の薬物の廃棄法として、適切なものを選びなさい。

① 重クロム酸ナトリウム
② メタノール
③ 過酸化水素水
④ 硫酸

a）燃焼法　　b）希釈法　　c）中和法　　d）還元沈殿法

出題薬物基本情報

薬物名	分類	常温での状態	基本的特徴	化学式
重クロム酸ナトリウム	劇物	固体	潮解性	$Na_2Cr_2O_7 \cdot 2H_2O$
メタノール	劇物	液体	引火性	CH_3OH
過酸化水素水	劇物	液体	漂白作用	H_2O_2aq ※1
硫酸※2	劇物	液体	強酸性	H_2SO_4

※1　aq：水溶液をあらわす。
※2　硫酸は農業品目、特定品目の両方に定められている。

解答・解説

問題2

解答 ①d ②a ③b ④c

① 劇物の**重クロム酸ナトリウム**(重クロム酸ソーダ、二クロム酸ナトリウム)は無水物もありますが、一般には二水和物で**橙色**結晶、強力な**酸化剤**で**潮解性**もあります。なお、重クロム酸カリウムには潮解性がありません。また、重クロム酸塩類は特定品目に定められており、その廃棄法は**還元沈殿法**です。具体的には、「希硫酸に溶かし、**還元剤**(**硫酸第一鉄等**)の水溶液を過剰に用いて還元した後、消石灰、ソーダ灰等の水溶液で処理し、**沈殿濾過**する。溶出試験を行い、溶出量が判定基準以下であることを確認して埋立処分する。」というものです。希硫酸を加えてpH3.0以下にし、還元剤(硫酸第一鉄等)で還元、アルカリ溶液で処理することより、水酸化クロム[$Cr(OH)_3$]とします。つまり、毒性の高い六価クロム(Cr^{6+})を毒性の低い三価クロム(Cr^{3+})として処理します。有害な重金属およびその化合物はセメントで固化したり、回収したりするのが一般的ですが、クロムの処理では三価クロム(Cr^{3+})がアルカリ性下(pH8.5以上)で徐々に六価クロム(Cr^{6+})に戻るので、セメントで固化する方法は適切ではありません。**還元沈殿法**は重クロム酸塩、クロム酸塩、無水クロム酸の廃棄法として、よく出題されます。

② 劇物の**メタノール**は**引火性液体**、炭素(C)、水素(H)、酸素(O)からなる化合物で、**燃焼法**で処理します。また、硫黄(S)や燐(P)、ハロゲン(Cl、Br等)などを含まないことから、燃焼に際して有毒ガスが発生しづらいので、焼却炉にアフターバーナーやスクラバーを具備する必要はありません。トルエン、キシレン、メチルエチルケトン、酢酸エチルなどの引火性液体も同様に処理します。なお、メタノールは引火性液体ですが水によく溶けるため、漏えい時の応急措置では多量の水で十分に希釈して処理するので、これと廃棄法(希釈法)を混同しないように注意しましょう。

③ 劇物の**過酸化水素水**と過酸化尿素は、**希釈法**(「多量の水で希釈して処理する」)で廃棄します。よく出題されますので、しっかり覚えておきましょう。なお、**6%以下を含有する製剤は劇物から除外**されます。

④ 劇物の**硫酸**は強酸ですので、その液性は**強酸性**です。農業用品目・特定品目に定められており、**中和法**で廃棄します。酸(硫酸のほか、発煙硫酸、塩酸、硝酸、臭化水素酸、沃化水素酸等)は、**アルカリ**(**石灰乳、消石灰、ソーダ灰、水酸化ナトリウム等**)で**中和**して廃棄します。なお、**10%以下を含有する製剤は劇物から除外**されます。

問題 3

重要度 ★★☆

次の薬物の廃棄法として、適切なものを選びなさい。

① 水銀
② 四アルキル鉛
③ 過酸化ナトリウム
④ ナトリウム

a) 回収法　　b) 燃焼法　　c) 中和法　　d) 酸化隔離法

出題薬物基本情報

薬物名	分類	常温での状態	基本的特徴	化学式
水銀	毒物	液体	液状金属	Hg
四アルキル鉛※1	特定毒物	液体	引火性	(下図)
以下の混合物（四エチル鉛および四メチル鉛を除く） $(C_2H_5)_2Pb(C_2H_5)(CH_3)$ エチルトリメチル鉛 $(C_2H_5)_2Pb(CH_3)_2$ ジエチルジメチル鉛 $(C_2H_5)(CH_3)Pb(CH_3)_2$ トリエチルメチル鉛				
過酸化ナトリウム	劇物	固体	発火性	Na_2O_2
ナトリウム※2	劇物	固体	禁水性	Na

※1 鉛（Pb）は有害な重金属だが、水銀（Hg）やカドミウム（Cd）も同様に有害な重金属なので、その化合物の廃棄ではコンクリートで固化して環境と隔てる～隔離法や金属として回収する還元焙焼法などの廃棄法がとられる。

※2 カリウム（金属カリウム）はナトリウム（金属ナトリウム）と同様の性質があり、同様の方法により廃棄する。

解答・解説

問題3　　解答 ①a ②d ③c ④b

① 毒物の**水銀**は、単体としては常温で唯一の液状金属です。その廃棄は**回収**法で行いますが、具体的には「**そのまま再生利用するため蒸留する**」というものです。そのほか、半金属の砒素(As)やセレン(Se)も同様に処理します。

② 特定毒物の**四アルキル鉛**(テトラミックス、MLA、TMEL)は引火性液体で、四メチル鉛[$Pb(CH_3)_4$]、四エチル鉛[$Pb(C_2H_5)_4$]と同様の性状を有します。なお、毒物劇物取締法で定める四アルキル鉛は、四メチル鉛、四エチル鉛を除く、トリエチルメチル鉛、ジエチルジメチル鉛、エチルトリメチル鉛の総称とされていますが、通常は四メチル鉛、四エチル鉛も含む混合剤として利用されることが多いようです。鉛(Pb)は有害な重金属ですので、その廃棄に際しては、セメントで固化する隔離法で処理します。具体的には、**酸化隔離法**(「多量の次亜塩素酸塩水溶液を加えて分解させた後、消石灰、ソーダ灰等を加えて処理し、沈殿濾過し、さらに**セメントを加えて固化**し、溶出試験を行い、溶出量が判定基準以下であることを確認して埋立処分する」)、または**燃焼隔離法**[「アフターバーナーおよびスクラバー(洗浄液にアルカリ液)を具備した焼却炉の火室へ噴霧し焼却する。洗浄液に消石灰、ソーダ灰等の水溶液を加えて処理し、沈殿濾過し、さらに焼却炉と共に**セメントを用いて固化**する。溶出試験を行い、溶出量が判定基準以下であることを確認して埋立処分する」]のように処理します。

③ 劇物の**過酸化ナトリウム**は「過酸化～」ですから希釈法といきたいところですが、分解すると強アルカリの水酸化ナトリウムを生じるので、酸で中和して処理します(**中和法**)。

④ 劇物の**ナトリウム**は禁水性のロウのような軟らかい金属で、**燃焼法**(「スクラバーを具備した焼却炉の中で、乾燥した鉄製容器を用い、油または油を浸した布等を加えて点火し、**鉄棒**で時々撹拌して完全に燃焼させる。残留物は放冷後、水に溶かし、希硫酸等で中和する」)か、**溶解中和法**(「不活性ガスを通じて酸素濃度を3%以下にした**グローブボックス**内で、乾燥した鉄製容器を用い、エタノールを徐々に加えて溶かす。溶解後、水を徐々に加えて加水分解し、希硫酸等で中和する」)で廃棄します。「**鉄棒**」や「**グローブボックス**」をキーワードとして記憶しておきましょう。

問題4　農業用品目

重要度 ★★★

次の文は薬物の廃棄法に関する記述である。適切な薬物を選びなさい。

① 水酸化ナトリウム水溶液を加えてアルカリ性（pH11以上）とし、酸化剤（次亜塩素酸ナトリウム、晒粉等）の水溶液を加えて酸化分解する。分解後は硫酸を加えて中和し、多量の水で希釈して処理する。
② 還元剤（たとえばチオ硫酸ナトリウム等）の水溶液に希硫酸を加えて酸性にし、この中に少量ずつ投入する。反応終了後、反応液を中和し、多量の水で希釈して処理する。
③ 少量の界面活性剤を加えた亜硫酸ナトリウムと炭酸ナトリウムの混合溶液中で、撹拌し分解させた後、多量の水で希釈して処理する。
④ 可燃性溶剤とともにスクラバーを具備した焼却炉の火室へ噴霧し焼却する。

a) 塩素酸ナトリウム　b) クロルピクリン　c) シアン化ナトリウム
d) 臭化メチル

出題薬物基本情報

薬物名	分類	常温での状態	基本的特徴	化学式
塩素酸ナトリウム	劇物	固体	爆発性・潮解性	$NaClO_3$
クロルピクリン	劇物	液体	催涙性	CCl_3NO_2
シアン化ナトリウム	毒物	固体	酸化性	$NaCN$
臭化メチル	劇物	気体	ー	CH_3Br

解答・解説

問題4 　　　　**解答 ①c ②a ③b ④d**

① 毒物の**シアン化ナトリウム**（青酸ソーダ、青化ソーダ）はシアン化カリウムと同様に**潮解性**があり、無機シアン化合物として農業用品目に定められています。酸に触れると有毒な青酸ガス（シアン化水素）を発生するので、酸に触れることを避けなければなりません。廃棄に際して、まず**液性をアルカリ性として**、青酸ガス（シアン化水素）の発生を抑えた後に、分解処理するのがポイントです。ここでは、酸化剤（次亜塩素酸ナトリウム、晒粉等）の水溶液を加えて酸化分解しているので、**酸化法**による廃棄法です。そのほか、アルカリ法（「**水酸化ナトリウム水溶液でアルカリ性とし**、高温加圧下で加水分解する」）でも処理することができます。よく出題されるので、しっかり覚えてください。

② 劇物の**塩素酸ナトリウム**（塩素酸ソーダ）は**強力な酸化剤**で、可燃物が混在すると、加熱、摩擦または衝撃により**爆発**する性質があります。なお、塩素酸塩類は農業用品目に定められており、その廃棄法は**還元法**です。具体的には問題の記述の通りですが、酸化剤ですので、チオ硫酸ナトリウムなどの還元剤で処理します。また、農業用品目ではありませんが、亜塩素酸ナトリウムも同様の方法で廃棄します。

③ 劇物の**クロルピクリン**（クロロピクリン、トリクロルニトロメタン、ニトロクロロホルム）は**催涙性**の液体で、農業用品目に定められており、**分解法**で廃棄します。問題の記述にある「少量の**界面活性剤**」をキーワードとして、これがあったら、「クロルピクリンで分解法」と結びつくようにしておいてください。とてもよく出題されます。

④ 劇物の**臭化メチル**（ブロムメチル、ブロモメタン）は**気体の有機ハロゲン化合物**で、農業用品目に定められています。なお、問題の記述にあるように、可燃性溶剤とともに焼却するのは、臭化メチルが比較的燃焼しづらく、可燃性溶剤に溶けやすいためで、スクラバーを具備した焼却炉で焼却するのは、燃焼に際して発生する有毒ガスを捕集するためです。これはよく出題される有機ハロゲン化合物の燃焼法による廃棄の記述と類似しています（臭化エチル、クロロホルム、四塩化炭素、トリクロル酢酸など）。

問題5　農業用品目

重要度 ★★☆

次の文は薬物の廃棄法に関する記述である。適切な薬物を選びなさい。

① 水酸化ナトリウム水溶液等でpH13以上に調整後、高温高圧下で加水分解する。
② 徐々に石灰乳などの撹拌溶液に加えて中和させた後、多量の水で希釈して処理する。
③ 多量の水酸化ナトリウム水溶液（20%（w/v）以上）に吹き込んだ後、多量の水で希釈して活性汚泥槽で処理する。
④ 水で希薄な水溶液とし、酸（希塩酸、希硫酸など）で中和させた後、多量の水で希釈して処理する。

a）アクリルニトリル　b）アンモニア水　c）硫酸　d）シアン化水素

出題薬物基本情報

薬物名	分類	常温での状態	基本的特徴	化学式
アクリルニトリル	劇物	液体	引火性	$CH_2=CHCN$
アンモニア水※1	劇物	液体	刺激性	NH_3aq※2
硫酸※3	劇物	液体	強酸性	H_2SO_4
シアン化水素	毒物	液体	引火性	HCN

※1　アンモニア水は農業品目、特定品目の両方に定められている。
※2　aq：水溶液をあらわす。
※3　硫酸は農業品目、特定品目の両方に定められている。

解答・解説

問題5　　解答　①a　②c　③d　④b

① 劇物の**アクリルニトリル**（アクリロニトリル、シアン化ビニル）は**催涙性**のある**引火性液体**で、**有機シアン化合物**として農業用品目に定められています。分解するとシアン化水素を発生する可能性があり、廃棄に際してはまず**液性をアルカリ性として**、分解処理するのがポイントです。問題の廃棄法は**アルカリ法**ですが、そのほか、引火性のため、**燃焼法**で処理できますし、微生物を利用して処理する**活性汚泥法**でも処理します。

② 劇物の**硫酸**は猛烈に水を吸収する性質があり、水が混和すると発熱します。また、硫酸は農業用品目と特定品目に定められており、**10%以下を含有する製剤は劇物から除外**されます。硫酸は強酸なので、その廃棄に際しては**アルカリで中和する中和法**で処理します。なお、硫酸と同じように酸（発煙硫酸、塩酸、硝酸、臭化水素酸、沃化水素酸など）はアルカリにより中和して廃棄しますが、そのときに使用されるアルカリには、石灰乳のほか、ソーダ灰、消石灰、水酸化ナトリウムがあります。これらがアルカリであることがわかるようにしておき、これらで中和処理するのは酸だと覚えておきましょう。

③ 毒物の**シアン化水素**は非常に気体になりやすい液体（沸点25.7℃）ですが、無機シアン化合物として農業用品目に定められています。廃棄に際しては、まずシアン化水素の空気中への発生を抑えるために液性をアルカリ性にすることは、他のシアン化合物と共通ですが、問題の「**吹き込んだ後**」に注目してください。吹き込むということは、その廃棄したい薬物が気体であることを示しており、非常に気体になりやすいシアン化水素の性質にも一致します。シアン化水素は問題の**活性汚泥法**以外に、**酸化法**や**燃焼法**、**アルカリ法**で処理します。これは、①がシアン化水素と安易に考えてはいけない問題です。

④ 劇物の**アンモニア水**は、アンモニアガス（NH_3）が水に溶けたもので、その溶液は弱アルカリ性を示します。また、硫酸は農業用品目と特定品目に定められており、**10%以下を含有する製剤は劇物から除外**されます。アンモニア水は弱アルカリ性なので、その廃棄に際しては希塩酸や希硫酸などの**酸で中和する中和法**で処理します。なお、アンモニア水と同じように水酸化ナトリウム、水酸化カリウム、過酸化ナトリウムなどのアルカリは、酸により中和して廃棄します。

問題6　特定品目

重要度 ★★★

次の文は薬物の廃棄法に関する記述である。適切な薬物を選びなさい。

① 硅藻土等に吸収させて、開放型の焼却炉で少量ずつ焼却する。
② 徐々に石灰乳などの撹拌溶液に加え中和させた後、多量の水で希釈して処理する。
③ 希硫酸に溶かし、還元剤（硫酸第一鉄等）の水溶液を過剰に用いて還元した後、消石灰、ソーダ灰等の水溶液で処理し、沈殿濾過する。溶出試験を行い、溶出量が判定基準以下であることを確認して埋立処分する。
④ 多量の水を加え希薄な水溶液とした後、次亜塩素酸塩水溶液を加え分解させ、廃棄する。

a) 重クロム酸カリウム　　b) ホルマリン　　c) トルエン　　d) 塩酸

出題薬物基本情報

薬物名	分類	常温での状態	基本的特徴	化学式
重クロム酸カリウム	劇物	固体	酸化性	$K_2Cr_2O_7$
ホルマリン	劇物	液体	催涙性	HCHOaq※
トルエン	劇物	液体	引火性	$C_6H_5CH_3$ （構造式：ベンゼン環に CH_3）
塩酸	劇物	液体	強酸性	HClaq※

※aq：水溶液をあらわす。

解答・解説

問題6　　解答 ①c ②d ③a ④b

① 劇物の**トルエン**（トルオール、メチルベンゼン）は代表的な**引火性液体**で、特定品目に定められています。その廃棄は**燃焼法**で行い、また、炭素（C）、水素（H）のみからなる有機化合物なので、有毒ガスが発生する可能性が低く、アフターバーナーやスクラバーを具備した焼却炉を使う必要はありません。具体的には問題文の方法、もしくは「焼却炉の火室へ噴霧し焼却する」方法（燃焼法）により、廃棄します。

② 劇物の**塩酸**は塩化水素（気体）の水溶液で、特定品目に定められており、**10%以下を含有する製剤は劇物から除外**されます。なお、塩酸は強酸なので、その廃棄は**中和法**で行います。石灰乳はアルカリで、これで中和しているので、酸の廃棄法であることが推測できます。酸の廃棄（中和法）で使われるアルカリには、石灰乳のほか、消石灰、ソーダ灰、水酸化ナトリウムなどがあります。なお、アルカリの廃棄（中和法）で使われる酸は、「酸（希塩酸、希硫酸など）」という表現になっています。

③ 劇物の**重クロム酸カリウム**（重クロム酸カリ、二クロム酸カリ）は**強力な酸化剤**で、特定品目に定められています。重クロム酸カリウムは硫酸第一鉄等の還元剤で還元した後に沈殿濾過する**還元沈殿法**で処理する代表的な薬物ですし、還元沈殿法はクロム（Cr）の化合物（クロム酸塩、重クロム酸塩、無水クロム酸など）の廃棄法としてよく出題されます。
鉛（Pb）や水銀（Hg）、カドミウム（Cd）などの毒性の高い重金属やその化合物は回収したり、セメントで固化したりする廃棄法が一般的ですが、クロム（Cr）では毒性の高い六価クロム（Cr^{6+}）を還元することにより、毒性の低い三価クロム（Cr^{3+}）とします。

④ **ホルマリン**はホルムアルデヒド（気体）の水溶液で、特定品目に定められており、**1%以下を含有する製剤は劇物から除外**されます。問題文の**酸化法**による処理のほか、シアン化合物の分解の前処理と同じように「水酸化ナトリウム水溶液等でアルカリ性とした」後に、過酸化水素水で酸化分解させる酸化法と、「アフターバーナーを具備した焼却炉の火室へ噴霧し、焼却する」**燃焼法**があります。

問題7　特定品目

重要度 ★★★

次の文は薬物の廃棄法に関する記述である。適切な薬物を選びなさい。

① 水で希薄な水溶液とし、酸（希塩酸、希硫酸など）で中和させた後、多量の水で希釈して処理する。
② 焼却炉の火室へ噴霧し焼却する。
③ 過剰の可燃性溶剤または重油等の燃料と共にアフターバーナーおよびスクラバーを具備した焼却炉の火室へ噴霧してできるだけ高温で焼却する。
④ 多量の水で希釈して処理する。

a) 過酸化水素水　b) メチルエチルケトン　c) 四塩化炭素
d) 水酸化ナトリウム

出題薬物基本情報

薬物名	分類	常温での状態	基本的特徴	化学式
過酸化水素水	劇物	液体	漂白作用	H_2O_2aq※
メチルエチルケトン	劇物	液体	引火性	$CH_3COC_2H_5$
四塩化炭素	劇物	液体	不燃性	CCl_4
水酸化ナトリウム	劇物	固体	潮解性	NaOH

※aq：水溶液をあらわす。

解答・解説

問題7 　解答 ①d ②b ③c ④a

① 劇物の**水酸化ナトリウム**（苛性ソーダ）は**潮解性**のある薬物として最も重要で、特定品目に定められており、**5%以下を含有する製剤は劇物から除外**されます。水酸化ナトリウムはアルカリなので、その廃棄では希塩酸や希硫酸などの酸で中和する**中和法**がとられます。

② 劇物の**メチルエチルケトン**（MEK、エチルメチルケトン）は**引火性液体**で、特定品目に定められています。メチルエチルケトンは**可燃性**で、その構成元素は炭素（C）、水素（H）、酸素（O）のみなので、可燃性のものと一緒に燃焼させる必要はなく、有毒ガスの発生する可能性は低いので、アフターバーナーやスクラバーを具備した焼却炉で燃焼させる必要もありません。そのため、問題文の**燃焼法**による廃棄か、「**硅藻土**（けいそうど）**等に吸収させて**開放型の焼却炉で焼却する」**燃焼法**があります。これらの燃焼法は、有毒ガスの発生する可能性が低い引火性液体の代表的な廃棄法です。

③ 劇物の**四塩化炭素**（四塩化メタン）は不燃性の液体で、特定品目に定められています。四塩化炭素は有機化合物で、**燃焼法**で廃棄しますが、非常に燃**焼しづらい**薬物なので、可燃性溶剤や重油等の燃料のような可燃性のものと一緒に燃焼させる必要性があります。また、その構成元素にハロゲンである塩素（Cl）を含むので、有毒ガスを発生します。そして、この有毒ガスの大気中へ放出を防ぐために、アフターバーナーやスクラバーを具備した焼却炉で燃焼させる必要性があります。問題文の廃棄法は、四塩化炭素とクロロホルムの廃棄法として、しっかり覚えておいてください。

④ 劇物の**過酸化水素水**は**酸化・還元の両作用を併有**しており、漂白作用のある液体で、特定品目に定められています。なお、**6%以下を含有する製剤は劇物から除外**されます。過酸化水素水は不安定な薬物で、分解すると水（H_2O）と酸素（O_2）になります。このように過酸化水素は分解しやすく、その分解生成物はいずれも無害ですので、多量の水で希釈して処理する**希釈法**で廃棄されます。希釈法で処理される薬物は、過酸化水素と過酸化尿素です。過酸化ナトリウムについては分解して水酸化ナトリウムが生じますので、酸で中和する必要があり、中和法で処理するところに注意してください。

問題8

重要度 ★☆☆

次の文は薬物の廃棄法に関する記述である。適切な薬物を選びなさい。

① 木粉（おが屑）等に吸収させて焼却炉で焼却する。
② 廃ガス水洗設備および必要があればアフターバーナーを具備した焼却設備で焼却する。
③ そのまま再生利用するため蒸留する。
④ スクラバーを具備した焼却炉の中で、乾燥した鉄製容器を用い、油または油を浸した布等を加えて点火し、鉄棒で時々撹拌して完全に燃焼させる。残留物は放冷後、水に溶かし、希硫酸等で中和する。

a）ナトリウム　　b）クレゾール　　c）水銀　　d）黄燐

出題薬物基本情報

<table>
<tr><th>薬物名</th><th>分類</th><th>常温での状態</th><th>基本的特徴</th><th>化学式</th></tr>
<tr><td>ナトリウム</td><td>劇物</td><td>固体</td><td>禁水性</td><td>Na</td></tr>
<tr><td>クレゾール※</td><td>劇物</td><td>固体・液体</td><td>不燃性</td><td>$C_6H_4(OH)CH_3$</td></tr>
<tr><td colspan="5"> 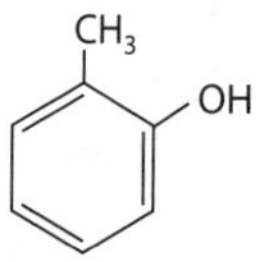o–クレゾール（オルト–クレゾール） 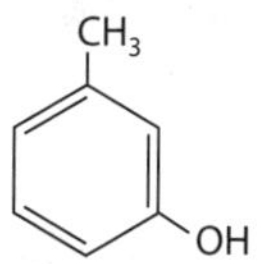　m–クレゾール（メタ–クレゾール） 　p–クレゾール（パラ–クレゾール）</td></tr>
<tr><td>水銀</td><td>毒物</td><td>液体</td><td>液状金属</td><td>Hg</td></tr>
<tr><td>黄燐</td><td>毒物</td><td>固体</td><td>発火性</td><td>P_4</td></tr>
</table>

※オルト、パラクレゾールは固体、メタクレゾールは液体である。

解答・解説

問題8　　解答 ①b　②d　③c　④a

① 劇物の**クレゾール**（メチルフェノール、ヒドロキシトルエン）はオルト（*o*－）、メタ（*m*－）、パラ（*p*－）の三異性体があり、工業的に使われているものは、一般にはその混合物です。**5%以下を含有する製剤は、劇物から除外**されます。クレゾールは**燃焼法**で廃棄しますが、比較的燃焼しづらい有機化合物なので、「**木粉（おが屑）等**に吸収させて焼却炉で焼却する」、「**可燃性溶剤**と共に焼却炉の火室へ噴霧し焼却する」（いずれも**燃焼法**）といった可燃性のものと一緒に燃焼させる方法がとられます。また、その構成元素は炭素（C）、水素（H）、酸素（O）のみなので、有毒ガスを発生する可能性は低く、アフターバーナーやスクラバーを具備した焼却炉で燃焼させる必要はありません。

② 毒物の**黄燐**は**ニンニク臭**の固体で、空気中では酸化しやすく、放置すると**発火**するので、**水中に保存**します。その廃棄では、問題文のように**燃焼法**により廃棄しますが、「**廃ガス水洗設備**」が黄燐の廃棄法のキーワードです。出題にこのキーワードがあったら、黄燐を選択できるようにしてください。

③ 毒物の**水銀**は、単体として**常温で唯一の液状金属**です。（液）比重が大きい（13.6）重金属で、毒性が高いです。廃棄法は**回収法**で、問題文のようにそのまま再生利用するために蒸留します。廃棄法が回収法の毒物・劇物は、ほかに半金属の砒素（As）とセレン（Se）などがあります。また、回収法以外に回収を行う廃棄法として、**還元焙焼法**（「還元焙焼法により、金属として回収する」）がありますが、鉛（Pb）やカドミウム（Cd）、水銀（Hg）の化合物（例外もあります）の廃棄法として、この方法が使われる場合があります。

④ 劇物の**ナトリウム**（金属ナトリウム）はロウのような軟らかい金属で、水に触れると水素が発生し、その水素が発火するので、**石油中に保存**します。問題文のように**燃焼法**で廃棄する方法と、「不活性ガスを通じて酸素濃度を3%以下にしたグローブボックス内で、乾燥した鉄製容器を用い、エタノールを徐々に加えて溶かす。溶解後、水を徐々に加えて加水分解し、希硫酸等で中和する。」**溶解中和法**がありますが、これらはナトリウムとカリウム（金属カリウム）に特有の廃棄法です。燃焼法は「**鉄棒**」、溶解中和法は「**グローブボックス**」をキーワードとして、記憶しておいてください。

問題 9

重要度 ★☆☆

次の文は薬物の廃棄法に関する記述である。適切な薬物を選びなさい。

① 多量の水で希釈し、還元剤（チオ硫酸ナトリウム水溶液など）の溶液を加えた後、中和する。その後、多量の水で希釈して処理する。
② 多量の消石灰水溶液に撹拌しながら少量ずつ加えて中和し、沈殿濾過して埋立処分する。
③ 多量の次亜塩素酸塩水溶液を加えて分解させた後、消石灰、ソーダ灰等を加えて処理し、沈殿濾過し、さらにセメントを加えて固化し、溶出試験を行い、溶出量が判定基準以下であることを確認して埋立処分する。
④ スクラバーを具備した焼却炉の火室へ噴霧し焼却する。

a）弗化水素酸　b）二硫化炭素　c）四アルキル鉛　d）臭素

出題薬物基本情報

薬物名	分類	常温での状態	基本的特徴	化学式
弗化水素酸	毒物	液体	腐食性	HFaq※
二硫化炭素	劇物	液体	引火性	CS_2
四アルキル鉛	特定毒物	液体	引火性	（下図）
以下の混合物（四エチル鉛および四メチル鉛を除く） 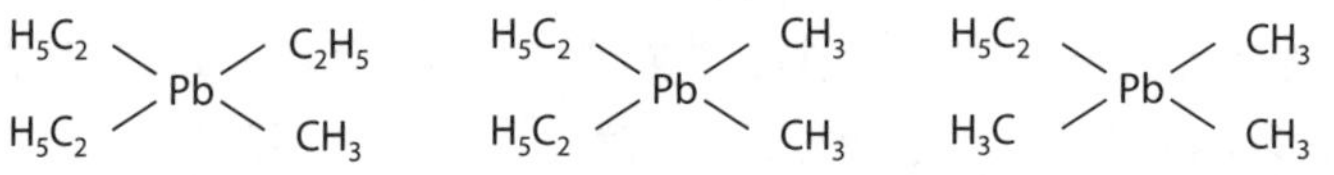 H_5C_2, H_5C_2 ＞Pb＜ C_2H_5, CH_3 H_5C_2, H_5C_2 ＞Pb＜ CH_3, CH_3 H_5C_2, H_3C ＞Pb＜ CH_3, CH_3				
臭素	劇物	液体	不燃性	Br_2

※aq：水溶液をあらわす。

解答・解説

問題9

解答 ①d ②a ③c ④b

① 劇物の**臭素**(ブロム)は赤褐色の揮発しやすい重い液体で、激しい刺激臭があり、不燃性です。臭素の廃棄法には、問題文のように廃棄する**還元法**と、「アルカリ水溶液(石灰乳または水酸化ナトリウム水溶液)中に少量ずつ滴下し、多量の水で希釈して処理する」**アルカリ法**があります。アルカリ法の場合には、「少量ずつ滴下し」という語から、廃棄したい薬物が液体であることを推測することができます。臭素は、比較的よく出題される薬物なので、還元法、アルカリ法ともにしっかりと記憶しておくようにしてください。

② 毒物の**弗化水素酸**(ふっかすいそさん)は弗化水素(気体)の水溶液で、**不燃性**です。また、**ガラスを腐食する**ので、ガラス容器には保存できません。弗化水素酸は問題文のように**沈殿法**で廃棄しますが、酸であるので、消石灰(アルカリ)で中和しながら、弗化カルシウム(CaF_2)を生成させ、これを沈殿濾過して埋立処分します。「沈殿濾過して埋め立てる」のは毒性の低い金属の廃棄法でもありますが、弗化水素酸と硅弗化水素酸(けいふっかすいそさん)(H_2SiF_6)、硼弗化水素酸(ほうふっかすいそさん)(HBF_4)も同様に「沈殿濾過して、生成物を埋立処分する」薬物であることを記憶しておいてください(硅弗化水素酸と硼弗化水素酸の処理法は、分解沈殿法です)。

③ 特定毒物の**四アルキル鉛**(テトラミックス、MLA、TMEL)は、四メチル鉛[$Pb(CH_3)_4$]、四エチル鉛[$Pb(C_2H_5)_4$]と同様の性状を有する**引火性液体**です。四アルキル鉛の廃棄は、セメントで固化する隔離法で処理します。具体的には、問題文の**酸化隔離法**、または「アフターバーナーおよびスクラバー(洗浄液にアルカリ液)を具備した焼却炉の火室へ噴霧し焼却する。洗浄液に消石灰、ソーダ灰等の水溶液を加えて処理し、沈殿濾過し、さらに焼却炉と共に**セメントを用いて固化**する。溶出試験を行い、溶出量が判定基準以下であることを確認して埋立処分する」**燃焼隔離法**で処理します。

④ 劇物の**二硫化炭素**は引火性が高く、燃焼すると有毒な二酸化硫黄(SO_2)が発生するので、スクラバーを具備した焼却炉で焼却します。この**燃焼法**のほか、「建物や可燃性構築物から離れた安全な場所で、冷えて乾いた砂または土の中で少量ずつ場所を変えて燃焼する」**燃焼法**と、「次亜塩素酸ナトリウム水溶液と水酸化ナトリウム水溶液の混合攪拌溶液中に滴下し、酸化分解させた後、多量の水で希釈して処理する」**酸化法**で処理できます。

問題10

重要度 ★☆☆

次の文は薬物の廃棄法に関する記述である。適切な薬物を選びなさい。

① 不活性ガスを通じて酸素濃度を3%以下にしたグローブボックス内で、乾燥した鉄製容器を用い、エタノールを徐々に加えて溶かす。溶解後、水を徐々に加えて加水分解し、希硫酸等で中和する。
② 多量の次亜塩素酸ナトリウム水溶液を用いて、酸化分解する。その後、過剰の塩素を亜硫酸ナトリウム水溶液等で分解させ、その後、硫酸を加えて中和し、沈殿濾過し埋立処分する。
③ 多量の水酸化ナトリウム水溶液（10%程度）に撹拌しながら少量ずつガスを吹き込み分解した後、希硫酸を加えて中和する。
④ そのまま再生利用するために蒸留する。

a）カリウム　　b）ニッケルカルボニル　　c）砒素　　d）ホスゲン

出題薬物基本情報

薬物名	分類	常温での状態	基本的特徴	化学式
カリウム	劇物	固体	禁水性	K
ニッケルカルボニル	毒物	液体	発火性	$Ni(CO)_4$
砒素	毒物	固体	半金属	As
ホスゲン	毒物	気体	ー	$COCl_2$

解答・解説

問題10 **解答 ①a ②b ③d ④c**

① 劇物の**カリウム**（金属カリウム）はナトリウム（金属ナトリウム）と同じようにロウのような軟らかい金属で、水に触れると水素が発生して発火するので、それを防ぐために**石油中に保存**します。問題文のように**溶解中和法**で廃棄する方法と、「スクラバーを具備した焼却炉の中で、乾燥した鉄製容器を用い、油または油を浸した布等を加えて点火し、鉄棒で時々撹拌して完全に燃焼させる。残留物は放冷後、水に溶かし、希硫酸等で中和する」**燃焼法**があります。溶解中和法、燃焼法ともに最終的に希硫酸で中和を行っていますが、これは発生する水酸化カリウム（ナトリウムの場合は水酸化ナトリウム）を中和するためです。

② 毒物の**ニッケルカルボニル**（テトラカルボニルニッケル）は無色の揮発性液体で、空気中で発火します。問題文のようにニッケルカルボニルを酸化分解させ、水酸化ニッケル［$Ni(OH)_2$］を生成させ、それを濾過して埋立処分する**酸化沈殿法**で処理します。ニッケル（Ni）は毒性の低い金属なので、コンクリートで固化する方法ではなく、沈殿濾過して埋立処分する方法をとることができます。そのほか、銀（Ag）、バリウム（Ba）、錫（すず）（Sn）、アンチモン（Sb）、バナジウム（V）などの毒性の低い金属の化合物も沈殿濾過して処理することができます。また、ニッケルカルボニルは「多量のベンゼンに溶解し、スクラバーを具備した焼却炉の火室へ噴霧し、焼却する」**燃焼法**で廃棄することもできます。

③ 毒物の**ホスゲン**（塩化カルボニル、カルボニルクロライド）は独特の**青草臭**の気体です。問題文のように**アルカリ法**でアルカリ分解させて処理しますが、「**ガスを吹き込み**」という語から、廃棄する薬物が気体であることを推測できるようにしてください。

④ 毒物で半金属の**砒素**は、問題文のように**回収法**で処理することができます。水銀や砒素と同じように半金属のセレン（Se）も同様に処理できます。また、毒性の高い重金属と同じように「セメントを用いて固化し、溶出試験を行い、溶出量が判定基準以下であることを確認して埋立処分する」**固化隔離法**で廃棄することもできます。セレンも同様に処理できます。

コラム　薬物の状態と性質について

毒物劇物取扱者試験において、出題されている薬物が常温で固体なのか、液体なのか、気体なのかを知っておくことは、問題を解く上での１つの重要なヒントとなります（毒物劇物取扱者試験における常温とは、25℃です）。各薬物名とその常温での状態（固体、液体、気体の別）を常に意識して問題を解き、各薬物の常温での状態がわかるようになっておきましょう。また、よく出題される次の性質を知るとともに、薬物の状態との関連を知っておきましょう。

①潮解性	固体の薬物が空気中の水分を吸収し、その吸収した水に薬物自らが溶けてしまうことをいいます。潮解性の薬物は、固体であるとともに水に溶けやすいことを示しています。潮解性のある薬物には、水酸化ナトリウム、シアン化カリウム、塩素酸ナトリウム、重クロム酸ナトリウム、トリクロル酢酸などがあります。ちなみに水（湿気）を吸収する性質を吸水性（吸湿性）といい、本試験では吸水（吸湿）しても状態が変化しない場合をこのように表現しているようです。潮解性とは違い、固体だけでなく、液体の薬物にも使われます［硫酸（猛烈に水を吸収する）がその例です］。
②風解性（風化）	固体の薬物で結晶中に結晶水（H_2O）をもつもの（水和物）が、その結晶水を失うことをいいます。風解性のある薬物として出題されやすいものは、硫酸銅［$CuSO_4 \cdot 5H_2O$］、蓚酸［$(COOH)_2 \cdot 2H_2O$］、硫酸亜鉛［$ZnSO_4 \cdot 7H_2O$］があります。
③引火性	簡単にいうと、火を近づけると薬物が燃えることです。引火性があるということは、薬物が揮発して可燃性蒸気（気体はもとからガス体）が発生し、火を近づけるとそれが燃えることを意味しています。固体、液体、気体のすべてに引火性の薬物がありますが、引火性液体の薬物が最もよく出題されています。引火性液体の薬物には二硫化炭素、トルエン、酢酸エチル、メチルエチルケトン、キシレン、アクリルニトリル、アクロレイン、メタノールなどがあります。

※ 臭気がある、引火性があるということは、ガス体であったり、揮発しやすかったりして、その薬物が空気中に存在することを意味します。「催涙性」や「呼吸器・粘膜を刺激」と揮発性との関係も、意識できるようになっておきましょう。

第6章

漏えい時の応急措置

6-1 五肢択一問題

この章で示す漏えい時の措置は、薬物が多量に漏えいした場合の措置です。作業にあたっては風下の人を退避させ、周辺の出入り禁止、保護具の着用、風下での作業を行わないこと、最後にそのあとを多量の水で洗い流す場合は、濃厚な廃液が河川等に排出されないよう注意する等の基本的な対応の上に実施する措置とします。「漏えいしたもの」は漏えいした薬物が固体であることを、「漏えいした液」は液体または液化ガスであることを、「漏えいしたボンベ」は気体または非常に気体になりやすい液体であることを示しています（「漏えいした場合」となっていて判断できない場合などもあります）。

① 水で希釈

問題1　特定品目

重要度 

「漏えいした液は土砂等でその流れを止め、安全な場所に導き、多量の水を用いて十分に希釈して洗い流さなければならない。」薬物を1つ選びなさい。

a) トルエン　b) 過酸化水素水　c) 硝酸
d) 重クロム酸カリウム　e) 四塩化炭素

問題2　特定品目

重要度 ★★

「漏えいした液は土砂等でその流れを止め、安全な場所に導き、多量の水を用いて十分に希釈して洗い流さなければならない。」薬物を1つ選びなさい。

a) メタノール　b) 酢酸エチル　c) クロロホルム
d) メチルエチルケトン　e) 塩酸

問題3　特定品目

重要度 ★

「漏えいした液は土砂等でその流れを止め、安全な場所に導き、多量の水を用いて十分に希釈して洗い流さなければならない。」薬物を1つ選びなさい。

a) 硫酸　b) クロム酸ナトリウム　c) キシレン
d) ホルマリン　e) 水酸化カリウム水溶液

解答・解説

問題1　　解答　b

過酸化水素水の廃棄法は**希釈法**ですが、漏えい時の応急措置でも**多量の水で希釈して処理します。**

なお、ホルマリン（ホルムアルデヒドの水溶液）やメタノールも同様に多量の水で希釈して洗い流しますが、ホルマリン、メタノールともに水に非常に溶けやすく、強酸・強アルカリではなく、水と反応しないことと関連があります。

a）液体、劇物　b）液体、劇物　c）液体、劇物　d）固体、劇物　e）液体、劇物

問題2　　解答　a

メタノールの廃棄法は**燃焼法**ですが、水と反応せず、強酸・強アルカリではなく、水に非常に溶けやすいので、漏えい時の応急措置では**多量の水で希釈して洗い流します。**

a）液体、劇物　b）液体、劇物　c）液体、劇物　d）液体、劇物　e）液体、劇物

問題3　　解答　d

ホルムアルデヒド（気体）は非常に水に溶けやすく、このホルムアルデヒドの水溶液が**ホルマリン**です。ホルマリンの廃棄法は**酸化法**、**燃焼法**、**活性汚泥法**ですが、水と反応せず、強酸・強アルカリではなく、水に非常に溶けやすいので、漏洩時の応急措置では**多量の水で希釈して洗い流します。**

a）液体、劇物　b）固体、劇物　c）液体、劇物　d）液体、劇物　e）液体、劇物

問題4　農業用品目

重要度 ★★☆

「漏えいした液は土砂等でその流れを止め、安全な場所に導き、多量の水を用いて十分に希釈して洗い流さなければならない。」薬物を1つ選びなさい。

a) シアン化水素　b) 硫酸　c) DDVP
d) EPN　e) アンモニア水

❷ 水に溶かす

問題5

重要度 ★☆☆

「飛散したものはできるだけ空容器に回収する。回収したものは、発火のおそれがあるので速やかに多量の水に溶かして処理する。回収したあとは多量の水を用いて洗い流さなければならない。」薬物を1つ選びなさい。

a) トリクロル酢酸　b) 燐化水素　c) 臭素
d) 過酸化ナトリウム　e) 二硫化炭素

❸ 水で覆う

問題6

重要度 ★★☆

「漏出したものの表面を速やかに土砂または多量の水で覆い、水を満たした空容器に回収しなければならない。」薬物を1つ選びなさい。

a) 黄燐　b) 無水クロム酸　c) ナトリウム
d) 砒素　e) シアン化カリウム

問題7

重要度 ★★☆

「漏えいした液は土砂等でその流れを止め、安全な場所に導き、水で覆った後、土砂等に吸収させて空容器に回収し、水封後密栓する。そのあとを多量の水を用いて洗い流さなければならない。」薬物を1つ選びなさい。

a) 沃化水素酸　b) EPN　c) 二硫化炭素
d) カリウムナトリウム合金　e) モノクロル酢酸

解答・解説

問題4　　解答 e

アンモニア（気体）は非常に水に溶けやすく、このアンモニアの水溶液が**アンモニア水**です。アンモニア水は弱アルカリなので、その廃棄法は**中和法**ですが、水と反応せず、強酸・強アルカリではなく、水に非常に溶けやすいので、漏洩時の応急措置では**多量の水で希釈して洗い流します**。

a）液体、毒物　b）液体、劇物　c）液体、劇物　d）固体、毒物　e）液体、劇物

問題5　　解答 d

過酸化ナトリウムは不安定な薬物で、不純物の混入等により発火のおそれがあります。そのため、発火を防ぐために回収した過酸化ナトリウムは水に溶かし、回収したあとも多量の水で洗い流します。

a）固体、劇物　b）気体、毒物　c）液体、劇物　d）固体、劇物　e）液体、劇物

問題6　　解答 a

黄燐（おうりん）は空気中では非常に酸化されやすく、50℃で発火するので、**水中に貯蔵**します。漏えい時の応急措置でも、まず、黄燐の自然発火を防ぐための措置を行い、**回収する容器内も水を満たしておく**必要があるのが、ポイントです。

a）固体、毒物　b）固体、劇物　c）固体、劇物　d）固体、毒物　e）固体、毒物

問題7　　解答 c

二硫化炭素は無色または淡黄色の麻酔性芳香を有する（特異臭のある）液体で、引火点は－30℃と非常に引火しやすいです。また、二硫化炭素は水にはほとんど溶けず、その比重は水より大きいので、**水で覆って**可燃性蒸気の空気中への拡散を防止した後、容器に回収して、**水封後密栓**します。ニッケルカルボニルも同様の措置をとります。引火性液体は水への溶解性、比重により、その漏えい時の応急措置が変わりますので、整理して覚えるようにしてください。

a）液体、劇物　b）固体、毒物　c）液体、劇物　d）液体、劇物　e）固体、劇物

❹ 灯油または流動パラフィンの入った容器に回収

問題8

重要度 

「漏出したものは速やかに拾い集めて、灯油または流動パラフィンの入った容器に回収する。砂利、石等に付着している場合は砂利等ごと回収しなければならない。」薬物を1つ選びなさい。

a）ブロムメチル　b）ピクリン酸　c）ナトリウム
d）三酸化二砒素　e）メチルアミン

❺ アルカリで中和

問題9　特定品目

重要度 ★★

「漏えいした液は土砂等でその流れを止め、これに吸着させるか、または安全な場所に導いて遠くから徐々に注水してある程度希釈した後、消石灰、ソーダ灰等で中和し、多量の水を用いて洗い流す。発生するガスは霧状の水をかけ、吸収させなければならない。」薬物を1つ選びなさい。

a）ホルマリン　b）四塩化炭素　c）酢酸エチル
d）アンモニア水　e）塩酸

問題10　特定品目

重要度 

「漏えいした液は土砂等でその流れを止め、これに吸着させるか、または安全な場所に導いて遠くから徐々に注水してある程度希釈した後、消石灰、ソーダ灰等で中和し、多量の水を用いて洗い流さなければならない。」薬物を1つ選びなさい。

a）液化アンモニア　b）硝酸　c）メチルエチルケトン
d）過酸化水素水　e）クロロホルム

解答・解説

問題8　　解答 c

ナトリウム（金属ナトリウム）は非常に酸化されやすく、また、水と激しく反応して、発生した水素が発火します。そのため、空気や水に触れることを防ぐために、**石油（一般的には灯油）中に保存**しますが、漏えい時の応急措置でも、**灯油または流動パラフィンの入った容器に回収する**必要があります。これは、カリウム（金属カリウム）、カリウムナトリウム合金でも共通です。なお、流動パラフィンは炭化水素の混合物で、常温でも液体のロウソクのロウをイメージしてください。

a）気体、劇物　b）固体、劇物　c）固体、劇物　d）固体、毒物　e）気体、劇物

問題9　　解答 e

消石灰、ソーダ灰等の**アルカリで中和**していることから、漏えいした薬物は酸であることがわかります。また、ガス（気体）の発生が見られることから、ガスを溶媒に溶かした薬物、液化ガスなどであることが推測できます。

また、発生するガスを霧状の水で吸収させていることから、このガスは水溶性であることがわかります。これらのことから、**塩酸**であることがわかります。

a）液体、劇物　b）液体、劇物　c）液体、劇物　d）液体、劇物　e）液体、劇物

問題10　　解答 b

消石灰、ソーダ灰等で中和していることから、漏えいした薬物（液体）は酸であることがわかります。よって、漏えいした薬物は**硝酸**であることがわかります。硫酸（農業用品目・特定品目）、発煙硫酸、クロルスルホン酸、ブロム水素酸、沃化水素酸などが漏えいした場合も同様な処理を行います。

a）液体、劇物　b）液体、劇物　c）液体、劇物　d）液体、劇物　e）液体、劇物

問題11

「飛散したものは速やかに掃き集めて空容器に回収し、そのあとを消石灰、ソーダ灰等で中和し、多量の水を用いて洗い流さなければならない。」薬物を1つ選びなさい。

a) トリクロル酢酸　b) 二硫化炭素　c) 無水クロム酸
d) ホスゲン　e) 硝酸バリウム

問題12

「漏えいした液は土砂等でその流れを止め、安全な場所に導き、できるだけ空容器に回収し、そのあとを徐々に注水してある程度希釈した後、消石灰等の水溶液で処理し、多量の水を用いて洗い流す。発生するガスは霧状の水をかけて吸収させなければならない。」薬物を1つ選びなさい。

a) ジメチルアミン　b) 弗化水素酸　c) 水酸化カリウム水溶液
d) トルエン　e) カリウムナトリウム合金

問題13　特定品目

「漏えいした液は土砂等でその流れを止め、安全な場所に導き、重炭酸ナトリウムまたは炭酸ナトリウムと水酸化カルシウムからなる混合物の水溶液で注意深く中和しなければならない。」薬物を1つ選びなさい。

a) ホスゲン　b) 硝酸バリウム　c) 液化アンモニア
d) ピクリン酸　e) 亜塩素酸ナトリウム

解答・解説

問題11　解答 a

消石灰、ソーダ灰等で**中和**していることから、漏えいした薬物（固体）は酸であることがわかります。よって、漏えいした薬物は**トリクロル酢酸**です。トリクロル酢酸とモノクロル酢酸は**潮解性**の固体ですから、水に溶けやすい性質があります。それに対して、ジクロル酢酸は液体です。これらが漏えいした場合の措置は、いずれも同様の方法で行いますが、固体と液体の違いがあるので、それにより問題文も多少違いが見られます。ここでは、「飛散したもの」、「掃き集める」ことから、漏えいした薬物が固体であることがわかります。ジクロル酢酸では、「漏えいした液」となります。

a) 固体、劇物　b) 液体、劇物　c) 固体、劇物　d) 気体、毒物　e) 固体、劇物

問題12　解答 b

消石灰、ソーダ灰等で**中和**していることから、漏えいした薬物（液体）は酸であることがわかります。また、発生するガスを霧状の水をかけて吸収させていることから、発生しているガスは水溶性であること、漏えいした薬物は気体を溶媒に溶かしたもの、液化ガスなどであることがわかります。

よって、漏えいした薬物は**弗化水素酸**（弗酸）であることがわかります。弗化水素酸は弗化水素（気体）の水溶液で、発煙性が高く、発生するガス（弗化水素ガス）の毒性が高いので、そのガスを霧状の水をかけて、吸収させます。

a) 気体、劇物　b) 液体、毒物　c) 液体、劇物　d) 液体、劇物　e) 液体、劇物

問題13　解答 a

ホスゲンは青草臭のガスですが、一般には圧縮液化ガスとして使われているので、「漏えいした液」となっているのだと判断してください。また、ホスゲンは酸性ガスで、水に触れると塩化水素と二酸化炭素が生ずるので、重炭酸ナトリウムまたは炭酸ナトリウムと水酸化カルシウムからなる**アルカリ水溶液で中和**します。

a) 気体（液体）、毒物　b) 固体、劇物　c) 液体、劇物　d) 固体、劇物
e) 固体、劇物

⑥ 酸で中和

問題14　特定品目

重要度 ★★☆

「漏えいした液は土砂等でその流れを止め、土砂等に吸着させるか、または安全な場所に導いて多量の水をかけて洗い流す。必要があればさらに中和し、多量の水を用いて洗い流さなければならない。」薬物を1つ選びなさい。

a) キシレン　b) 液化塩素　c) 重クロム酸カリウム
d) 四塩化炭素　e) 水酸化ナトリウム水溶液

⑦ むしろ、シート等で覆う

問題15

重要度 ★☆☆

「漏えい箇所や漏えいした液には消石灰を十分に散布し、むしろ、シート等をかぶせ、その上からさらに消石灰を散布して吸収させる。漏えい容器には散布しない。多量にガスが噴出した場所には遠くから霧状の水をかけて吸収させる。」薬物を1つ選びなさい。

a) 砒素　b) ダイアジノン　c) 塩化バリウム
d) メチルエチルケトン　e) 臭素

⑧ 水酸化ナトリウム等でアルカリ性とする

問題16　農業用品目

重要度 ★★☆

「漏えいしたボンベ等を多量の水酸化ナトリウム水溶液（20 w/v%以上）に容器ごと投入してガスを吸収させ、さらに酸化剤（次亜塩素酸ナトリウム、晒粉（さらしこ）等）の水溶液で酸化処理を行い、多量の水で洗い流さなければならない。」薬物を1つ選びなさい。

a) ダイアジノン　b) シアン化水素　c) 液化アンモニア
d) DDVP　e) 硫酸

解答・解説

問題14　　解答 e

「必要があれば中和する」となっていますが、何を使って中和するのかは記載されていません。この場合は、酸で中和しており、漏えいした薬物はアルカリであることが多いです。それに対して、アルカリで中和する場合には、何を使って中和するか(消石灰、ソーダ灰など)が、明記されていることがほとんどです。水酸化ナトリウムは潮解性の高い固体ですが、漏えい時の応急措置では、水酸化ナトリウムとしてではなく、**水酸化ナトリウム水溶液**として出題されています。なお、水酸化カリウムもこれと同様、水酸化カリウム水溶液として出題されます。

a) 液体、劇物　b) 液体、劇物　c) 固体、劇物　d) 液体、劇物　e) 液体、劇物

問題15　　解答 e

臭素は**赤褐色の重い液体**で、**刺激臭**があります。「**むしろ、シート等をかぶせる**」と出題されたら、臭素か液化塩素が思い浮かべられるようになっておく必要があります(漏えい量が少量の場合には、消石灰の散布しか記述されませんので、注意しましょう)。また、臭素の廃棄法に**アルカリ法**が使われることからも推測できるように、漏えい時の応急措置でも消石灰を散布して吸収させます。なお、臭素は水に少しは溶けますので、多量のガスが発生した場合には、霧状の水をかけて吸収させます。

a) 固体、毒物　b) 液体、劇物　c) 固体、劇物　d) 液体、劇物　e) 液体、劇物

問題16　　解答 b

シアン化水素は非常に気体になりやすい無色の液体です。「漏えいしたボンベ等」となっているのは、そのためです。なお、廃棄法でも触れたように、まずは**水酸化ナトリウム水溶液でシアン化水素ガス(青酸ガス)の発生を抑え**、次亜塩素酸ナトリウムや晒粉等の酸化剤で酸化分解させましたが、漏えい時の応急措置でも、同様な手順で行います。

a) 液体、劇物　b) 液体、毒物　c) 液体、劇物　d) 液体、劇物　e) 液体、劇物

問題17　農業用品目

重要度 ★★☆

「飛散したものは空容器にできるだけ回収し、砂利等に付着している場合は砂利等を回収し、その後に水酸化ナトリウム、ソーダ灰等の水溶液を散布してアルカリ性（pH11以上）とし、さらに酸化剤（次亜塩素酸ナトリウム、晒粉（さらし）等）の水溶液で酸化処理を行い、多量の水で洗い流さなければならない。」薬物を1つ選びなさい。なお、前処理なしに直接水で洗い流してはならない。

a）ダイアジノン　　b）シアン化ナトリウム　　c）液化アンモニア
d）DDVP　　e）硫酸

❾ 水酸化ナトリウムと酸化剤の混合溶液で処理

問題18

重要度 ★☆☆

「漏えいしたボンベ等を多量の水酸化ナトリウム水溶液と酸化剤（次亜塩素酸ナトリウム、晒粉（さらし）等）の水溶液の混合溶液に容器ごと投入してガスを吸収させ酸化処理し、この処理液を処理設備に持ち込み、毒物および劇物の廃棄の方法に関する基準に従って処理を行わなければならない。」薬物を1つ選びなさい。

a）黄燐　　b）臭素　　c）過酸化ナトリウム
d）水素化砒素　　e）ホルマリン

解答・解説

問題17　　解答 b

シアン化合物は酸に触れると有毒な**シアン化水素**（青酸ガス）が発生するので、貯蔵法では酸に触れないように貯蔵し、廃棄法では、まず、水酸化ナトリウム水溶液でシアン化水素ガス（青酸ガス）の発生を抑え、次亜塩素酸ナトリウムや晒粉等の酸化剤で酸化分解させました。漏えい時の応急措置でも、**シアン化ナトリウム**の性状に基づき、廃棄法と同じような方法をとります。なお、この漏えい時の応急措置は、シアン化合物（固体）に共通の方法です。

a) 液体、劇物　b) 固体、毒物　c) 液体、劇物　d) 液体、劇物　e) 液体、劇物

問題18　　解答 d

水素化砒素（砒化水素、アルシン）は**ニンニク臭の気体**で、**毒物**です。ガス（気体）の貯蔵では一般にボンベが使われますが、水素化砒素も同様です。水酸化ナトリウム水溶液でガスの発生を抑制しながら、次亜塩素酸ナトリウムや晒粉（次亜塩素酸カルシウムと水酸化カルシウムの混合物）等の酸化剤で酸化分解するのは、シアン化合物の漏えい時の応急措置、廃棄法として重要なポイントですが、水素化砒素（AsH_3）、セレン化水素（水素化セレニウム、SeH_2）、燐化水素（ホスフィン、PH_3）、ジボラン（ボロエタン、B_2H_6）、モノゲルマン（水素化ゲルマニウム、GeH_4）も同様な方法をとります。なお、これらの中でも水素化砒素とセレン化水素が最終的に毒物および劇物の廃棄の方法の基準に従って、処理設備に持ち込み、処理するのは、漏えい時の応急措置における酸化分解後の生成物が、環境にそのまま排出できない毒性の高い物質だからです。

a) 固体、毒物　b) 液体、劇物　c) 固体、劇物　d) 気体、毒物　e) 液体、劇物

問題19

重要度 

「漏えいしたボンベ等を多量の水酸化ナトリウム水溶液と酸化剤（次亜塩素酸ナトリウム、晒粉（さらし）等）の水溶液の混合溶液に容器ごと投入してガスを吸収させ酸化処理し、そのあとを多量の水を用いて洗い流さなければならない。」薬物を1つ選びなさい。

a）硝酸　b）亜塩素酸ナトリウム　c）燐化水素
d）硝酸バリウム　e）ダイアジノン

⑩ アルカリで加水分解

問題20　農業用品目

重要度 ★★

「漏えいした液は土砂等でその流れを止め、安全な場所に導き、空容器にできるだけ回収し、その後を消石灰等の水溶液を用いて処理し、多量の水を用いて洗い流す。洗い流す場合には中性洗剤等の分散剤を使用して洗い流さなければならない。」薬物を1つ選びなさい。

a）液化アンモニア　b）DDVP　c）硫酸
d）ブロムメチル　e）シアン化カリウム

⑪ 中性洗剤等の分散剤で洗い流す

問題21　特定品目

重要度 

「漏えいした液は土砂等でその流れを止め、安全な場所に導き、空容器にできるだけ回収し、そのあとを多量の水を用いて洗い流す。洗い流す場合には中性洗剤等の分散剤を使用して洗い流さなければならない。」薬物を1つ選びなさい。

a）メタノール　b）重クロム酸カリウム　c）酢酸エチル
d）クロロホルム　e）塩酸

解答・解説

問題19　　解答　c

燐化水素（ホスフィン）は**魚腐臭の気体**で、**毒物**です。燐化水素の漏えい時の応急措置では、シアン化合物と同様に空気中へのガスの拡散を防ぎながら、酸化剤で酸化分解します。なお、水素化砒素やセレン化水素のように、最終的に毒物および劇物の廃棄の方法の基準に従って処理する必要はなく、多量の水で洗い流すだけでよいのは、酸化分解後の生成物が毒性の高いものではないからです。ビタミン臭の気体であるジボラン、無色で刺激臭のある可燃性気体のモノゲルマンも同様に処理します。

a）液体、劇物　b）固体、劇物　c）気体、毒物　d）固体、劇物　e）液体、劇物

問題20　　解答　b

DDVP（ジクロルボス）は有機燐化合物で、**接触性殺虫剤**として使われます。有機燐製剤（有機燐化合物を含む薬剤）は一般に**アルカリで分解しやすい**ので、回収した後に消石灰で処理するのはそのためですが、分解生成物の中和の意味もあります。また、水で洗い流す場合に**中性洗剤等の分散剤を使用**するのは、有機燐化合物自体と分解生成物が水に溶けにくいものだからです。この漏えい時の応急措置は、有機燐製剤に共通のものとして記憶しておいてください。

なお、中性洗剤等の分散剤を使用するものには、このほか、クロロホルムと四塩化炭素があります。

a）液体、劇物　b）液体、劇物　c）液体、劇物　d）気体、劇物　e）固体、毒物

問題21　　解答　d

クロロホルム（トリクロルメタン）は無色、**不燃性の揮発性液体**で、**特異の香気**（**エーテル臭**）**とかすかな甘味を有します**。その蒸気は不燃性で、引火する危険はないので、液面を泡で覆う必要はありません。また、水に溶けにくいので、**中性洗剤等の分散剤を使用**して洗い流さなければなりません。この漏えい時の応急措置は、クロロホルム、四塩化炭素に共通です。

a）液体、劇物　b）固体、劇物　c）液体、劇物　d）液体、劇物　e）液体、劇物

⑫ 還元剤（硫酸第一鉄等）で処理

問題22　特定品目

重要度 ★★★

「飛散したものは空容器にできるだけ回収し、その後を還元剤（硫酸第一鉄等）の水溶液を散布し、消石灰、ソーダ灰等の水溶液を用いて処理した後、多量の水を用いて洗い流さなければならない。」薬物を1つ選びなさい。

a）重クロム酸カリウム　b）トルエン　c）塩酸
d）四塩化炭素　e）ホルマリン

⑬ 硫酸第二鉄等で処理

問題23

重要度 ★☆☆

「飛散したものは空容器にできるだけ回収し、そのあとを硫酸第二鉄等の水溶液を散布し、消石灰、ソーダ灰等の水溶液を用いて処理した後、多量の水を用いて洗い流さなければならない。」薬物を1つ選びなさい。

a）砒素　b）ブロム水素酸　c）過酸化ナトリウム
d）クロム酸ナトリウム　e）ジメチルアミン

⑭ 食塩水で処理

問題24

重要度 ★★★

「飛散したものは空容器にできるだけ回収し、そのあとを食塩水を用いて処理し、多量の水を用いて洗い流さなければならない。」薬物を1つ選びなさい。

a）無水クロム酸　b）塩化バリウム　c）トリクロル酢酸
d）硝酸銀　e）弗化水素酸

解答・解説

問題22 解答 a

重クロム酸カリウム(二クロム酸カリウム)は**橙赤色結晶**で、**強力な酸化剤**です。多くのクロム化合物の廃棄は**還元沈殿法**で処理しますが、漏えい時の応急措置でも**硫酸第一鉄等の還元剤で還元処理**して、毒性の高い六価クロム(Cr^{6+})を三価クロム(Cr^{3+})とし、消石灰、ソーダ灰等の水溶液で水酸化クロムとします。消石灰、ソーダ灰等で中和ではなく、処理となっているのは、還元による生成物を中和する目的ではないからです。

なお、重クロム酸カリウムのほか、クロム酸ナトリウムや無水クロム酸の漏えい時も同様の応急措置を行います。

a) 固体、劇物　b) 液体、劇物　c) 液体、劇物　d) 液体、劇物　e) 液体、劇物

問題23 解答 a

砒素が漏えいした場合の応急措置としては、できるだけ回収をした上で、そのあとを**硫酸第二鉄**で難溶性の砒酸鉄とし、その際に発生する硫酸イオンを消石灰、ソーダ灰等で処理します。クロム化合物や亜塩素酸ナトリウム、硫化バリウムなどの漏えい時に使用するのは硫酸第一鉄($FeSO_4$)、砒素および砒素化合物(水素化砒素を除く)の漏えい時には硫酸第二鉄[$Fe_2(SO_4)_3$]を使用しますので、間違えないように整理して記憶しておいてください。

a) 固体、毒物　b) 液体、劇物　c) 固体、劇物　d) 固体、劇物　e) 気体、劇物

問題24 解答 d

硝酸銀の鑑別法では、「水に溶かして**塩酸を加えると、塩化銀の白色沈殿が生ずる**」というものがありました。その廃棄では**沈殿法**(食塩水を加えて塩化銀として、それを沈殿濾過する)をとります。食塩水は塩化ナトリウムの水溶液ですが、これと硝酸銀が反応して、水に難溶で毒性の低い塩化銀(白色沈殿)が生じます。この方法は、漏えい時の応急措置でも利用されます。

鑑別法、廃棄法、漏えい時の応急措置を結びつけて覚えておくと、便利です。

a) 固体、劇物　b) 固体、劇物　c) 固体、劇物　d) 固体、劇物　e) 液体、毒物

⑮ 硫酸ナトリウムで処理

問題25

重要度 ★☆☆

「飛散したものは空容器にできるだけ回収し、そのあとを硫酸ナトリウムの水溶液を用いて処理し、多量の水を用いて洗い流さなければならない。」薬物を1つ選びなさい。

a) 硫酸銀　b) シアン化カリウム　c) 硝酸バリウム
d) 臭素　e) 亜砒酸

⑯ 泡で覆う

問題26　特定品目

重要度 ★★★

「漏えいした液は土砂等でその流れを止め、安全な場所に導き、液の表面を泡で覆い、できるだけ空容器に回収しなければならない。」薬物を1つ選びなさい。

a) 水酸化ナトリウム水溶液　b) トルエン　c) クロロホルム
d) 過酸化水素水　e) メタノール

問題27　特定品目

重要度 

「漏えいした液は土砂等でその流れを止め、安全な場所に導き、液の表面を泡で覆い、できるだけ空容器に回収しなければならない。」薬物を1つ選びなさい。

a) 硝酸　b) ホルマリン　c) 水酸化カリウム水溶液
d) 液化塩化水素　e) 酢酸エチル

解答・解説

問題25　解答 c

硝酸バリウムの廃棄では**沈殿法**（水に溶かして硫酸ナトリウムの水溶液を加えて処理し、それを沈殿濾過して埋立処分する）をとります。ここで生じる沈殿は、水に難溶で毒性の低い硫酸バリウムです。

バリウム化合物の鑑別では、「**硫酸または硫酸カルシウムの溶液で、白色の硫酸バリウムを生ずる。**」というものがありますが、これも関連が見られます。これらを結びつけて覚えておくと暗記しやすいですね。

a）固体、劇物　b）固体、毒物　c）固体、劇物　d）液体、劇物　e）固体、毒物

問題26　解答 b

トルエン（メチルベンゼン）は、無色透明で**芳香**（**ベンゼン臭**）がある**引火性**液体です。水に溶けづらく、水より比重が小さい引火性液体は、その蒸気に引火して燃焼しやすいので、漏えいした場合には、その引火性蒸気の発生を抑制するために**液の表面を泡で覆い**、そのあと回収します。

トルエンのほか、キシレン、酢酸エチル、メチルエチルケトンなどの漏えい時の応急措置は、同様の方法がとられます。

a）液体、劇物　b）液体、劇物　c）液体、劇物　d）液体、劇物　e）液体、劇物

問題27　解答 e

酢酸エチルは、**強い果実様の香気**のある無色透明液体で、**引火性**があります。また、水に溶けづらく、水より比重が小さいので、漏えいした場合には、その蒸気の発生を抑制するために**液の表面を泡で覆い**、そのあと回収します。トルエン、キシレン、メチルエチルケトンなどは同様に処理します。

なお、引火性液体ですが、水に溶けず、比重が水より大きい二硫化炭素は、水で覆って可燃性蒸気の空気中への拡散を防止します。また、水に非常に溶けやすいメタノールは、多量の水で希釈します。

a）液体、劇物　b）液体、劇物　c）液体、劇物　d）液体、劇物　e）液体、劇物

⑰ 蒸発させる

問題28　農業用品目

重要度 ★★★

「漏えいした液は、土砂等でその流れを止め、液が拡がらないようにして蒸発させなければならない。」薬物を1つ選びなさい。

a) ブロムメチル　　b) シアン化水素　　c) DDVP
d) アンモニア水　　e) ダイアジノン

⑱ 爆発を防ぐ

問題29

重要度 

「飛散したものは空容器にできるだけ回収し、そのあとを多量の水を用いて洗い流す。なお、回収の際は飛散したものが乾燥しないよう、適量の水で散布して行い、また、回収物の保管、輸送に際しても十分に水分を含んだ状態を保つようにする。用具および容器は金属製のものを使用してはならない。」薬物を1つ選びなさい。

a) トルエン　　b) ピクリン酸　　c) 重クロム酸カリウム
d) ナトリウム　　e) 液化塩素

⑲ 専門業者に処理を委託

問題30

重要度 

「漏えいしたボンベ等の漏出箇所に木栓等を打ち込み、できるだけ漏出を止め、更に濡れた布等で覆った後、できるだけ速やかに専門業者に処理を委託しなければならない。」薬物を1つ選びなさい。

a) ブロムメチル　　b) ホルマリン　　c) 液化アンモニア
d) ジメチルアミン　　e) 二硫化炭素

解答・解説

問題28　　解答 a

ブロムメチル（臭化メチル）は常温で気体ですが、貯蔵法でも触れたように**圧縮冷却すると液化しやすい**ので、圧縮容器に入れ、冷暗所に貯蔵します。つまり、液化しているので、漏えい時の応急措置で「漏えいした液」とされているのはそのためです。ブロムメチルのほか、ブロムエチル（液体）、クロルメチル（気体）、クロルエチル（気体）の漏洩時の応急措置も同様に液が拡がらないようにして蒸発させます。

a）気体、劇物　b）液体、毒物　c）液体、劇物　d）液体、劇物　e）液体、劇物

問題29　　解答 b

ピクリン酸（2,4,6－トリニトロフェノール）は無色または黄色で無臭の結晶ですが、普通は**ニトロベンゾールの臭気**をもちます。**急熱や衝撃、摩擦などで爆発する**おそれがあるので、漏洩したものを回収した際は**乾燥した状態を避け、水分を含んだ状態を保つ**ようにします。また、用具や容器に金属製のものを使用すると、爆発の危険性を高めることとなるので、これらの使用を避けなければなりません。

a）液体、劇物　b）固体、劇物　c）固体、劇物　d）固体、劇物　e）液体、劇物

問題30　　解答 d

ジメチルアミン［$(CH_3)_2NH$］は、強アンモニア臭の気体です。「**漏えい箇所に木栓等を打ち込む**」、「**専門業者に処理を委託する**」と出題されたら、ジメチルアミンとメチルアミンを選択できるようにしておきましょう。漏えい時の応急措置以外では、ジメチルアミンとメチルアミンを見かけることはあまりありませんが、ジメチルアミンの**除外濃度は50%以下**、**メチルアミンは40%以下**です。余裕のある人は覚えておいてください。

a）気体、劇物　b）液体、劇物　c）液体、劇物　d）気体、劇物　e）液体、劇物

6-2 組み合わせ問題

問題1　農業用品目

重要度 ★★★

次の薬物の漏えい時の応急措置として、適切なものを選びなさい。

①アンモニア水　②シアン化カリウム　③ブロムメチル　④DDVP

a) 飛散したものは空容器にできるだけ回収し、砂利等に付着している場合は砂利等を回収し、その後に水酸化ナトリウム、ソーダ灰等の水溶液を散布してアルカリ性（pH11以上）とし、さらに酸化剤（次亜塩素酸ナトリウム、晒粉（さらしこ）等）の水溶液で酸化処理を行い、多量の水で洗い流す。また、前処理なしに直接水で洗い流してはならない。

b) 漏えいした液は土砂等でその流れを止め、安全な場所に導き、空容器にできるだけ回収し、その後を消石灰等の水溶液を用いて処理し、多量の水を用いて洗い流す。洗い流す場合には中性洗剤等の分散剤を使用して洗い流す。

c) 漏えいした液は土砂等でその流れを止め、液が拡がらないようにして蒸発させる。

d) 漏えいした液は土砂等でその流れを止め、安全な場所に導き、多量の水を用いて十分に希釈して洗い流す。

出題薬物基本情報

薬物名	分類	常温での状態	基本的特徴	化学式
アンモニア水	劇物	液体	刺激性	NH_3aq※
シアン化カリウム	毒物	固体	潮解性	KCN
ブロムメチル	劇物	気体	—	CH_3Br
DDVP	劇物	液体	—	（下図）

$$(H_3CO)_2P(=O)-O-CH=CCl_2$$

※aq:水溶液をあらわす。

解答・解説

問題1　　解答 ①d　②a　③c　④b

① **アンモニア水**はアンモニア（気体、劇物）の水溶液で刺激臭があり、その液性は弱アルカリ性を示します。アンモニア水が漏えいした場合の応急措置は、「**多量の水を用いて十分に希釈して洗い流す**」のみです。アンモニア水と同じように漏えい時に多量の水で希釈するのは、アンモニアを液化した液化アンモニア、ホルムアルデヒド（気体、劇物）の水溶液であるホルマリン、過酸化水素（液体、劇物）の水溶液である過酸化水素水などです。また、メタノール（劇物）は引火性液体ですが、水によく溶けるのでアンモニア水と同じように、多量の水を用いて十分に希釈して洗い流します。

② **シアン化カリウム**（毒物）は潮解性固体です。酸に触れると有毒なシアン化水素（青酸ガス、毒物）が発生するので、廃棄法と同じように漏えい時の応急措置でもまずは**水酸化ナトリウム、ソーダ灰等の水溶液を散布してアルカリ性（pH11以上）とし**、シアン化水素の空気中への発生を防止してから、酸化剤で酸化分解させます。この応急措置は、無機シアン化合物に共通なものとして、しっかりと記憶しておく必要がある重要なものです。

③ **ブロムメチル**（臭化メチル、劇物）は気体ですが、通常、圧縮して液化し、液化ガスとして運搬・貯蔵します。ブロムメチルは気体なのに「漏えいした液は～」となっているのはそのためです。また、「**液が拡がらないようにして蒸発させる**」が、この応急措置のポイントとなります。クロルメチル（塩化メチル、気体、劇物）とクロルエチル（塩化エチル、気体、劇物）もこれと同様の応急措置をとります。

④ **DDVP**（ジメチル－2,2－ジクロルビニルホスフェイト、ジクロルボス、劇物）は有機燐製剤の1つで、殺虫剤として利用されています。一般に有機燐製剤は**アルカリ分解されやすい**ので、回収後のあとを消石灰等の水溶液を用いて処理するのは、そのためです。また、有機燐製剤は有機化合物で、一般に水に溶けにくく、そのままではうまく洗い流せないので、**中性洗剤等の分散剤を使用して洗い流します**。油汚れを洗浄するときに洗剤を使うのと同じようにとらえていただければ、理解しやすいのではないでしょうか。

問題2　特定品目

重要度 ★★★

次の薬物の漏えい時の応急措置として、適切なものを選びなさい。

①硫酸　②過酸化水素水　③クロロホルム　④キシレン

a) 漏えいした液は土砂等でその流れを止め、安全な場所に導き、空容器にできるだけ回収し、そのあとを多量の水を用いて洗い流す。洗い流す場合には中性洗剤等の分散剤を使用して洗い流す。

b) 漏えいした液は土砂等でその流れを止め、安全な場所に導き、多量の水を用いて十分に希釈して洗い流す。

c) 漏えいした液は土砂等でその流れを止め、これに吸着させるか、または安全な場所に導いて遠くから徐々に注水してある程度希釈した後、消石灰、ソーダ灰等で中和し、多量の水を用いて洗い流す。発生するガスは霧状の水をかけ、吸収させる。

d) 漏えいした液は土砂等でその流れを止め、安全な場所に導き、液の表面を泡で覆い、できるだけ空容器に回収する。

出題薬物基本情報

薬物名	分類	常温での状態	基本的特徴	化学式
硫酸	劇物	液体	強酸性	H_2SO_4
過酸化水素水	劇物	液体	漂白作用	H_2O_2aq ※
クロロホルム	劇物	液体	不燃性	$CHCl_3$
キシレン	劇物	液体	引火性	$C_6H_4(CH_3)_2$

※aq：水溶液をあらわす。

解答・解説

問題2　　解答　①c　②b　③a　④d

① 劇物の**硫酸**は強酸で、農業用品目にも特定品目にも定められています。「**消石灰、ソーダ灰等で中和し、多量の水を用いて洗い流す**」のが、この措置のポイントです。塩酸のほか、硝酸、硫酸、発煙硫酸、クロルスルホン酸、臭化水素酸、沃化水素酸などの強酸、ジクロル酢酸などの液体、モノクロル酢酸やトリクロル酢酸などの水溶性の固体も同様の措置をとります。

② **過酸化水素水**は過酸化水素（液体、劇物）の水溶液で、過酸化水素6%を超える溶液は劇物に指定されます。過酸化水素水が漏えいした場合の応急措置は、廃棄法（希釈法）と同様に「**多量の水を用いて十分に希釈して洗い流す**」のみであることがポイントです。過酸化水素水以外にアンモニア水、液化アンモニア、ホルマリンなども同様の措置をとります。また、引火性の有機溶剤は一般に非水溶性のものが多いのですが、メタノール（劇物）のように水溶性の引火性液体はこれと同じ措置をとります。

③ 劇物の**クロロホルム**は不燃性で、非水溶性の有機溶剤（液体）です。クロロホルムや四塩化炭素などは水に溶けにくく、そのままでは洗い流せないので、漏えいした場合は「**中性洗剤等の分散剤を使用して洗い流す**」のがポイントです。

④ 劇物の**キシレン**は引火性液体で、非水溶性の有機溶剤（液体）です。「**液の表面を泡で覆う**」のが、この措置のポイントです。毒物・劇物に指定されている非水溶性の引火性液体は揮発性が高く、比重が1よりも小さい（水より軽い）ものが多いです。もしこれらが漏えいして引火した場合は、水に浮きながら火災面の拡大を引き起こすおそれがあるので、これらが漏えいしたときには液面からの薬物の揮発を防ぎ、引火を防止するために、液の表面を泡で覆います。キシレンのほか、トルエン、酢酸エチル、メチルエチルケトンなどの非水溶性の引火性液体も同じ措置をとります。なお、二硫化炭素は非水溶性の引火性液体ですが、比重が1よりも大きい（水より重い）ので、水で覆って、水封後密栓する別の措置をとります。

※③の「**中性洗剤等の分散剤を使用して洗い流す**」、④の「**液の表面を泡で覆う**」はいずれも有機溶剤である薬物の漏えい時の措置です。整理して記憶し、区別できるようにしておきましょう。

問題3　特定品目　重要度 ★★★

次の薬物の漏えい時の応急措置として、適切なものを選びなさい。

①液化塩化水素　②重クロム酸カリウム　③水酸化ナトリウム水溶液
④メタノール

a) 漏えいした液は土砂等でその流れを止め、安全な場所に導き、多量の水を用いて十分に希釈して洗い流す。
b) 漏えいしたガスは多量の水をかけて吸収させる。多量にガスが噴出する場合は、遠くから霧状の水をかけて吸収させる。
c) 漏えいした液は土砂等でその流れを止め、土砂等に吸着させるか、または安全な場所に導いて多量の水をかけて洗い流す。必要があればさらに中和し、多量の水を用いて洗い流す。
d) 飛散したものは空容器にできるだけ回収し、その後を還元剤（硫酸第一鉄等）の水溶液を散布し、消石灰、ソーダ灰等の水溶液を用いて処理した後、多量の水を用いて洗い流す。

出題薬物基本情報

薬物名	分類	常温での状態	基本的特徴	化学式
液化塩化水素	劇物	液体	強酸性	HCl
重クロム酸カリウム	劇物	固体	酸化性	$K_2Cr_2O_7$
水酸化ナトリウム水溶液	劇物	液体	強アルカリ性	NaOHaq※
メタノール	劇物	液体	引火性	CH_3OH

※aq：水溶液をあらわす。

解答・解説

問題3　　解答 ①b ②d ③c ④a

① **液化塩化水素**は塩化水素（気体、劇物）を液化したものです。漏えいした場合は、塩化水素ガス（気体）に戻ります。また、塩化水素の水溶液が塩酸であることからもわかる通り、塩化水素は水に溶けやすい気体ですから、漏えいしたガスに多量の水をかけたり、霧状の水をかけて吸収させたりすることができるのは、そのためです。

② 劇物の**重クロム酸カリウム**は**橙赤色の結晶**で、**強力な酸化剤**です。廃棄法において、クロム（Cr）を含む化合物は一般に**還元沈殿法**で処理しますが、この際、還元剤で還元して有毒な六価クロムを三価クロムとし、この三価クロムを消石灰、ソーダ灰等で水酸化クロム（Ⅲ）とした後、これを沈殿濾過します。漏えい時の応急措置でも、できるだけ回収したあとを**還元剤（硫酸第一鉄等）の水溶液を散布**し、消石灰、ソーダ灰等の水溶液を用いて処理します。重クロム酸塩、クロム酸塩［鉛（Pb）、バリウム（Ba）を含むものを除く］、無水クロム酸の漏えい時も同様の措置をとります。

③ **水酸化ナトリウム水溶液**は無色または灰色の液体で、強アルカリ性で腐食性が強く、不燃性です。**水酸化ナトリウム5%を超える溶液は劇物**に指定されます。漏えい時の措置は多量の水をかけて洗い流すのが基本ですが、強アルカリなので、必要があれば中和することもあります。しかし、水酸化ナトリウム水溶液（水酸化カリウム水溶液）の漏えい時の措置では、強酸の漏えい時の措置（消石灰、ソーダ灰等で中和）と違って、「必要があればさらに中和」というように、具体的に何で中和するかが書かれていませんので、ここでアルカリであることを推測できません。注意してください。

④ 劇物の**メタノール**は**引火性液体**で、水によく溶けます。水に溶けやすいため、漏えい時の応急措置では**多量の水を用いて十分に希釈して洗い流します**。なお、二硫化炭素（比重が1以上）のような例外はありますが、**引火性液体**で非水溶性の有機溶剤は一般に比重が1より小さく（水よりも軽く）、揮発性が高いものが多いので、その蒸気の発生を防ぐために「**液の表面を泡で覆う**」のが一般的な漏えい時の措置です。引火性液体の中でも水溶性か非水溶性かの違いが判断のポイントとなりますので、整理して覚えておいてください。

問題4　特定品目

重要度 ★★☆

次の薬物の漏えい時の応急措置として、適切なものを選びなさい。

①液化塩素　②硝酸　③トルエン　④ホルムアルデヒド水溶液

a) 漏えい箇所や漏えいした液には消石灰を十分に散布し、むしろ、シート等をかぶせ、その上からさらに消石灰を散布して吸収させる。漏えい容器には散布しない。多量にガスが噴出した場所には遠くから霧状の水をかけて吸収させる。

b) 漏えいした液は土砂等でその流れを止め、安全な場所に導き、多量の水を用いて十分に希釈して洗い流す。

c) 漏えいした液は土砂等でその流れを止め、これに吸着させるか、または安全な場所に導いて遠くから徐々に注水してある程度希釈した後、消石灰、ソーダ灰等で中和し、多量の水を用いて洗い流す。

d) 漏えいした液は土砂等でその流れを止め、安全な場所に導き、液の表面を泡で覆い、できるだけ空容器に回収する。

出題薬物基本情報

薬物名	分類	常温での状態	基本的特徴	化学式
液化塩素	劇物	液体	刺激性	Cl_2
硝酸	劇物	液体	強酸性	HNO_3
トルエン	劇物	液体	引火性	$C_6H_5CH_3$ CH_3
ホルムアルデヒド水溶液	劇物	液体	催涙性	HCHOaq※

※aq：水溶液をあらわす。

解答・解説

問題4　　解答 ①a ②c ③d ④b

① **液化塩素**は、窒息性臭気をもつ**黄緑色の気体**である塩素を液化したもので、劇物です。**むしろ、シート等をかぶせて**、塩素ガスの空気中への拡散を防ぐとともに、消石灰（水酸化カルシウム）を散布することにより、塩素と反応して次亜塩素酸カルシウムとすることにより、塩素ガスの空気中への揮散を防止します。同じハロゲンである臭素も同様の応急措置をとります。

② 劇物の**硝酸**は強酸です。**硝酸10%を超える溶液は劇物**に指定されます。廃棄法でも同じように触れましたが、消石灰やソーダ灰（無水炭酸カルシウム）はアルカリで、これらで中和することから漏えいした薬物は酸であることを推測できるようになっておきましょう。硝酸のほか、塩酸、硫酸、発煙硫酸、クロルスルホン酸、臭化水素酸、沃化水素酸、ジクロル酢酸などの液体、モノクロル酢酸やトリクロル酢酸などの固体も同様の応急措置をとります。

③ 劇物の**トルエン**は比重が1よりも小さく（水よりも軽く）、非水溶性の**引火性液体**です。トルエンのほか、キシレン、メチルエチルケトン、酢酸エチルなども水に溶けづらく、水に浮く引火性液体で、劇物に指定されています。引火は何らかの点火源により可燃性蒸気に火がつき、燃焼することですが、揮発しやすく、可燃性蒸気が多く発生する引火性液体ほど引火の危険性が高くなります。これらの引火性液体が漏えいした時の応急措置としては、**液の表面を泡で覆い**、可燃性蒸気の空気中への拡散をできるだけ抑えることより、引火するのを防止します。同じ引火性液体でも、比重が1よりも大きく（水よりも重く）、水にほとんど溶けない二硫化炭素は、空気中への可燃性蒸気の拡散を防止するために、液面を水で覆った後、空容器に回収して水封後密栓します。また、メタノールも引火性液体ですが、水溶性（水によく溶ける）のため、多量の水で希釈して洗い流します。

④ **ホルムアルデヒド水溶液**はホルマリンともいい、**ホルムアルデヒド（気体）1%を超える溶液は、劇物**に指定されます。水溶液であることからもわかる通り、ホルムアルデヒドは水に溶けやすい気体です。そのため、漏えい時は多量の水を用いて十分に希釈して洗い流します。過酸化水素や液化アンモニア、アンモニア水、メタノールなども同様の応急措置を行います。

問題5

重要度 ★☆☆

次の薬物の漏えい時の応急措置として、適切なものを選びなさい。

①黄燐　②硝酸バリウム　③トリクロル酢酸　④燐化水素

a) 飛散したものは空容器にできるだけ回収し、そのあとを硫酸ナトリウムの水溶液を用いて処理し、多量の水を用いて洗い流す。

b) 漏出した薬物の表面を速やかに土砂または多量の水で覆い、水を満たした空容器に回収する。

c) 飛散したものは速やかに掃き集めて空容器に回収し、そのあとを消石灰、ソーダ灰等で中和し、多量の水を用いて洗い流す。

d) 漏えいしたボンベ等を多量の水酸化ナトリウム水溶液と酸化剤（次亜塩素酸ナトリウム、晒粉等）の水溶液の混合溶液に容器ごと投入してガスを吸収させ酸化処理し、そのあとを多量の水を用いて洗い流す。

出題薬物基本情報

薬物名	分類	常温での状態	基本的特徴	化学式
黄燐	毒物	固体	発火性	P_4
硝酸バリウム	劇物	固体	潮解性	$Ba(NO_3)_2$
トリクロル酢酸	劇物	固体	潮解性	CCl_3COOH
燐化水素	毒物	気体	発火性	PH_3

解答・解説

問題5　　　解答 ①b ②a ③c ④d

① **黄燐**は**ニンニク臭の固体**で、毒物です。水にほとんど溶けず、また、空気中では非常に酸化されやすく、50℃で発火するので、貯蔵に際しては**水中に保存**します。漏えい時の応急措置でも、発火を防ぐためにその表面を土砂または**多量の水で覆う**とともに、**水を満たした容器に回収**します。黄燐の性状、貯蔵法、漏えい時の応急措置との結び付きを意識しながら記憶しておくとよいでしょう。

② **硝酸バリウム**は無色の結晶で水にやや溶けやすく、潮解性があります。硝酸バリウムが漏えいした時は、硫酸ナトリウムと反応させて、水に不溶性で毒性の低い**硫酸バリウム（白色沈殿）**とします。硫酸バリウム（$BaSO_4$）は、鑑別法の問題でよく見られる白色沈殿ですが、バリウムイオン（Ba^{2+}）と硫酸イオン（SO_4^{2-}）から生成します。**硫酸ナトリウムで処理**することから、この不溶性沈殿の生成を推測できるようになっておきましょう。このほかに、硝酸銀の漏えい時の応急措置として、食塩水（塩化ナトリウム水溶液）で処理して、水に不溶性で毒性の低い塩化銀（白色沈殿）にする方法があります。毒物劇物の鑑別法と漏えい時の応急措置とは直接関係はありませんが、関連づけて覚えておくと効率がよいかもしれません。

③ **トリクロル酢酸**は**潮解性**の固体で、劇物です。カルボキシ（ル）基（－COOH）をもつ有機酸をカルボン酸といいますが、トリクロル酢酸（CCl_3COOH）もカルボン酸にあたり、水溶液の液性は酸性を示します。トリクロル酢酸は固体ですから、まずは飛散したものを速やかにできるだけ掃き集めて空容器に回収しますが、そのあとを消石灰やソーダ灰等のアルカリで中和するのは、トリクロル酢酸が酸（カルボン酸）だからです。

④ **燐化水素**は別名ホスフィンともいい、**アセチレンに似た**、また、**腐った魚の臭いの気体**で毒物です。燐化水素には一般にジホスフィン（P_2H_4）が混在していることも多く、これが混在すると空気中で自然発火します。「漏えいしたボンベ等」となっていることから、漏えいした薬物はガス（気体）であることが推測できるようになっておきましょう。また、燐化水素は半導体製造における**ドーピングガスの原料**として利用されることも記憶しておきましょう。

問題6

重要度 ★★☆

次の薬物の漏えい時の応急措置として、適切なものを選びなさい。

①過酸化ナトリウム　②臭素　③硝酸銀　④水素化砒素

a) 飛散したものはできるだけ空容器に回収する。回収したものは、発火のおそれがあるので速やかに多量の水に溶かして処理する。回収した後は多量の水を用いて洗い流す。

b) 漏えい箇所や漏えいした液には消石灰を十分に散布し、むしろ、シート等をかぶせ、その上からさらに消石灰を散布して吸収させる。漏えい容器には散布しない。多量にガスが噴出した場所には遠くから霧状の水をかけて吸収させる。

c) 漏えいしたボンベ等を多量の水酸化ナトリウム水溶液と酸化剤（次亜塩素酸ナトリウム、晒粉（さらし）等）の水溶液の混合溶液に容器ごと投入してガスを吸収させ酸化処理し、この処理液を処理設備に持ち込み、毒物および劇物の廃棄の方法に関する基準に従って処理を行う。

d) 飛散したものは空容器にできるだけ回収し、そのあとを食塩水を用いて塩化銀とし、多量の水を用いて洗い流す。

出題薬物基本情報

薬物名	分類	常温での状態	基本的特徴	化学式
過酸化ナトリウム	劇物	固体	発火性	Na_2O_2
臭素	劇物	液体	不燃性	Br_2
硝酸銀	劇物	固体	酸化性	$AgNO_3$
水素化砒素	毒物	気体	引火性	AsH_3

解答・解説

問題6

解答 ①a ②b ③d ④c

① **過酸化ナトリウム**は劇物で、純品は白色固体ですが、一般には淡黄色固体です。酸化性物質や有機物等の不純物混在下で吸湿すると**自然発火**する危険性があるため、回収したものは速やかに多量の水に溶かして処理します。過酸化ナトリウムと水は激しく反応するので、注意が必要です。この際、常温で水との反応により発熱すると同時に**水酸化ナトリウム**と**酸素**が生じます。なお、過酸化ナトリウムの廃棄法では、水に加えて希薄な水溶液とした後に酸で中和しますが、これは水との反応により生ずる水酸化ナトリウムを中和するためです。

② **臭素**は**赤褐色の重い液体**で、劇物です。臭素は揮発性が強いため、**むしろ、シート等をかぶせて**、臭素の空気中への揮散をなるべく防ぐとともに、消石灰（水酸化カルシウム）を散布することにより、臭素と反応して**臭化カルシウム**と**臭素酸カルシウム**を生じさせ、臭素の空気中への揮散を防止します。なお、同じハロゲンである液化塩素（塩素）も同様の応急措置をとります。

③ **硝酸銀**は劇物で無色透明の結晶、**光により分解して黒変します**。また、**強力な酸化剤**で、腐食性があります。硝酸銀の鑑別法では「水に溶かして**塩酸を加えると、白色の塩化銀を沈殿する。**」、廃棄法では「水に溶かし、食塩水を加えて塩化銀を沈殿濾過する。（沈殿法）」とするものがあります。硝酸銀の漏えい時の応急措置でも、「回収したあとを食塩水と反応させて毒性の低い塩化銀とする」とありますが、鑑別法・廃棄法での反応生成物と同じですので、関連して覚えておくと便利です。

④ **水素化砒素**は別名アルシン、砒化水素ともいい、**ニンニク臭の気体**で、毒物です。漏えい時の応急措置で、「漏えいしたボンベ等を～」となっていることから、漏えいした薬物がガス（気体）または気体に非常になりやすい液体であることがわかります。水素化砒素の漏えい時の応急措置では、水酸化ナトリウム水溶液に水素化砒素のガスを溶液に吸収させ、次亜塩素酸ナトリウム水溶液で酸化処理するためにこれらの混合溶液に容器ごと投入します。なお、この処理液は砒素を含むため、処理施設に持ち込み、最終的には燃焼隔離法や酸化隔離法などの廃棄方法で処理を行わなければなりません。

問題7

重要度 ★★

次の薬物の漏えい時の応急措置として、適切なものを選びなさい。

①ナトリウム　②ピクリン酸　③ホスゲン　④硫酸

a) 漏えいした液は土砂等でその流れを止め、安全な場所に導き、重炭酸ナトリウムまたは炭酸ナトリウムと水酸化カルシウムからなる混合物の水溶液で注意深く中和する。

b) 飛散したものは空容器にできるだけ回収し、そのあとを多量の水を用いて洗い流す。なお、回収の際は飛散したものが乾燥しないよう、適量の水で散布して行い、また、回収物の保管、輸送に際しても十分に水分を含んだ状態を保つようにする。用具および容器は金属製のものを使用してはならない。

c) 漏出したものは速やかに拾い集めて、灯油または流動パラフィンの入った容器に回収する。砂利、石等に付着している場合は砂利等ごと回収する。

d) 漏えいした液は土砂等でその流れを止め、これに吸着させるか、または安全な場所に導いて遠くから徐々に注水してある程度希釈した後、消石灰、ソーダ灰等で中和し、多量の水を用いて洗い流す。

出題薬物基本情報

薬物名	分類	常温での状態	基本的特徴	化学式
ナトリウム	劇物	固体	禁水性	Na
ピクリン酸	劇物	固体	爆発性	$C_6H_2(OH)(NO_2)_3$
ホスゲン	毒物	気体（圧縮液化ガスとして貯蔵）	不燃性	$COCl_2$
硫酸	劇物	液体	強酸性	H_2SO_4

解答・解説

問題7　　**解答 ①c ②b ③a ④d**

① **ナトリウム**（金属ナトリウム）は銀白色の光輝をもつ、ロウのように軟らかい金属で、劇物です。ナトリウムは水と激しく反応して水素が発生し、それが発火するので、貯蔵では**石油（具体的には灯油）中に保存します**。漏えい時においても水と触れるのは危険なので、速やかに拾い集めて、**灯油または流動パラフィンの入った容器に回収します**。なお、カリウム（金属カリウム）も同様の措置をとります。

② **ピクリン酸**（2,4,6－トリニトロフェノール）は淡黄色の光沢のある小葉状あるいは針状結晶で、劇物です。徐々に熱すると昇華しますが、**急熱あるいは衝撃により爆発します**。ピクリン酸の貯蔵法では、火気に対して安全で隔離された場所に、**硫黄、ヨード（沃素）、ガソリン、アルコール等と離して保管**しますが、それはピクリン酸が爆発性を有しているからです。硫黄、ヨードなどが混合すると衝撃、摩擦などによりさらに激しく爆発しますし、ガソリン、アルコールなどの引火性物質がそばにあると、火災の拡大危険が増すので、これらと離す必要があります。そして、ピクリン酸が飛散した際には、飛散したものが**乾燥しないように水を散布**したり、回収したものの保管、輸送に際して**十分に水を含んだ状態を保つ**ようにしたりするのも、ピクリン酸が衝撃や摩擦などにより爆発する性質があるからです。

③ **ホスゲン**（カルボニルクロライド、塩化カルボニル）は独特の青草臭のある無色の窒息性ガスで、毒物です。一般に圧縮液化ガスとして貯蔵・運搬されるので、「漏えいした液は～」となっているのはそのためです。ホスゲンは強熱されると塩素と一酸化炭素を発生し、水があると加水分解して、炭酸ガス（二酸化炭素）と塩化水素になります。ホスゲンが漏えいした際は、**重炭酸ナトリウム（炭酸水素ナトリウム）と水酸化カルシウムのアルカリ混合溶液**または**炭酸ナトリウムと水酸化カルシウムのアルカリ混合溶液**で中和します。

④ 劇物の**硫酸**は無色透明油状の液体で、濃厚なものは**猛烈に水を吸収**する性質があり、**水と急激に混合すると激しく発熱**して、硫酸が飛散することがあります。硫酸は、農業用品目にも特定品目にも定められています。硫酸は強酸なので、**消石灰やソーダ灰等のアルカリで中和します**。

問題8

重要度 ★★☆

次の薬物の漏えい時の応急措置として、適切なものを選びなさい。

①ジメチルアミン　②二硫化炭素　③砒素　④弗化水素酸

a) 漏えいした液は土砂等でその流れを止め、安全な場所に導き、水で覆った後、土砂等に吸収させて空容器に回収し、水封後密栓する。そのあとを多量の水を用いて洗い流す。

b) 飛散したものは空容器にできるだけ回収し、そのあとを硫酸第二鉄等の水溶液を散布し、消石灰、ソーダ灰等の水溶液を用いて処理した後、多量の水を用いて洗い流す。

c) 漏えいした液は土砂等でその流れを止め、安全な場所に導き、できるだけ空容器に回収し、そのあとを徐々に注水してある程度希釈した後、消石灰等の水溶液で処理し、多量の水を用いて洗い流す。発生するガスは霧状の水をかけて吸収させる。

d) 漏えいしたボンベ等の漏出箇所に木栓等を打ち込み、できるだけ漏出を止め、更に濡れた布等で覆った後、できるだけ速やかに専門業者に処理を委託する。

出題薬物基本情報

薬物名	分類	常温での状態	基本的特徴	化学式
ジメチルアミン	劇物	気体	引火性	$(CH_3)_2NH$
二硫化炭素	劇物	液体	引火性	CS_2
砒素	毒物	固体	半金属	As
弗化水素酸	毒物	液体	腐食性	HFaq※

※aq：水溶液をあらわす。

解答・解説

問題8 解答 ①d ②a ③b ④c

① 劇物の**ジメチルアミン**とメチルアミン(CH_3NH_2)はいずれも強アンモニア臭の気体で、水によく溶けます。気体(ガス)ですから、ボンベ等で貯蔵しますが、漏えい時に濡れた布等で覆うのは、空気中への気体(ガス)の揮散をできるだけ抑えるためです。「できるだけ速やかに**専門業者に処理を委託する**」が、漏えい時の応急措置のキーワードとして記憶してください。

② 劇物の**二硫化炭素**は引火性が高く、−20℃でも引火して燃焼します(引火点−30℃)。引火性が高いということは揮発性が高いということでもあり、引火点の液温で引火するのに必要な可燃性蒸気が空気中に揮発していることを示しています。また、二硫化炭素は水には溶けにくく、(液)比重は約1.3と、水よりも重いです。そのため、貯蔵法ではいったん開封したものは蒸留水を混ぜて、揮発を防止することにより、引火を防止することができます。漏えい時でもその**液面を水で覆い**、空容器に回収した後の二硫化炭素は**水封後密栓**することにより、可燃性蒸気の空気中への放出をできる限り防ぎます。

③ 毒物の**砒素**は灰色、黄色、黒色の3つの変態がありますが、灰色のものが最も安定で、金属光沢を有し、もろく、粉砕できます。砒素が漏えいした場合は、空容器にできるだけ回収するとともに、回収しきれない砒素が土壌や水に溶出して汚染することを防止するために、**硫酸第二鉄等の水溶液**を散布して、水に難溶性の砒酸鉄とします。また、それにより残留する硫酸イオンは、消石灰、ソーダ灰の水溶液を用いて処理します。

④ 毒物の**弗化水素酸**は、弗化水素(ガス)の水溶液です。ここから、弗化水素が水に溶けやすいことを推測できるようになりましょう。また、弗化水素酸は**不燃性**で強い腐食性があり、**ガラスを腐食します**。その性質からガラス容器には貯蔵できず、銅、鉄、コンクリートまたは木製のタンクにゴム、鉛、塩化ビニルあるいはポリエチレンの**ライニング**をほどこした貯蔵容器を用い、用途ではガラスのつや消しなどに利用されます。廃棄法では、消石灰水溶液に少量ずつ加えて中和し、不溶性沈殿として生成する弗化カルシウム(CaF_2)を沈殿濾過しますが、漏えい時の応急措置でも消石灰で処理するのは回収しきれなかった弗化水素を弗化カルシウムとするためです。また、発生するガス(弗化水素)は水に溶けやすいので、霧状の水をかけて吸収させます。

コラム 保護具について

運搬事故等で薬物が漏洩した（火災が発生した）際は、必要な応急措置を取らなければなりません。その際、保護具を着用しなければなりませんが、保護具には保護眼鏡、保護手袋、保護長靴、保護衣、防毒マスク（空気呼吸器）があります。特に防毒マスクについては、薬物の性状に応じてさまざまな種類があるので、着用すべき保護具としてごくまれに出題されることがあります。出題頻度が低いので、本問題集には問題を掲載しておりませんが、おさえておくべきポイントの概要を記載しますので、余裕のある人は確認しておいてください（施行規則別表第五 参照）。

[防毒マスク・防じんマスク]

①酸性ガス用	酸性ガスが発生するおそれのある酸などの漏洩時に使用される防毒マスクです。具体的には塩酸、硝酸、発煙硫酸、クロルスルホン酸、ジメチル硫酸、（硅）弗化水素酸、黄燐などの薬物がこれにあたります。
②有機ガス用	主に有機化合物で液体の薬物の漏洩時に使用される防毒マスクです。四アルキル鉛、アクリルニトリル、クロルメチル、クロルピクリン、ニトロベンゼン、ホルマリンなど、多くの有機化合物の薬物がこれにあたります。
③普通ガス用	液化塩素と臭素の漏洩時に使用される防毒マスクです。
④アンモニア用	アンモニアの漏洩時に使用される防毒マスクです。
⑤防じんマスク	金属化合物など、主に固体の薬物の漏洩時に使用される防毒マスクです。固体の薬物の漏洩時には、その微粉末などが粉じんとして空気中に発生するためです。蓚酸、塩素酸塩類、クロム酸塩類、固体の農薬などの薬物がこれにあたります。ミストなどが発生するおそれがあるものもこれに含みます。

※ その他、液体状の無機シアン化合物漏洩時に使用される青酸用防毒マスクなどがあります。

[空気呼吸器]

気体の薬物や非常に気体になりやすい薬物、毒性の高いガスが発生する薬物などの漏洩時に使用されることが多いようです。また、火災発生時は大量の有毒ガスが発生するので、これに限らず、空気呼吸器を使うことが多いです。

第7章

毒物劇物の毒性・解毒剤

7-1 五肢択一問題

❶ 毒性

問題1　農業用品目　重要度 ★★★

極めて猛毒で、希薄な蒸気でもこれを吸入すると呼吸中枢を刺激し、ついで麻痺させる薬物を1つ選びなさい。

a) ブロムメチル　b) シアン化水素　c) 塩素酸カリウム
d) パラチオン　e) モノフルオール酢酸ナトリウム

問題2　特定品目　重要度 ★★★

血液中の石灰分を奪取し、神経系をおかす。急性中毒症状は、胃痛、嘔吐、口腔、咽喉に炎症を起こし、腎臓がおかされる薬物を1つ選びなさい。

a) 硝酸　b) クロロホルム　c) ホルマリン
d) 蓚酸　e) トルエン

問題3　農業用品目　重要度 ★★

血液にはたらいて毒作用をするため、血液はどろどろになり、どす黒くなる。また、腎臓をおかされるため尿に血が混じり、尿の量が少なくなる薬物を1つ選びなさい。

a) 塩素酸カリウム　b) クロルピクリン　c) ニコチン
d) アンモニア　e) DDVP

用語解説　メトヘモグロビン

赤血球中のヘモグロビンの鉄が2価（Fe^{2+}）から3価（Fe^{3+}）の状態になったものをいい、酸素運搬能がなくなったヘモグロビンの状態です。塩素酸塩類や亜塩素酸塩類などの酸化剤、アニリンなどのアミノ基（$-NH_2$）を有する薬物、ニトロベンゼンなどのニトロ基（$-NO_2$）を有する薬物などにより、ヘモグロビンの酸化が異常に促進されても起こります。

解答・解説

問題1　　解答　b

「**極めて猛毒で、呼吸中枢を麻痺**させる」が、**シアン化水素**（シアン化合物）のキーワードです。シアン化水素は、細胞呼吸（組織呼吸）で重要な働きをしているミトコンドリア内のチトクロムオキシダーゼ（チトクロム酸化酵素）中の3価の鉄（Fe^{3+}）と結合して、細胞呼吸障害を引き起こします。また、吐瀉物や呼気が**アーモンド臭（青酸臭）**を帯びるのもシアン化合物による中毒の特徴です。シアン化水素は常温では液体ですが、極めて気体になりやすい薬物です。

a）気体、劇物　b）液体、毒物　c）固体、劇物　d）液体、特定毒物
e）固体、特定毒物

問題2　　解答　d

「**血液中の石灰（カルシウム）分を奪取する**」は、**蓚酸**のキーワードです。蓚酸は消化管から吸収され、体内のカルシウムイオンと難溶性塩を形成するため、**低カルシウム血症**を起こしたり、神経系に異常を引き起こしたりします。また、粘膜を刺激して炎症を起こすため、眼、鼻、口腔、咽喉頭、胃などに影響を及ぼします。体内で生成された難溶性塩は、**腎障害**を引き起こします。

a）液体、劇物　b）液体、劇物　c）液体、劇物　d）固体、劇物　e）液体、劇物

問題3　　解答　a

「**血液がどろどろになる**」が、**塩素酸カリウム**（塩素酸塩類）のキーワードです。塩素酸塩類の強い酸化作用により、血液中の赤血球を壊して溶血させるとともに、ヘモグロビンのヘム鉄が3価に酸化されたメトヘモグロビンとなる**メトヘモグロビン血症**となり（ヘモグロビンがメトヘモグロビンになると、酸素と結合できなくなります）、血液がどろどろになります。また、腎臓の近位尿細管に対する直接の毒作用があるので、腎臓がおかされ、尿中にヘモグロビンが出る**ヘモグロビン尿症**（血色素尿症）、そして、**急性腎不全**となります。

a）固体、劇物　b）液体、劇物　c）液体、毒物　d）気体、劇物　e）液体、劇物

問題4

重要度 ★☆☆

粉や蒸気を吸入して、眼、鼻、口腔などの粘膜、気管に障害を起こし、皮膚に湿疹を生ずることがある。多量に服用すると、嘔吐、下痢などを起こし、諸器官は黄色に染まる薬物を1つ選びなさい。

a) 三酸化二砒素　b) 黄燐　c) ピクリン酸
d) アニリン　e) セレン

問題5　特定品目

重要度 ★★★

頭痛、めまい、嘔吐、下痢、腹痛などを起こし、致死量に近ければ麻酔状態になり、視神経がおかされ、目がかすみ、ついには失明することがある薬物を1つ選びなさい。

a) 塩酸　b) アンモニア　c) 水酸化ナトリウム
d) ホルマリン　e) メタノール

問題6　特定品目

重要度 ★★★

麻酔性が強く、蒸気の吸入により頭痛、食欲不振等が見られる。大量では緩和な大赤血球性貧血をきたす薬物を1つ選びなさい。

a) 蓚酸　b) 四塩化炭素　c) トルエン
d) 塩化水素　e) 硝酸

参考　クロム酸塩の毒性

問題には出題されていませんが、クロム酸塩（特定品目）の毒性は特徴的なので、覚えておいてください。
クロム酸塩の中毒では、口と食道が帯赤黄色に染まり、のちに青緑色に変化します。腹痛を起こし、緑色のものを吐き、血の混じった便をします。重度では尿に血が混じり、痙攣（けいれん）を起こします。

解答・解説

問題4　解答　c

「**諸器官は黄色に染まる**」が、**ピクリン酸**のキーワードです。ピクリン酸は鼻、口腔、のどの粘膜を刺激して**呼吸困難**を起こしたり、眼粘膜等を刺激して**角膜障害**などを起こしたりします。また、皮膚に触れると黄色に染まり、湿疹を生じさせ、皮膚から吸収され頭痛、めまい、悪心（おしん）、嘔吐などを起こします、経口摂取では、皮膚と同じように諸器官を黄色く染めます。ピクリン酸は淡黄色結晶ですが、そのアルコール溶液は黄色（蛍光ペンのイエローに近い）です。そこから色をイメージしてください。

a）固体、毒物　b）固体、毒物　c）固体、劇物　d）液体、劇物　e）固体、毒物

問題5　解答　e

「**視神経がおかされる**」が、**メタノール**のキーワードです。メタノールの毒性は、メタノール自体の中枢神経抑制作用［麻酔作用（お酒に酔っている人をイメージしてください）］とその中間代謝産物であるホルムアルデヒドや蟻酸（ぎさん）によるアシドーシス（血液のpHが正常域より下がった状態）が主因です。なお、視神経がおかされ、目がかすみ、ついには失明するのは、神経細胞内で発生する蟻酸によるものです。蟻酸が中枢神経系、心循環器系に毒性を示し、細胞呼吸阻害を引き起こすことも少し覚えておきましょう。

a）液体、劇物　b）気体、劇物　c）固体、劇物　d）液体、劇物　e）液体、劇物

問題6　解答　c

「**蒸気の吸入で頭痛、食欲不振等が見られる**」、「**大赤血球性貧血**」が、**トルエン**のキーワードです。「大赤血球性貧血」は目を引くので、これで覚えてしまいがちですが、この用語が出てこないこともあるので、注意しましょう。トルエンは蒸気の吸入以外に皮膚からも吸収されますが、その作用として**粘膜刺激作用**、**中枢神経抑制作用（麻酔作用）**、**造血機能障害**を引き起こします。また、大赤血球性貧血とは、平均赤血球容積が正常よりも大きく、容積指数が高い貧血の総称です。

a）固体、劇物　b）液体、劇物　c）液体、劇物　d）気体、劇物　e）液体、劇物

問題7

重要度 ★★★

血液毒であり、かつ神経毒であるので、血液に作用してメトヘモグロビンをつくり、チアノーゼを起こさせる薬物を1つ選びなさい。

a) 砒素　b) アニリン　c) アクロレイン
d) 臭素　e) フェノール

問題8　特定品目

重要度 ★★

原形質毒である。脳の節細胞を麻痺させ、赤血球を溶解させる薬物を1つ選びなさい。

a) 水酸化ナトリウム　b) メタノール　c) ホルマリン
d) クロロホルム　e) アンモニア水

問題9　特定品目

重要度 ★★

揮発性蒸気の吸入などにより、はじめ頭痛、悪心などをきたし、また、黄疸のように角膜が黄色となり、次第に尿毒症様を呈し、はなはだしいときは死ぬこともある薬物を1つ選びなさい。

a) アンモニア水　b) 水酸化ナトリウム　c) 硫酸
d) トルエン　e) 四塩化炭素

用語解説　チアノーゼ

皮膚や粘膜が青紫色である状態をいいます。一般に血液中の酸素濃度が低下した際に爪床や口唇周囲にあらわれやすい。医学的には毛細血管血液中の還元ヘモグロビン（デオキシヘモグロビン）が5g/dL以上で出現する状態を指します。貧血患者には発生しにくい（ヘモグロビンの絶対量が少ないために還元ヘモグロビンの量が5g/dL以上になりにくいため）。

解答・解説

問題7 　解答 b

「**血液毒かつ神経毒**である」が、**アニリン**のキーワードです。アニリンは蒸気の吸入や皮膚から吸収されることにより体内に入り、**中枢神経抑制作用**を示します。それと同時にその代謝産物であるフェニルヒドロキシルアミンとニトロソベンゼンにより血液中のヘモグロビンが**メトヘモグロビン**（ヘモグロビンがメトヘモグロビンになると、酸素と結合できなくなります）となり、急性中毒では**チアノーゼ**（血液中の酸素濃度が低下して、皮膚や粘膜が青紫色となった状態）を起こさせます。

a）固体、毒物　b）液体、劇物　c）液体、劇物　d）液体、劇物　e）固体、劇物

問題8 　解答 d

「**原形質毒**である」は、**クロロホルム**のキーワードとして記憶しておいてよいのですが、必ずしもこれはクロロホルムの毒性のみを表しているとはいえません。クロロホルムは蒸気の吸入または皮膚、粘膜を刺激して、そこから吸収されます。そして、**強い中枢神経抑制作用（麻酔作用）**があるため、脳の節細胞を麻痺させます。また、血液を**溶血**させるとともに、肝臓、腎尿細管、心臓の**細胞毒**となります。

a）固体、劇物　b）液体、劇物　c）液体、劇物　d）液体、劇物　e）液体、劇物

問題9 　解答 e

「**黄疸**（おうだん）**のように角膜が黄色となる**」が、**四塩化炭素**のキーワードです。四塩化炭素（CCl_4）はクロロホルム（$CHCl_3$）と化学式が類似しているため、その毒性も類似していますが、出題されるときの文章はだいぶ違います。四塩化炭素は蒸気の吸入または皮膚、粘膜からの吸収により体内に入り、**中枢神経抑制作用**を示します。また、**溶血による黄疸**が見られるとともに、**肝・腎の機能障害**を引き起こします。

a）液体、劇物　b）固体、劇物　c）液体、劇物　d）液体、劇物　e）液体、劇物

問題10 重要度 ★☆☆

高濃度の連続投与で、全身の振顫（振戦）、四肢麻痺、衰弱などの症状が現れる薬物を1つ選びなさい。

a) アクリルアミド　b) 塩酸　c) シアン化水素
d) 沃素　e) アクロレイン

問題11 重要度 ★★☆

常に毒性が強い。内服では一般的に服用後暫時で胃部の疼痛、灼熱感、にんにく臭のおくび、悪心、嘔吐をきたす。吐瀉物はにんにく臭を有し、暗所では燐光を発する薬物を1つ選びなさい。

a) ピクリン酸　b) ニコチン　c) クロロホルム
d) アニリン　e) 黄燐

問題12　**農業用品目** 重要度 ★★★

血液中のアセチルコリンエステラーゼを阻害する。頭痛、めまい、吐き気、痙攣、麻痺を起こし、死亡する薬物を1つ選びなさい。

a) パラチオン　b) ブロムメチル　c) ニコチン
d) シアン化水素　e) クロルピクリン

解答・解説

問題10　　解答　a

「**振顫（振戦）（身体の全部または一部の不随意で規則的なふるえ）などの症状が現れる**」が、**アクリルアミド**のキーワードです。アクリルアミド（モノマー）はアクリルアミド神経炎（アクリルアミド中毒）と呼ばれる神経軸索変性を主とする末梢神経障害を引き起こします。また、皮膚に触れた場合は、その接触部の皮膚が剥離する落屑性皮膚炎を起こします。

a）固体、劇物　b）液体、劇物　c）液体、毒物　d）固体、劇物　e）液体、劇物

問題11　　解答　e

「**ニンニク臭のおくび（げっぷ）**」、「**吐瀉物はニンニク臭を有し**、暗所では**燐光を発する**」が、**黄燐**のキーワードです。経口摂取では激しい薬傷（薬によるやけど）により、**胃部の疼痛や灼熱感**を与えます。また、黄燐は肝、腎、心の**脂肪変性を起こし**、これらの臓器に障害を与えます。

なお、黄燐はにんにく臭の固体なので、体内に入った黄燐により、おくびや吐瀉物がにんにく臭を帯び、吐瀉物が燐光（青白い光です）を発します。

a）固体、劇物　b）液体、毒物　c）液体、劇物　d）液体、劇物　e）固体、毒物

問題12　　解答　a

「**アセチルコリンエステラーゼを阻害する**」が、**パラチオン**（有機燐製剤）のキーワードです。有機燐製剤の有機燐酸部分がアセチルコリンエステラーゼのエステル分解部位に強く結合して、アセチルコリンエステラーゼの働きを阻害します。そのため、アセチルコリンが分解されにくくなり、中枢神経のシナプス、自律神経節などの神経細胞レセプター部位にアセチルコリンが増加し、過剰刺激症状を引き起こします。この問題には出てきませんが、**縮瞳**（眼の瞳孔が過度に小さくなること）**を起こす**ことも覚えておいてください。なお、**有機燐製剤**として**パラチオン**のほか、**EPN**（エチルパラニトロフェニルチオノベンゼンホスホネイト、毒物）、**DDVP**（ジメチル－2,2－ジクロルビニルホスフェイト、ジクロルボス、劇物）があり、同じような毒性を示します。また、**メトミル**や**オキサミル**などの**カーバメイト系の農薬**も有機燐製剤と似た毒性を示します。

a）液体、特定毒物　b）気体、劇物　c）液体、毒物　d）液体、毒物

e）液体、劇物

問題13　農業用品目

重要度 ★★★

哺乳動物ならびに人間にははなはだしい毒作用を呈するが、皮膚を刺激したり、皮膚から吸収されることはない。主な中毒症状は激しい嘔吐が繰り返され、胃の疼痛を訴え、次第に意識が混濁し、てんかん性痙攣、脈拍の遅緩が起こり、チアノーゼ、血圧降下をきたす。死因は心臓障害による。TCAサイクル（アコニターゼ）を阻害する。このような毒性を有する薬物を1つ選びなさい。

a）硫酸ニコチン　b）モノフルオール酢酸ナトリウム　c）アンモニア水
d）塩素酸カリウム　e）硫酸

問題14　農業用品目

重要度 ★★

猛烈な神経毒である。急性中毒では、よだれ、吐気、悪心、嘔吐があり、ついで脈拍緩徐不整となり、発汗、瞳孔縮小、人事不省、呼吸困難、痙攣をきたす。慢性中毒では、咽頭・喉頭等のカタル、心臓障害、視力減弱、めまい、動脈硬化等をきたし、時として神経異常を引き起こすことがある薬物を1つ選びなさい。

a）アクリルニトリル　b）EPN　c）シアン化水素
d）ニコチン　e）アンモニア

問題15

重要度 ★★

急性中毒には二型あり、1つは麻痺型で、意識喪失、昏睡、呼吸血管運動中枢の急性麻痺を起こし、もう1つは胃腸型で、咽頭、食道等に熱灼の感を起こし、腹痛、嘔吐、口渇などがあり、症状はコレラに似ている。慢性中毒では、はじめ食思不振、吐気などがあり、ついで皮膚、粘膜の乾燥または炎症、特異な皮膚の異変を起こす。また、頑固な頭痛、末梢神経炎、知覚神経障害なども起こす。内臓は脂肪変性を起こし、高度の衰弱または心臓麻痺で倒れる。このような毒性を有する薬物を1つ選びなさい。

a）弗化水素酸　b）アクリルアミド　c）三酸化二砒素
d）フェノール　e）キシレン

解答・解説

問題13　　解答　b

「TCAサイクル（アコニターゼ）を阻害する」が、**モノフルオール酢酸ナトリウム**（有機弗素化合物）のキーワードです。モノフルオール酢酸ナトリウムは体内でモノフルオールクエン酸となり、クエン酸との競合によりTCAサイクル（アコニターゼ）を阻害します。また、グルコースからのクエン酸生成は正常に行われるので、組織内のクエン酸が蓄積して、中毒症状を起こさせます。その中毒症状は、**中枢神経症状**と**心臓障害**に大別されます。

a）固体、毒物　b）固体、特定毒物　c）液体、劇物　d）固体、劇物
e）液体、劇物

問題14　　解答　d

ニコチンは猛烈な神経毒で、**中枢神経、自律神経節、神経筋接合部に作用**します。いずれの場合も少量では刺激し、多量では麻痺が起きます。延髄の嘔吐中枢の刺激で嘔吐が起き、副交感神経刺激により外分泌が刺激され、**流涎**（りゅうせん）（**よだれを流すこと**）や**気管支分泌物の増加**（咽喉頭のカタルにあたります）が見られます。ニコチンは純粋な神経毒と考えてよいでしょう。

a）液体、劇物　b）固体、毒物　c）液体、毒物　d）液体、毒物　e）気体、劇物

問題15　　解答　c

これは砒素および砒素化合物に共通の毒性です。**三酸化二砒素**（無水亜砒酸）は皮膚、粘膜からも吸収され、**刺激作用**、**腐食作用**を示すので、咽頭、食道等に**熱灼感**を与えます。また、**平滑筋麻痺**、**末梢神経への毒作用**があります。下痢、脱水を起こし、初期にコレラ様大便（黒色便）があるのも特徴です。ここでは「**症状はコレラに似ている**」を三酸化二砒素のキーワードとしておきましょう。

a）液体、毒物　b）固体、劇物　c）固体、毒物　d）固体、劇物　e）液体、劇物

問題16

重要度 ★☆☆

急性中毒では、胃腸障害、神経過敏症、くしゃみ、肺炎、肝臓および脾臓の障害、低血圧、呼吸の衰弱等が見られる。慢性中毒では、著しい蒼白、息のにんにく臭、指・歯・毛髪等を赤くし、鼻出血、皮膚炎、うつ病、著しい衰弱等が見られる薬物を1つ選びなさい。

a) 臭素　　b) クロロホルム　　c) ホルマリン
d) セレン　　e) 黄燐

問題17　農業用品目

重要度 ★★☆

普通の燻蒸濃度では臭気を感じないから、中毒を起こすおそれがあるので注意を要する。なお、蒸気を吸入した場合の中毒症状としては、頭痛、眼や鼻孔の刺激、呼吸困難をきたす薬物を1つ選びなさい。

a) モノフルオール酢酸ナトリウム　　b) パラチオン　　c) ニコチン
d) アンモニア水　　e) ブロムメチル

問題18　農業用品目

重要度 ★★★

吸入すると、分解しないで組織内に吸収され、各器官に障害を与える。血液に入ってメトヘモグロビンをつくり、また、中枢神経や心臓、眼結膜をおかし、肺にも相当強い障害を与える薬物を1つ選びなさい。

a) 硫酸ニコチン　　b) DDVP　　c) クロルピクリン
d) シアン化水素　　e) 塩素酸カリウム

解答・解説

問題16

解答 d

セレンはコハク酸デヒドロゲナーゼ阻害による組織呼吸障害作用があるので、**呼吸困難**や**呼吸麻痺**を起こさせます。皮膚接触時に**皮膚紅斑**(こうはん)が見られ、慢性中毒では指、歯、毛髪等を赤くします。黄燐と同じように、摂取すると**呼気がニンニク臭**を帯びます。ここでは、「**指、歯、毛髪等を赤くする**」をセレンのキーワードとして記憶しておきましょう。

a) 液体、劇物　b) 液体、劇物　c) 液体、劇物　d) 固体、毒物　e) 固体、毒物

問題17

解答 e

ブロムメチル(臭化メチル)は**気体**の薬物で**燻蒸剤**として使われますが、普通の燻蒸濃度では臭気を感じないので、中毒になりやすい薬物です。その毒性はクロロホルムに類似しており、**中枢神経抑制と刺激の両作用**を示し、**痙攣**(けいれん)を起こさせます。低濃度の吸入では頭痛、めまい、**酩酊状態**(めいてい)が見られ、高濃度の吸入では**肺水腫**、**呼吸困難**、**代謝性アシドーシス**、**肝障害**、**腎障害**等が引き起こされます。「**普通の燻蒸濃度では臭気を感じない**」をブロムメチルのキーワードとしておきましょう。

a) 固体、特定毒物　b) 液体、特定毒物　c) 液体、毒物　d) 液体、劇物
e) 気体、劇物

問題18

解答 c

クロルピクリンは揮発しやすい液体で、粘膜刺激性が強く、**催涙性**があり、**土壌燻蒸剤**(どじょうくんじょうざい)に使用されます。揮発しやすい薬物なので、**呼吸器系**に作用して毒性を示します。また、**中枢神経**や**心臓**にも作用します。酸素運搬能のない**メトヘモグロビンの生成**も見られます。

a) 固体、毒物　b) 液体、劇物　c) 液体、劇物　d) 液体、毒物　e) 固体、劇物

問題19　特定品目

重要度 ★★☆

蒸気は粘膜を刺激し、鼻カタル、結膜炎、気管支炎などを起こさせる。高濃度のものは、皮膚に対し壊疽を起こさせ、しばしば湿疹を生じさせる薬物を1つ選びなさい。

a) ホルマリン　b) 蓚酸　c) 水酸化ナトリウム
d) 硫酸　e) 四塩化炭素

問題20

重要度 ★★☆

目と呼吸器を激しく刺激し、催涙性がある。また、皮膚を刺激し、気管支カタルや結膜炎を起こさせる薬物を1つ選びなさい。

a) メタノール　b) アクロレイン　c) 無水亜砒酸
d) ピクリン酸　e) アニリン

問題21　農業用品目

重要度 ★★☆

吸入によりすべての露出粘膜の刺激症状を発し、咳、結膜炎、口腔、鼻、咽喉粘膜の発赤、高濃度では口唇、結膜の腫脹、一時的失明をきたす薬物を1つ選びなさい。

a) アンモニア　b) ニコチン　c) モノフルオール酢酸ナトリウム
d) 硫酸　e) シアン化水素

問題22　特定品目

重要度 ★★☆

蒸気は眼、呼吸器などの粘膜および皮膚に強い刺激性をもつ。高濃度のものが皮膚に触れるとガスを発生して、組織ははじめ白く、次第に深黄色となる薬物を1つ選びなさい。

a) 四塩化炭素　b) 塩酸　c) 硝酸
d) 水酸化ナトリウム　e) トルエン

解答・解説

問題19 解答 a

ホルマリンはホルムアルデヒド（気体）の水溶液で、その蒸気が空気中に揮発して、**眼**、**鼻**、**上気道粘膜を刺激**します（ホルムアルデヒドは水に溶けやすく、肺まで達しづらいため、上気道に対する症状が主で、肺水腫を引き起こすことはまれです）。また、皮膚に対しても刺激性があり、**アレルギー皮膚炎**を起こすこともあります。濃厚液との接触で、タンパク変性作用による壊疽（えそ）を引き起こします。中枢神経抑制作用もあります。なお、ホルムアルデヒドの刺激による副鼻腔炎が原因で起こる状態を**鼻カタル**といい、症状は主に鼻づまりと鼻汁です。

a）液体、劇物　b）固体、劇物　c）固体、劇物　d）液体、劇物　e）液体、劇物

問題20 解答 b

アクロレイン（アクリルアルデヒド）は、ホルマリン（ホルムアルデヒド）と類似の毒性があります。しかし、ホルムアルデヒドよりも**眼や呼吸器**に対する**刺激性**は強く、**催涙性**があります。アクロレインは**催涙性**のある薬物として、覚えておきましょう。なお、**気管支カタル**とは、気管支の組織の破壊を伴わない炎症のことです。

a）液体、劇物　b）液体、劇物　c）固体、毒物　d）固体、劇物　e）液体、劇物

問題21 解答 a

アンモニアは腐食性アルカリで、低濃度では三叉神経の末端を刺激して、**反射的に延髄の呼吸・循環中枢を刺激**します。極めて水に溶けやすいので、眼、口腔、上気道に痛みや刺激を感じ、**咳**、**結膜炎**を起こし、高濃度では**肺機能にも障害**を与えます。なお、代謝は速やかで、尿素として排出されます。

a）気体、劇物　b）液体、毒物　c）固体、特定毒物　d）液体、劇物　e）液体、毒物

問題22 解答 c

硝酸は強酸なので腐食作用が強く、高濃度のものは空気中で発煙して、**粘膜を強く刺激**します。また、硝酸が皮膚に触れると組織のタンパク質に作用してキサントプロテイン反応を起こし、皮膚を深黄色に染めます。この「**皮膚を深黄色にする**」を硝酸のキーワードとしておきましょう。

a）液体、劇物　b）液体、劇物　c）液体、劇物　d）固体、劇物　e）液体、劇物

問題23　特定品目

重要度 ★★

目、呼吸器系粘膜を強く刺激し、喉頭痙攣や肺水腫を起こす薬物を1つ選びなさい。

a) クロロホルム　b) 蓚酸　c) メタノール
d) 硫酸　e) 塩化水素

問題24　特定品目

重要度 ★★

強い酸であるから、人体に触れるときはこれをおかす薬物を1つ選びなさい。

a) キシレン　b) 塩酸　c) アンモニア水
d) ホルマリン　e) 水酸化ナトリウム

問題25　特定品目

重要度 ★★

腐食性が極めて強いので、皮膚に触れると激しくおかし、また、濃厚溶液を飲めば、口内、食道、胃などの粘膜を腐食して、死に至らしめる薬物を1つ選びなさい。

a) 硝酸　b) メタノール　c) 硫酸
d) 水酸化ナトリウム　e) トルエン

問題26

重要度 ★★★

皮膚や粘膜につくと火傷を起こし、その部分は白色となる。内服した場合には口腔、咽喉、胃に高度の灼熱感を訴え、悪心、嘔吐、めまいを起こし、失神、虚脱、呼吸麻痺で倒れ、尿は特有の暗赤色を呈する薬物を1つ選びなさい。

a) セレン　b) フェノール　c) 臭化メチル
d) 蓚酸　e) アクリルアミド

解答・解説

問題23　　解答　e

塩化水素は気体ですが、これの水溶液が塩酸です。ここからもわかる通り、**眼粘膜や呼吸器粘膜**に触れた塩化水素は、その部分の水分に溶け、**刺激性や腐食性**を示しますが、塩酸（塩化水素の水溶液で液体）よりも肺に達しやすいので、**肺水腫**を引き起こしやすいです。水に溶存しているものよりも、ガスそのものの方が肺に達しやすいということです。

a) 液体、劇物　b) 固体、劇物　c) 液体、劇物　d) 液体、劇物　e) 気体、劇物

問題24　　解答　b

問題文の「強い酸である」を読み取り、選択肢の薬物から強酸である**塩酸**を選びます。人体に触れるとこれをおかす薬物として、腐食性酸類（塩酸、硝酸、硫酸、フェノールなど）、腐食性アルカリ（水酸化ナトリウム、水酸化カリウム、アンモニア水など）を挙げられるようにしておきましょう。また、水銀、銀、銅、亜鉛等の塩類も同じような毒性がありますが、あまり出題されないでしょう。塩酸（塩化水素の水溶液で液体）は塩化水素（気体）よりも肺に達しづらく、**上部気道に障害が発生しやすい**薬物です。

a) 液体、劇物　b) 液体、劇物　c) 液体、劇物　d) 液体、劇物　e) 固体、劇物

問題25　　解答　d

腐食性が極めて強く、皮膚に触れると激しくおかすのは、腐食性酸類、腐食性アルカリの特徴ですが、「濃厚溶液」という語に着目してください。溶液ということは、薬物を溶媒に溶かしたことを意味しているので、薬物が固体であることが多いといえます。ここでは、強アルカリの**水酸化ナトリウム**です。

a) 液体、劇物　b) 液体、劇物　c) 液体、劇物　d) 固体、劇物　e) 液体、劇物

問題26　　解答　b

フェノール（石炭酸）は腐食性酸類のため、皮膚や粘膜につくと火傷（薬傷）を起こします。**火傷を起こした部分が白色となる**と出題されたら、フェノールを選択できるようにしておきましょう。

a) 固体、毒物　b) 固体、劇物　c) 気体、劇物　d) 固体、劇物　e) 固体、劇物

② 解毒剤

問題27　農業用品目　重要度 ★★★

DDVP（ジメチル－2,2－ジクロルビニルホスホフェイト、ジクロルボス）の解毒・治療剤として、次のうち最も適切なものを1つ選びなさい。

a）チオ硫酸ナトリウム、亜硝酸ナトリウム、亜硝酸アミル、ヒドロキソコバラミン
b）アセトアミド、ジアゼパム
c）PAM、アトロピン（硫酸アトロピン）
d）BAL、チオ硫酸ナトリウム
e）カルシウム剤（グルコン酸カルシウム等）

問題28　農業用品目　重要度 ★★★

N－メチル－1－ナフチルカルバメイト（カルバリル、NAC）の解毒・治療剤として、次のうち最も適切なものを1つ選びなさい。

a）チオ硫酸ナトリウム、亜硝酸ナトリウム、亜硝酸アミル、ヒドロキソコバラミン
b）アセトアミド、ジアゼパム
c）アトロピン（硫酸アトロピン）
d）BAL、チオ硫酸ナトリウム
e）カルシウム剤（グルコン酸カルシウム等）

参考　その他の薬物と解毒剤

以下の薬物と解毒剤も覚えておいてください。

①沃素：デンプン溶液。②砒素、鉛、水銀、銅、金、ビスマス、クロム、アンチモン：BAL（ジメルカプロール）。③鉛、水銀、銅：ペニシラミン。④鉛、銅：エチレンジアミン四酢酸カルシウム二ナトリウム（エデト酸カルシウム二ナトリウム）。⑤タリウム：ヘキサシアノ鉄（II）酸鉄（III）水和物（ブルシアンブルー）、、チオ硫酸ナトリウム。⑥弗化水素：グルコン酸カルシウムゼリー

解答・解説

問題27　　解答　c

毒物のDDVP（ジメチル－2,2－ジクロルビニルホスホフェイト、ジクロルボス）は、有機燐（ゆうきりん）化合物の1つですが、生体中の**アセチルコリンエステラーゼを阻害**して、毒性を示します。アセチルコリンエステラーゼは、神経伝達物質であるアセチルコリンを分解する酵素ですが、通常はこれにより余分なアセチルコリンを分解して、神経への過剰刺激を防止しています。しかし、有機燐化合物がこのアセチルコリンエステラーゼと結合してその働きを阻害すると、余分なアセチルコリンが分解されないので、レセプター周囲のアセチルコリンが増加して、神経の過剰刺激症状を引き起こします。解毒剤の**PAM（2－ピリジルアルドキシムメチオダイド、プラリドキシム沃化メチル）**は、このアセチルコリンエステラーゼと有機燐化合物の結合を切断して、アセチルコリンエステラーゼの働きを回復させます。また、対症療法剤ですが**アトロピン（硫酸アトロピン）**も有機燐化合物の解毒剤として記憶しておいてください。

問題28　　解答　c

劇物のN－メチル－1－ナフチルカルバメイト（カルバリル、NAC）は、カーバメイト系化合物（カルバミン酸塩）の1つですが、カーバメイト系化合物は有機燐（ゆうきりん）化合物と同じく生体中の**アセチルコリンエステラーゼを阻害**して、毒性を示します。カーバメイト系化合物による中毒は、有機燐化合物による中毒に比べて症状の発現は早く、症状の持続期間、重症度は低く、中枢神経症状は少ないです。そして、有機燐化合物が非可逆的にアセチルコリンエステラーゼを阻害するのに対して、カーバメイト系化合物は可逆的に阻害します。そのため、カーバメイト系化合物による中毒では、有機燐化合物による中毒と違ってアセチルコリンエステラーゼの活性は自然回復するので、アセチルコリンエステラーゼの再活性薬であるPAM（2－ピリジルアルドキシムメチオダイド、プラリドキシム沃化メチル）は不要です。

対症療法剤ですが、**アトロピン（硫酸アトロピン）**をカーバメイト系化合物の解毒剤として記憶しておいてください。

問題29　農業用品目
重要度 ★★☆

シアン化カリウムの解毒・治療剤として、次のうち最も適切なものを1つ選びなさい。

a) チオ硫酸ナトリウム、亜硝酸ナトリウム、亜硝酸アミル、
　ヒドロキソコバラミン
b) アセトアミド、ジアゼパム
c) PAM、アトロピン（硫酸アトロピン）
d) BAL、チオ硫酸ナトリウム
e) カルシウム剤（グルコン酸カルシウム等）

問題30　農業用品目
重要度 ★☆☆

ベンゾエピン（エンドスルファン、ヘキサクロロヘキサヒドロメタノベンゾジオキサチエピンオキサイド）の解毒・治療剤として、次のうち最も適切なものを1つ選びなさい。

a) PAM、アトロピン（硫酸アトロピン）
b) BAL、チオ硫酸ナトリウム
c) カルシウム剤（グルコン酸カルシウム等）
d) チオ硫酸ナトリウム、亜硝酸ナトリウム、亜硝酸アミル、
　ヒドロキソコバラミン
e) バルビツール製剤

参考　金属毒の一般的な解毒方法

①胃洗浄を行う。②吐剤、下剤を使用する。③卵白などタンパク汁、牛乳を飲ませる。

解答・解説

問題29　　解答　a

毒物の**シアン化カリウム**（青酸カリ）は無機シアン化合物の1つですが、酸性下でシアン化水素（青酸ガス）が発生して、これが毒性を示します。シアン

化水素は、生体中で**チトクロムオキシダーゼ中の3価の鉄（Fe^{3+}）であるヘム鉄と結合して、この働きを阻害します**。なお、チトクロームオキシダーゼは呼吸鎖（電子伝達系）で中心的な役割をする酵素（タンパク質）で、これに含まれる鉄（Fe^{3+}）が電子の授受に重要な働きをします。シアン化水素はこれと結合するので、**細胞呼吸（組織呼吸）が阻害されます**。シアン中毒の解毒・治療は、チトクロムオキシダーゼからシアン化水素を除去し、これが再結合することを防止して、体外に排出させることにあります。そのために**亜硝酸アミルの吸入や亜硝酸ナトリウムの静脈内注射**により血液中のヘモグロビンをメトヘモグロビン[ヘムに含まれる2価の鉄（Fe^{2+}）が3価の鉄（Fe^{3+}）に変わったもの]に変え、これにチトクロムオキシダーゼから遊離してきたシアン化水素を結合（シアノメトヘモグロビン）させることにより、チトクロムオキシダーゼからシアン化水素を除去します。なお、シアノメトヘモグロビンからも徐々にシアン化水素が遊離しますが、静脈内注射された**チオ硫酸ナトリウム**と反応させ、毒性の低いチオシアン酸[（チオシアネート）、（HSCN）]として腎臓から尿中に排出させます。

また、**ヒドロキソコバラミン**分子中のコバルトイオン（Co^{+}）はチトクロムオキシダーゼのヘム鉄（Fe^{3+}）よりもシアン化物イオン（CN^{-}）に対する親和性が高いため、チトクロムオキシダーゼに結合している、または血中で遊離しているシアン化物イオン（CN^{-}）と結合して、チトクロムオキシダーゼの活性を回復させます。

問題30　　解答 e

毒物のベンゾエピン（エンドスルファン、ヘキサクロロヘキサヒドロメタノベンゾジオキサチエピンオキサイド）は、有機塩素化合物の1つですが、有機塩素化合物は神経毒で、特に中枢神経刺激作用が強いです。また、肝臓、腎臓などの実質臓器（その臓器を切った場合の割面がつまった組織をもつ臓器）にも障害を起こさせるので、実質性毒（実質臓器に毒性を示す毒性物質）でもあります。日本でも問題になったDDT（ジクロロジフェニルトリクロロエタン）やPCB（ポリクロロビフェニル）、ダイオキシン類なども有機塩素化合物ですが、この有機塩素化合物は一般に難分解性で代謝されにくいものが多く、いったん生体内に入ると脂肪組織に長期間残留して、蓄積する傾向があります。有機塩素化合物中毒の治療では、直接的で根本的な治療薬は今のところなく、対症療法が中心となりますが、神経症状の鎮静剤としてバルビツール製剤が使われます。

問題31

重要度 ★☆☆

三酸化二砒素（無水亜砒酸）の解毒・治療剤として、次のうち最も適切なものを1つ選びなさい。

a）PAM、アトロピン（硫酸アトロピン）
b）BAL、チオ硫酸ナトリウム
c）カルシウム剤（グルコン酸カルシウム等）
d）チオ硫酸ナトリウム、亜硝酸ナトリウム、亜硝酸アミル、ヒドロキソコバラミン
e）バルビツール製剤

問題32　特定品目

重要度 

蓚酸の解毒・治療剤として、次のうち最も適切なものを1つ選びなさい。

a）PAM、アトロピン（硫酸アトロピン）
b）BAL、チオ硫酸ナトリウム
c）カルシウム剤（グルコン酸カルシウム等）
d）チオ硫酸ナトリウム、亜硝酸ナトリウム、亜硝酸アミル、ヒドロキソコバラミン
e）バルビツール製剤

解答・解説

問題31

解答 b

毒物の三酸化二砒素（無水亜砒酸）（As_2O_3）は無機砒素化合物ですが、その急性中毒では腹痛、嘔吐、下痢などのコレラに似た症状を呈します。

タンパク質はアミノ酸が多数重合した高分子化合物で、生体内では体を構成したり、物質を輸送したり、酵素として反応を触媒したり、多様な役割をしています。そして、構成するアミノ酸には含硫アミノ酸（その分子内に硫黄を含有するアミノ酸）という種類があり、ジスルフィッド結合（SS結合）やチオール基（スルフヒドリル基、－SH）としてタンパク質の立体構造の形成に関与しています。酵素の中には、その活性発現にチオール基が重要な働きを果たしているSH酵素（チオール酵素、スルフヒドリル酵素）という酵素群がありますが、**砒素**（代謝を受けて生成したメチル亜砒酸）はこの**チオール基と結合しやすい性質があり、SH酵素の働きを阻害します**［タリウム（Tl）もSH酵素を阻害します］。また、慢性中毒などにおいて、皮膚や爪、毛髪への砒素の蓄積が見られるのは、これらを構成するタンパク質がチオール基を多く有しているからです。

砒素中毒の解毒剤としては**ジメルカプロール（BAL）**が使われますが、BALの2つのチオール基に砒素を結合させることにより、生体分子のチオール基に砒素が結合することを防止します。BALは砒素および無機砒素化合物のほか、鉛（Pb）、水銀（Hg）、銅（Cu）、クロム（Cr）、タリウム（Tl）などの重金属およびその無機化合物の解毒剤としても使われることもありますが、セレン（Se）やカドミウム（Cd）ではかえって毒性を強くさせます。また、砒素中毒の解毒剤として、**チオ硫酸ナトリウム**が見られることがありますが、これはBALと同じように解毒剤のチオール基に砒素を結合させることによります。

問題32　　解答 c

劇物の**蓚酸**はカルボキシ（ル）基（－COOH）を2つもつジカルボン酸で、通常、二水和物［$(COOH)_2 \cdot 2H_2O$］として存在します。酸としては一般に弱酸に分類されますが、眼、粘膜には激しい薬傷（やくしょう）（やけど）を、口から入る（経口摂取する）と口腔、食道、胃の局所刺激と腐食症状を起こさせます。また、消化管から吸収され、体内のカルシウムイオン（Ca^{2+}）と結合して、難溶性の蓚酸カルシウムを形成します。血液中でも同じ反応が起こり、**血液中の石灰分（カルシウム）を奪い**、低カルシウム血症を引き起こします。血液を濾過する腎臓では、蓚酸カルシウムの蓄積による腎障害が起こり、これが進行すると腎不全となります。蓚酸による中毒の治療では、牛乳、石灰水、乳酸カルシウムの経口投与、蓚酸により奪われた血液中のカルシウムを補給するために、**グルコン酸カルシウム（カルシウム剤）**の静脈注射が行われます。

7-2 組み合わせ問題

① 毒性

問題1 農業用品目　重要度 ★★★

次の文は薬物の毒性に関する記述である。適切な薬物を選びなさい。

① 哺乳動物ならびに人間にははなはだしい毒作用を呈するが、皮膚を刺激したり、皮膚から吸収されたりすることはない。主な中毒症状は激しい嘔吐が繰り返され、胃の疼痛を訴え、次第に意識が混濁し、てんかん性痙攣、脈拍の遅緩が起こり、チアノーゼ、血圧降下をきたす。死因は心臓障害による。TCAサイクル（アコニターゼ）を阻害する。
② 普通の燻蒸濃度では臭気を感じないから、中毒を起こすおそれがあるので注意を要する。なお、蒸気を吸入した場合の中毒症状としては、頭痛、眼や鼻孔の刺激、呼吸困難をきたす。
③ 吸入によりすべての露出粘膜の刺激症状を発し、咳、結膜炎、口腔、鼻、咽喉粘膜の発赤、高濃度では口唇、結膜の腫脹、一時的失明をきたす。
④ 極めて猛毒で、希薄な蒸気でもこれを吸入すると呼吸中枢を刺激し、ついで麻痺させる。

a）アンモニア　b）シアン化水素　c）ブロムメチル
d）モノフルオール酢酸ナトリウム

出題薬物基本情報

薬物名	分類	常温での状態	基本的特徴	化学式
アンモニア	劇物	気体	刺激性	NH_3
シアン化水素	毒物	液体	引火性	HCN
ブロムメチル	劇物	気体	―	CH_3Br
モノフルオール酢酸ナトリウム	特定毒物	固体	吸湿性	$CH_2FCOONa$

解答・解説

問題1　解答 ①d ②c ③a ④b

① 特定毒物の**モノフルオール酢酸ナトリウム**の毒性です。モノフルオール酢酸、モノフルオール酢酸アミド（いずれも特定毒物）も同様の毒性があります。モノフルオール酢酸ナトリウムは、体内でモノフルオールクエン酸となり、クエン酸と拮抗するにより、**TCAサイクル（アコニターゼ）**を中断させ、酸素呼吸によるエネルギー生成を阻害します。その一方で、グルコース（ブドウ糖）からクエン酸が生成する反応は阻害されないので、組織中にクエン酸が蓄積して、中毒症状が発現します。

② 劇物の**ブロムメチル**（臭化メチル、ブロムメタン）の毒性です。ブロムメチルは気体で、果樹、種子、貯蔵食糧等の病害虫の燻蒸（くんじょう）に使用されますが、普通の燻蒸濃度（空気1L中にブロムメチル16mg程度）では臭気を感じないので、中毒を起こす可能性が高く、注意を要します。その毒性は**中枢神経抑制**と**中枢神経刺激**の両作用を示し、高濃度では**呼吸困難**、**肝・腎障害**を引き起こします。

③ 劇物の**アンモニア**の毒性です。アンモニアは刺激性があり、極めて水に溶けやすい気体なので、眼、鼻、口腔、上気道など、水分の多い**粘膜を刺激**します。アンモニア（水）は農業用品目、特定品目に定められています。

④ 毒物の**シアン化水素**の毒性です。シアン化カリウム（青酸カリ）やシアン化ナトリウム（青酸ソーダ）などのシアン化合物も、誤って経口摂取するなどにより、胃内で胃酸（塩酸）と反応して、シアン化水素が発生することにより、これがチトクロムオキシダーゼに作用して、**細胞呼吸障害**を引き起こします。シアン中毒の解毒・治療は、チトクロムオキシダーゼからシアン化水素を除去し、これが再結合することを防止して、体外に排出させることにあります。そのために**亜硝酸アミル**の吸入や**亜硝酸ナトリウム**の静脈内注射により血液中のヘモグロビンをメトヘモグロビン[ヘムに含まれる2価の鉄（Fe^{2+}）が3価の鉄（Fe^{3+}）に変わったもの]に変え、これにチトクロムオキシダーゼから遊離してきたシアン化物イオン(CN^{-})を結合（シアノメトヘモグロビン）させます。そして、このシアノメトヘモグロビンを**チオ硫酸ナトリウム**と反応させ、尿中に排泄させます。また、チトクロムオキシダーゼに結合しているシアン化物イオンを**ヒドロキソコバラミン**で奪って、尿中から排泄させる方法もあります。

問題 2　農業用品目

重要度 ★★★

次の文は薬物の毒性に関する記述である。適切な薬物を選びなさい。

① 猛烈な神経毒である。急性中毒では、よだれ、吐気、悪心、嘔吐があり、ついで脈拍緩徐不整となり、発汗、瞳孔縮小、人事不省、呼吸困難、痙攣をきたす。慢性中毒では、咽頭・喉頭等のカタル、心臓障害、視力減弱、めまい、動脈硬化等をきたし、時として神経異常を引き起こすことがある。

② 吸入すると、分解しないで組織内に吸収され、各器官に障害を与える。血液に入ってメトヘモグロビンをつくり、また、中枢神経や心臓、眼結膜をおかし、肺にも相当強い障害を与える。

③ 血液にはたらいて毒作用をするため、血液はどろどろになり、どす黒くなる。また、腎臓をおかされるため尿に血が混じり、尿の量が少なくなる。

④ 血液中のアセチルコリンエステラーゼを阻害する。頭痛、めまい、吐き気、痙攣、麻痺を起こし、死亡する。

a) 塩素酸カリウム　b) クロルピクリン　c) ニコチン　d) パラチオン

出題薬物基本情報

薬物名	分類	常温での状態	基本的特徴	化学式
塩素酸カリウム	劇物	固体	爆発性	$KClO_3$
クロルピクリン	劇物	液体	催涙性	CCl_3NO_2
ニコチン	毒物	液体	―	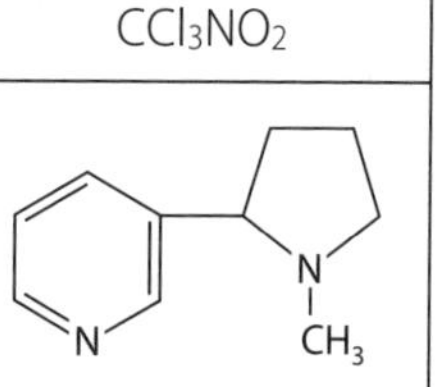 N　N　CH_3
パラチオン	特定毒物	液体	―	（下図）
C_2H_5O　S　P　O　NO_2　C_2H_5O				

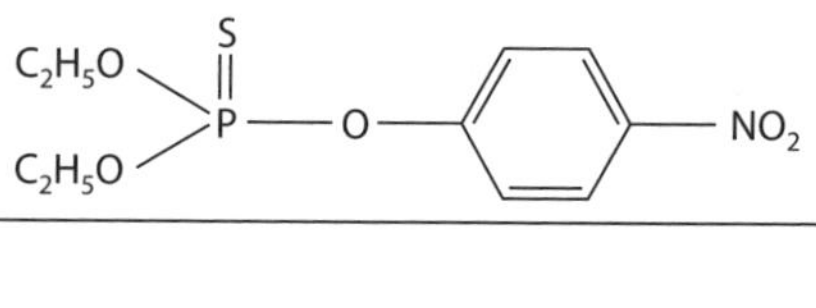

解答・解説

問題2　　　　解答　①c　②b　③a　④d

① 毒物のニコチン（液体）の毒性です。**ニコチン**はタバコ中の主アルカロイドで、純品は無色、無臭の油状液体ですが、空気中では速やかに褐変（液色が褐色に変化すること）します。ニコチンを硫酸と結びつけて不揮発性とした硫酸ニコチン（固体、毒物）も同様の毒性があります。ニコチンは**神経毒**で、中枢神経、自律神経、神経筋接合部に作用しますが、自律神経の1つである副交感神経の刺激により外分泌が促進され、**よだれや咽頭・喉頭等のカタル**（分泌物の増加）が引き起こされます。

② 劇物の**クロルピクリン**の毒性です。クロルピクリンは揮発性が強く、**催涙性**があり、強い粘膜刺激臭を有します。農薬としては、土壌病原菌や線虫等を駆除するための土壌燻蒸剤（くんじょうざい）として使われます。

③ 劇物の**塩素酸カリウム**の毒性です。塩素酸カリウムを含む塩素酸塩類は強い酸化剤で、血液中の赤血球を壊して溶血させ、また、ヘモグロビンをメトヘモグロビンに変化させることにより、ヘモグロビンが酸素と結合できなくなります。そのため、**血液がどろどろになります**。また、腎臓がおかされるため、尿中にヘモグロビンが出るヘモグロビン尿症となります。

④ 特定毒物の**パラチオン**（ジエチルパラニトロフェニルチオホスフェイト）の毒性です。パラチオンのほか、メチルパラチオン（ジメチルパラニトロフェニルチオホスフェイト）、TEPP（テトラエチルピロホスフェイト、特定毒物）、EPN（エチルパラニトロフェニルチオノベンゼンホスホネイト、毒物）、DDVP（ジメチル－2,2－ジクロルビニルホスフェイト、劇物）などの有機燐製剤（有機燐化合物）も同様の毒性があります。なお、「ホスフェイト」、「ホスホネイト」は燐を、「チオ」は硫黄を含む化合物であることを意味しています。有機燐製剤は**アセチルコリンエステラーゼを阻害**することにより、神経細胞のレセプター部位へのアセチルコリンの蓄積が起こり、**過剰刺激症状**を引き起こします。その症状は**ムスカリン様作用**（副交感神経末梢刺激症状）、**ニコチン様作用**、**交感神経作用**（交感神経節刺激）、**中枢神経作用**に大きくわけられます。有機燐製剤の解毒剤は、PAM（2－ピリジルアルドキシムメチオダイド、プラリドキシム沃化メチル）と**硫酸アトロピン**です。

問題3　特定品目

重要度 ★★★

次の文は薬物の貯蔵に関する記述である。適切な薬物を選びなさい。

① 目、呼吸器系粘膜を強く刺激し、喉頭痙攣や肺水腫を起こす。
② 血液中の石灰分を奪取し、神経系をおかす。急性中毒症状は、胃痛、嘔吐、口腔、咽喉に炎症を起こし、腎臓がおかされる。
③ 頭痛、めまい、嘔吐、下痢、腹痛などを起こし、致死量に近ければ麻酔状態になり、視神経がおかされ、目がかすみ、ついには失明することがある。
④ 揮発性蒸気の吸入などにより、はじめ頭痛、悪心などをきたし、また、黄疸のように角膜が黄色となり、次第に尿毒症様を呈し、はなはだしいときは死ぬこともある。

a) 塩化水素　b) 四塩化炭素　c) 蓚酸　d) メタノール

出題薬物基本情報

薬物名	分類	常温での状態	基本的特徴	化学式
塩化水素	劇物	気体	刺激性	HCl
四塩化炭素	劇物	液体	不燃性	CCl_4
蓚酸	劇物	固体	風解性	$(COOH)_2$・$2H_2O$
メタノール	劇物	液体	引火性	CH_3OH

解答・解説

問題3　　解答 ①a ②c ③d ④b

① 劇物の**塩化水素**の毒性です。塩化水素は水に溶けやすい気体で、これを水に溶かした水溶液が塩酸です。塩化水素は刺激性と腐食性があるため、眼粘膜や呼吸器系粘膜を強く刺激します。また、塩酸として皮膚などに接触すると、その**腐食作用**により組織を凝固させ、接触部位の**壊死**（えし）を引き起こします。解毒剤としては、中和剤として**弱アルカリ**が用いられます。

② 劇物の**蓚酸**（しゅうさん）の毒性です。経口摂取した場合には消化管から吸収され血中に入り、**血液中の石灰（カルシウム）分を奪い**、難溶性の蓚酸カルシウムを生成し、これが腎尿細管腔に蓄積することにより**乏尿**（ぼうにょう）（尿量が減少すること）となります。また、蓚酸により腎臓組織が壊され、尿中にタンパク質や血液が混ざる**蛋白尿**、**血尿**になります。経口摂取した場合にはその腐食作用により、**口腔**、**咽喉**（いんこう）、**胃に薬傷**を引き起こします。なお、蓚酸はなめし皮、金属磨き、**鉄錆**（てつさび）**落とし**、**コルク・藁**（わら）**の漂白剤**などに使用されます。また、蓚酸カルシウムは白色沈殿として、蓚酸の鑑別法で目にすることになります。

③ 劇物の**メタノール**の毒性です。メタノールはアルコール類で、その中枢神経抑制作用により、麻酔状態となります。また、メタノールの中間代謝産物であるホルムアルデヒド（HCHO）や蟻酸（ぎさん）（HCOOH）により血液のpHが正常値より下がる**アシドーシス**を引き起こします。また、神経細胞内で生じる蟻酸により、**視神経がおかされます**。心循環器系にも毒性を示します。

④ 劇物の**四塩化炭素**の毒性です。四塩化炭素は不燃性の液体で、消火剤やドライクリーニングなどで使用されます。中枢神経抑制による麻酔作用があり、溶血による黄疸（おうだん）により角膜が**黄色となり**、腎機能低下により**尿毒症**（体内の老廃物が体内の水分とともに尿として排泄することができず、老廃物が全身に蓄積することにより、全身臓器が多様な症状を示すようになった状態のことをいいます）を呈します。この毒性は四塩化炭素のほか、クロロホルム、ブロムメチルなどのハロゲン炭化水素に類似した毒性ということができますが、毒性の問題としての出題では、表現がだいぶ違うと認識しておきましょう。

問題4　特定品目

重要度 ★★★

次の文は薬物の毒性に関する記述である。適切な薬物を選びなさい。

①強い酸であるから、人体に触れるときはこれをおかす。

②麻酔性が強く、蒸気の吸入により頭痛、食欲不振等が見られる。大量では緩和な大赤血球性貧血をきたす。

③アルカリ性で強い局所刺激作用を示す。内服によって口腔、胸腹部疼痛、嘔吐、咳嗽、虚脱を発する。また、腐食作用によって直接細胞を損傷し、気道刺激症状、肺浮腫、肺炎をまねく。

④原形質毒である。脳の節細胞を麻痺させ、赤血球を溶解させる。

a) アンモニア水　　b) 硫酸　　c) クロロホルム　　d) トルエン

出題薬物基本情報

薬物名	分類	常温での状態	基本的特徴	化学式
アンモニア水	劇物	液体	刺激性	NH_3aq※
硫酸	劇物	液体	強酸性	H_2SO_4
クロロホルム	劇物	液体	不燃性	$CHCl_3$
トルエン	劇物	液体	引火性	$C_6H_5CH_3$ （構造式：ベンゼン環に CH_3）

※aq：水溶液をあらわす。

解答・解説

問題4　　解答　①b　②d　③a　④c

① 硫酸など、強酸の毒性です。「強い酸である」から特定できますが、人体に触れるとその腐食作用により、**組織に凝固性壊死**を引き起こします。これは、塩酸や硝酸、硫酸などの強酸に共通ですが、呼吸器に毒性を示すのは、塩酸、弗化水素酸、臭化水素酸など、気体の薬物の水溶液である酸です。また、硝酸は発生する二酸化窒素（亜硝酸ガス）により、粘膜刺激性を示し、皮膚に触れるとキサントプロテイン反応により、皮膚が黄色くなるのが特徴です。**硫酸**はその脱水作用により、その接触部位を炭化させます。アルカリも腐食作用がある点では酸と同じですが、その損傷の浸透性ではアルカリの方が一般に強いといえます。また、経口摂取した場合、酸（特に塩酸）は胃酸との相乗作用を示しますが、アルカリでは逆に胃酸により中和され、食道までの損傷よりは、**胃粘膜の損傷**の方が軽度となります。

② 劇物の**トルエン**（メチルベンゼン）の毒性です。トルエンは引火性液体で粘膜を刺激し、消化管や肺などから吸収され、中枢神経抑制による**麻酔作用**を示しますが、腐食性はありません。また、**造血機能を障害する作用**もあり、大量では**大赤血球性貧血**（高血色素性貧血）を引き起こすことも覚えておいてください。

③ アンモニア（気体）の水溶液である**アンモニア水**（劇物）の毒性です。**粘膜刺激作用**が強く、反射的に延髄の呼吸中枢を刺激します。また、腐食作用があるので経口摂取により口腔や**胸腹部の疼痛**（とうつう）（生体組織の損傷などの侵害刺激が個体に起こす痛み）、**嘔吐**（おうと）を引き起こすとともに、発生するアンモニアガスにより咳嗽（がいそう）（咳のことで、気道の繊毛運動で除去し得ない気道内の異物や分泌物を除去するための生体防御反応）、虚脱（虚脱硬化）が起こり、さらに**肺浮腫**（肺水腫）、**肺炎**（虚脱肺炎）が引き起こされます。アンモニア水は特定品目に定められていますが、農業用品目にも定められています。

④ 劇物の**クロロホルム**の毒性です。クロロホルムは不燃性の液体で、溶剤として広く利用されています。**中枢神経抑制作用**により、**脳の節細胞を麻痺**させ、**麻酔作用**を示しますが、**強い心機能抑制**と**呼吸抑制作用**があります。また、**原形質毒**として、肝臓、腎尿細管、心臓の**細胞死**を引き起こします。**溶血作用**もあります。

問題5　特定品目

重要度 ★★★

次の文は薬物の毒性に関する記述である。適切な薬物を選びなさい。

① 腐食性が極めて強いので、皮膚に触れると激しくおかし、また、濃厚溶液を飲めば、口内、食道、胃などの粘膜を腐食して、死に至らしめる。
② 蒸気は粘膜を刺激し、鼻カタル、結膜炎、気管支炎などを起こさせる。高濃度のものは、皮膚に対し壊疽を起こさせ、しばしば湿疹を生じさせる。
③ 蒸気は眼、呼吸器などの粘膜および皮膚に強い刺激性をもつ。高濃度のものが皮膚に触れるとガスを発生して、組織ははじめ白く、次第に深黄色となる。
④ 吸入すると、目、鼻、のどを刺激する。高濃度で興奮、麻酔作用がある。

a) キシレン　　b) 硝酸　　c) 水酸化ナトリウム　　d) ホルマリン

出題薬物基本情報

<table>
<tr><th>薬物名</th><th>分類</th><th>常温での状態</th><th>基本的特徴</th><th>化学式</th></tr>
<tr><td>キシレン</td><td>劇物</td><td>液体</td><td>引火性</td><td>$C_6H_4(CH_3)_2$
(下図)</td></tr>
<tr><td colspan="5">CH_3 CH_3 o−キシレン　　CH_3 CH_3 m−キシレン　　CH_3 CH_3 p−キシレン</td></tr>
<tr><td>硝酸</td><td>劇物</td><td>液体</td><td>強酸性</td><td>HNO_3</td></tr>
<tr><td>水酸化ナトリウム</td><td>劇物</td><td>固体</td><td>潮解性</td><td>NaOH</td></tr>
<tr><td>ホルマリン</td><td>劇物</td><td>液体</td><td>催涙性</td><td>HCHOaq※</td></tr>
</table>

※aq：水溶液をあらわす。

解答・解説

問題5　　解答 ①c ②d ③b ④a

① 劇物の**水酸化ナトリウム**（苛性ソーダ）の毒性です。水酸化ナトリウムは**潮解性**のある固体で水に溶けやすく、その水溶液は強アルカリ性です。タンパク質を融解、脂質をケン化し、**皮膚や粘膜などの組織を激しく腐食**します。アルカリは酸と比べると一般に組織損傷の浸透性が深く、強いです。また、その腐食性は、水酸化ナトリウムよりも水酸化カリウム（苛性カリ）の方が強いです。「濃厚溶液」から、非常に濃度の濃い溶液であることがわかりますが、さらに「溶液」とは薬物を溶媒に溶かしたことを意味していて、一般にこの薬物が固体であることを示していると理解してください。なお、強酸も腐食性がありますが、液体である強酸は「高濃度のもの」と表現されています。

② 劇物の**ホルマリン**の毒性です。ホルマリンはホルムアルデヒド（HCHO、気体）の水溶液で、**催涙性**があり、中枢神経抑制作用もあります。また、ホルムアルデヒドは皮膚や粘膜に対して刺激性があり、呼吸器系に作用して**鼻カタル**（鼻汁を伴う鼻炎）や**気管支炎**を起こし、皮膚に作用して、**湿疹**や**アレルギー性皮膚炎**を引き起こします。そして、濃厚なホルマリンとの接触により**組織が凝固性壊死**（えし）を起こし、**壊疽**（えそ）を生じさせます。

③ 劇物の**硝酸**の毒性です。硝酸は強酸なので**腐食性が激しく**、また、硝酸から発生する二酸化窒素（亜硝酸ガス）は有毒で、刺激性があります。硝酸はタンパク質に触れるとキサントプロテイン反応を起こし、**タンパク質を黄色に着色させる**ので、生体組織を深黄色に染めるのはそのためです。これは、生体組織のタンパク質を構成するチロシン、トリプトファンなどの芳香族アミノ酸が、硝酸によりニトロ化されることにより呈色が起こります。

④ 劇物の**キシレン**の毒性です。キシレンはベンゼン環にメチル基（$-CH_3$）を2つもつ構造をしており、オルト、メタ、パラの3異性体がある芳香族炭化水素です。また、その性質はトルエン（ベンゼン環にメチル基を1つもつ芳香族炭化水素）と類似しており、いずれも揮発性が強く**引火性**の液体で、その毒性も類似しています。キシレン蒸気は**局所刺激作用**があり、高濃度のキシレン蒸気の吸入により、はじめは興奮作用を示し、次いで中枢神経抑制による**麻酔作用**を示します。

問題6

重要度 ★★☆

次の文は薬物の毒性に関する記述である。適切な薬物を選びなさい。

① 血液毒であり、かつ神経毒であるので、血液に作用してメトヘモグロビンをつくり、チアノーゼを起こさせる。
② 粉や蒸気を吸入して、眼、鼻、口腔などの粘膜、気管に障害を起こし、皮膚に湿疹を生ずることがある。多量に服用すると、嘔吐、下痢などを起こし、諸器官は黄色に染まる。
③ 常に毒性が強い。内服では一般的に服用後暫時で胃部の疼痛、灼熱感、にんにく臭のおくび、悪心、嘔吐をきたす。吐瀉物はにんにく臭を有し、暗所では燐光を発する。
④ 急性中毒には二型あり、1つは麻痺型で意識喪失、昏睡、呼吸血管運動中枢の急性麻痺を起こし、もう1つは胃腸型で咽頭、食道等に熱灼の感を起こし、腹痛、嘔吐、口渇などがあり、症状はコレラに似ている。慢性中毒では、はじめ食思不振、吐気などがあり、ついで皮膚、粘膜の乾燥または炎症、特異な皮膚の異変を起こす。また、頑固な頭痛、末梢神経炎、知覚神経障害なども起こす。内臓は脂肪変性を起こし、高度の衰弱または心臓麻痺で倒れる。

a) アニリン　　b) 黄燐　　c) 三酸化二砒素　　d) ピクリン酸

出題薬物基本情報

薬物名	分類	常温での状態	基本的特徴	化学式
アニリン	劇物	液体	ー	$C_6H_5NH_2$
黄燐	毒物	固体	発火性	P_4
三酸化二砒素	毒物	固体	ー	As_2O_3
ピクリン酸	劇物	固体	爆発性	$C_6H_2(OH)(NO_2)_3$

解答・解説

問題6 **解答 ①a ②d ③b ④c**

① 劇物の**アニリン**の毒性です。アニリンは無色透明油状の液体ですが、空気に触れると赤褐色を呈します。アニリンは**神経毒**として、中枢神経抑制作用を示します。また、アニリンは**血液毒**として、ニトロベンゼン、亜硝酸塩、硝酸塩、塩素酸塩とともに**メトヘモグロビン血症**を起こす代表的な薬物です。これらの薬物がヘモグロビンに作用してメトヘモグロビンとなることにより、血液中の酸素濃度が低下してチアノーゼを起こします。

② 劇物の**ピクリン酸**（2,4,6－トリニトロフェノール）の毒性です。ピクリン酸は淡黄色の針状結晶で、ニトロベンゾールの臭気をもち、急熱あるいは衝撃により爆発します。ピクリン酸の鑑別法である「アルコール溶液は白色の羊毛または絹糸を鮮黄色に染める。」から、諸器官が黄色に染まることが推測できます。

③ 毒物の**黄燐**の毒性です。黄燐は白色または淡黄色のロウ様半透明の結晶性固体で、ニンニク臭があります。また、黄燐は非常に酸化されやすく、空気中では50℃で**自然発火**するので、水中に保存します。黄燐が酸化すると五酸化燐（P_2O_5）が生じ、その脱水作用により**腐食性**を示します。そのため、経口摂取すると**胃部の疼痛**（とうつう）、**灼熱感**（しゃくねつかん）をきたします。また、黄燐はニンニク臭があるので、内服するとおくび（ゲップ）や吐瀉物（としゃぶつ）（体外に排出された胃の内容物、嘔吐物）がニンニク臭を帯びます。吐瀉物が暗所で燐光（りんこう）（青白い炎）を発するのも、わかりやすい特徴です。

④ 毒物の**三酸化二砒素**（無水亜砒酸、As_2O_3）の毒性です。砒素（As）は解糖系の諸酵素やアミノ酸酸化酵素、モノアミン酸化酵素など、酵素（タンパク質）のチオール基（－SH）と結合して、その活性を阻害します。なお、解毒剤としては**BAL（ジメルカプロール、2,3－ジメルカプト－1－プロパノール）**が使用されますが、砒素がタンパク質のチオール基と結合するより、BALの2つのチオール基と結合する方が反応性・安定性が高いことから、解毒作用を示します。

問題7

重要度 ★☆☆

次の文は薬物の毒性に関する記述である。適切な薬物を選びなさい。

① 目と呼吸器を激しく刺激し、催涙性がある。また、皮膚を刺激し、気管支カタルや結膜炎を起こさせる。
② 高濃度の連続投与で、全身の振顫（しんせん）（振戦）、四肢麻痺、衰弱などの症状が現れる。
③ 急性中毒では、胃腸障害、神経過敏症、くしゃみ、肺炎、肝臓および脾臓の障害、低血圧、呼吸の衰弱等が見られる。慢性中毒では、著しい蒼白、息のにんにく臭、指・歯・毛髪等を赤くし、鼻出血、皮膚炎、うつ病、著しい衰弱等が見られる。
④ 皮膚や粘膜につくと火傷を起こし、その部分は白色となる。内服した場合には口腔、咽喉、胃に高度の灼熱感を訴え、悪心、嘔吐、めまいを起こし、失神、虚脱、呼吸麻痺で倒れ、尿は特有の暗赤色を呈する。

a) アクリルアミド　b) アクロレイン　c) セレン　d) フェノール

出題薬物基本情報

薬物名	分類	常温での状態	基本的特徴	化学式
アクリルアミド	劇物	固体	―	$CH_2=CHCONH_2$
アクロレイン	劇物	液体	催涙性	$CH_2=CHCHO$
セレン	毒物	固体	半金属	Se
フェノール	劇物	固体	潮解性	C_6H_5OH （構造式：ベンゼン環にOH）

解答・解説

問題7 **解答 ①b ②a ③c ④d**

① 劇物の**アクロレイン**（アクリルアルデヒド）の毒性です。アクロレインは**催涙性**があり、引火性の液体です。非常に揮発しやすく、眼や呼吸器の**粘膜や皮膚を刺激**しますが、ホルムアルデヒド（HCHO）の刺激性よりもはるかに強く、**結膜炎**や**気管支カタル**（気管支粘膜における粘液亢進と粘膜上皮細胞の剥離を伴う炎症）を起こし、**肺水腫**に至る場合もあります。

② 劇物の**アクリルアミド**の毒性です。アクリルアミドは重合してポリアクリルアミドという高分子化合物となりますが、これはアクリルアミド（モノマー）のような毒性はありません。なお、この重合する性質を利用して、軟弱地盤の強化などに使われる土質安定剤（土壌改良剤）や下水処理等における水処理剤（凝集剤）などに利用されます。アクリルアミドは皮膚から吸収されやすく、皮膚に触れるとこれを刺激し、接触部の皮膚が剥離する**落屑**（らくせつ）**性皮膚炎**を起こします。また、神経細胞から伸びる軸索の機能を障害することにより、**麻痺**などの症状を引き起こします。中毒症状としては全身の**振顫**（しんせん）（振戦）（身体の震え）、**運動失調**、**四肢冷感**、**筋力低下**、**知覚異常**などがあります。

③ 毒物の**セレン**の毒性です。セレン（Se）は粘膜刺激作用があり、コハク酸デヒドロゲナーゼ阻害による**組織呼吸障害作用**、SH酵素（チオール酵素）の阻害作用があります。また、慢性中毒での息のニンニク臭はジメチルセレンの生成によるものです。**指、歯、毛髪等が赤くなる**のは、これらの部分を構成するタンパク質にチオール基（－SH）が多く、セレンがそこに結合して蓄積しやすいためです。

④ 劇物の**フェノール**の毒性です。フェノールは**腐食性**が強く、皮膚や粘膜に触れると細胞の**細胞膜を破壊し、タンパク質を凝固させ、その部分は白色となります。**経口摂取した場合に口腔、咽喉、胃に高度の**灼熱感**（しゃくねつかん）を与えるのは、この作用のためです。また、フェノールは空気中で酸化して容易に赤変します。体内に吸収されたフェノールも酸化され、その大部分は腎臓から尿中に排出されますが、その際に尿が特有の暗赤色を呈します。

❷ 解毒剤

問題８　農業用品目　重要度 ★★★

次の薬物の解毒・治療剤として、最も適切なものを選びなさい。

①有機燐化合物　②カーバメイト系化合物
③砒素および砒素化合物　④シアン化合物

a) チオ硫酸ナトリウム、亜硝酸ナトリウム、亜硝酸アミル、ヒドロキソコバラミン
b) アトロピン（硫酸アトロピン）
c) PAM（2－ピリジルアルドキシムメチオダイド）、アトロピン（硫酸アトロピン）
d) BAL（ジメルカプロール）

各化合物に分類される代表的な薬物（毒物・劇物）

①有機燐化合物
パラチオン（ジエチルパラニトロフェニルチオホスフェイト、特定毒物）
TEPP（テトラエチルピロホスフェイト、特定毒物）
EPN（エチルパラニトロフェニルチオノベンゼンホスホネイト、毒物）
DDVP（ジメチル－2,2－ジクロルビニルホスフェイト、劇物）
※パラチオン、TEPP、EPNの製剤は現在、一般には市販されていない。

②カーバメイト系化合物
メトミル（S－メチル－N－[(メチルカルバモイル)－オキシ]－チオアセトイミデート、劇物）
NAC（N－メチル－1－ナフチルカルバメイト、カルバリル、劇物）

③砒素および無機砒素化合物
砒素（毒物）
水素化砒素（砒化水素、アルシン、毒物）
三酸化二砒素（三酸化砒素、無水亜砒酸、亜砒酸、毒物）

④シアン化合物［無機シアン化合物（以下「無機」）、有機シアン化合物（以下「有機」）］
シアン化水素（青酸ガス、毒物、無機）
シアン化カリウム（青酸カリ、毒物、無機）
シアン化ナトリウム（青酸ソーダ、毒物、無機）
アクリルニトリル（アクリロニトリル、劇物、有機）

解答・解説

問題8　　解答 ①c　②b　③d　④a

① **有機燐化合物**に含まれる毒物、劇物としてよく出題される代表的なものにはパラチオン（特定毒物）、TEPP（特定毒物）、EPN（毒物）、DDVP（劇物）などがありますが、これらは**アセチルコリンエステラーゼを阻害**します。有機燐化合物を含む製剤を有機燐製剤といいますが、その解毒剤としては**PAM（2－ピリジルアルドキシムメチオダイド）**と**（硫酸）アトロピン**が一般的です。パラチオン、TEPP、EPNなどの急性毒性の強い有機燐製剤ではPAMが高い効果を示すことが知られていますが、それに対して、DDVP、マラソン（商品名）、スミチオン（商品名）など、比較的低毒性の有機燐製剤では急性毒性の高い有機燐製剤ほどにはPAMが効果を示さないことが知られています。なお、（硫酸）アトロピンは有機燐製剤中毒での対症療法剤という位置づけでとらえておいてください。また、「ホスフェイト」、「ホスホ」などは燐（P）を含むことを示しているので、これらが化合物名に見られたら、有機燐化合物（有機燐製剤）ではないかと推測できるようにしておくと便利です。

② **カーバメイト系化合物**として代表的な薬物にはメトミル、NAC（カルバリル）（いずれも劇物）がありますが、これらは**アセチルコリンエステラーゼを阻害**します。有機燐化合物による中毒と比べて、症状の発現が早いですが症状の持続時間は短く、神経症状は少ないです。解毒剤は**（硫酸）アトロピン**ですが、カーバメイト系化合物の中毒ではアセチルコリンエステラーゼ活性は自然に回復するため、有機燐化合物で解毒剤として使用されるアセチルコリンエステラーゼ再活性薬である**PAM（2－ピリジルアルドキシムメチオダイド）**は、使用されません。

③ **砒素および無機砒素化合物**として代表的な薬物には砒素（毒物）、水素化砒素（毒物）、三酸化二砒素（毒物）などがあります。これらに対する解毒剤は、**BAL（ジメルカプロール）**です。

④ **シアン化合物**には無機シアン化合物のシアン化水素、シアン化カリウム、シアン化ナトリウム、有機シアン化合物のアクリルニトリルなどが含まれますが、その解毒剤としては**亜硝酸ナトリウム**、**亜硝酸アミル**、**チオ硫酸ナトリウム**、**ヒドロキソコバラミン**があります。

問題9

重要度 ★★★

次の薬物の解毒剤として、適切なものを選びなさい。

①蓚酸　②シアン化水素　③三酸化二砒素　④EPN

a) ヒドロキソコバラミン　b) BAL　c) PAM　d) カルシウム剤

出題薬物基本情報

薬物名	分類	常温での状態	基本的特徴	化学式
蓚酸	劇物	固体	風解性	$(COOH)_2 \cdot 2H_2O$
シアン化水素	毒物	液体	ー	HCN
三酸化二砒素	毒物	固体	ー	As_2O_3
EPN	毒物	固体	ー	（下図）

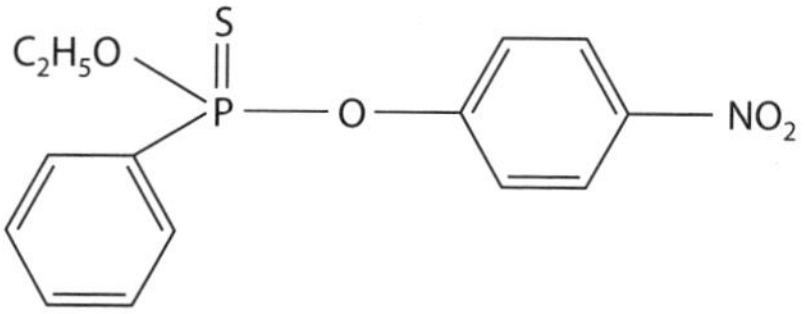

C_2H_5O, S, P, O, NO_2

解答・解説

問題9　　解答 ①d ②a ③b ④c

① 劇物で特定品目に定められている**蓚酸**（しゅうさん）は血液中の石灰分（カルシウム）を奪う性質があるので、蓚酸により奪われたカルシウムを補給するために、**カルシウム剤**（グルコン酸カルシウムなど）が使用されます。

② 毒物の**シアン化水素**は、チトクロムオキシダーゼのヘム鉄に結合することにより、細胞呼吸を阻害します。その解毒剤には**亜硝酸ナトリウム**、**亜硝酸アミル**、**チオ硫酸ナトリウム**、**ヒドロキソコバラミン**がありますが、**亜硝酸アミル**や**亜硝酸ナトリウム**により血液中のヘモグロビンをメトヘモグロビン［ヘムに含まれる2価の鉄（Fe^{2+}）が3価の鉄（Fe^{3+}）に変わったもの］に変え、これにチトクロムオキシダーゼから遊離してきたシアン化物イオン（CN^-）を結合（シアノメトヘモグロビン）させます。そして、このシアノメトヘモグロビンを**チオ硫酸ナトリウム**と反応させ、チオシアン酸イオン（SCN^-）として尿中に排泄させます。また、チトクロムオキシダーゼに結合しているシアン化物イオンを**ヒドロキソコバラミン**で奪って、シアノコバラミンとして尿中から排泄させる方法もあります。

③ 毒物の**三酸化二砒素**（亜砒酸）は砒素化合物で、その解毒剤として**BAL**（**ジメルカプロール、2,3－ジメルカプト－1－プロパノール**）や水酸化マグネシウムなどが使われます。BALは一般には重金属に対するキレート剤で、金属イオンとの親和性が高く、金属と結合して体外への金属の排泄を促進します。砒素（As、半金属）のほか、水銀（Hg）、鉛（Pb）、銅（Cu）、ニッケル（Ni）、タリウム（Tl）などによる中毒に対して使われることがあります（一部効果のないものもあります）。なお、カドミウム（Cd）、セレン（Se、半金属）の中毒ではBALの使用により、かえって中毒症状を悪化させるので、使用しません。

④ 毒物の**EPN**（エチルパラニトロフェニルチオノベンゼンホスホネイト）は急性毒性の強い有機燐化合物で、**PAM**（**2－ピリジルアルドキシムメチオダイド**）が解毒剤として有効です。（硫酸）アトロピンも有機燐化合物の解毒剤として使用されることもありますが、対症療法剤としてとらえておいてください。有機燐化合物の有機燐酸部分は、アセチルコリンエステラーゼのエステル分解部位に強く結合して、その活性が抑制されます。そのため、アセチルコリンが分解されにくくなり、レセプター周囲にアセチルコリンが増加し、神経の過剰刺激症状を引き起こします。

コラム 農薬(農業用品目)の分類について

農薬(農業用品目)を用途により分類すると、①殺虫剤、②殺菌剤、③殺鼠剤(さっそざい)、④除草剤、⑤燻蒸剤(くんじょうざい)などに分類されます。これについては主に用途で出題されますが、以下に代表的なものを記載します。

① 殺虫剤：パラチオン、EPN、DDVP(ジクロルボス)、メトミル、NAC(カルバリル)、硫酸ニコチン、ロテノン、シアン化合物
② 殺菌剤：硫酸銅
③ 殺鼠剤：モノフルオール酢酸ナトリウム、硫酸タリウム、燐化亜鉛、シアン化合物
④ 除草剤：塩素酸ナトリウム、シアン酸ナトリウム、パラコート
⑤ 燻蒸剤：クロルピクリン、ブロムメチル

また、農薬をその化合物の種類により分類すると、①有機燐系、②有機弗素系、③有機塩素系、④有機硫黄系、⑤カーバメイト系、⑥ネオニコチノイド系、⑦フェニルピラゾール系、⑧ピレスロイド系、⑨ロテノイド、⑩無機シアン化合物、⑪無機銅などに分類されますが、こちらもそれぞれの代表的なものを以下に記載します。

① 有機燐系：パラチオン、EPN、DDVP(ジクロルボス)、ダイアジノン、ジメトエート
② 有機弗素系：モノフルオール酢酸ナトリウム、モノフルオール酢酸アミド
③ 有機塩素系：ベンゾエピン、エンドリン、アルドリン、ディルドリン
⑤ カーバメイト系：メトミル、NAC(カルバリル)
⑥ ネオニコチノイド系：イミダクロプリド
⑦ フェニルピラゾール系：フィプロニル
⑧ ピレスロイド系：テフルトリン、フェンプロパトリン
⑨ ロテノイド：ロテノン
⑩ シアン化合物：シアン化水素、シアン化カリウム、アクリルニトリル、シアン酸ナトリウム
⑪ 無機銅：硫酸銅

※ 参考までに、主な解毒剤について記載します。①有機燐系はPAM、硫酸アトロピン、⑤カーバメイト系は硫酸アトロピン、⑩シアン化合物は亜硝酸ナトリウム、亜硝酸アミル、チオ硫酸ナトリウム、ヒドロキソコバラミンです。

第8章

毒物劇物の鑑別法

8-1 五肢択一問題

❶ 炎色反応

問題1　農業用品目　重要度 ★★☆

白金線につけて溶融炎で熱し、次に希塩酸で白金線をしめして再び溶融炎で炎の色を見ると、青緑色となる薬物を１つ選びなさい。

a) アンモニア水　b) 硫酸銅　c) 塩素酸カリウム
d) クロルピクリン　e) ニコチン

問題2　特定品目　重要度 ★★★

水溶液を白金線につけて無色の火炎中に入れると、火炎は著しく黄色に染まり、長時間続く薬物を１つ選びなさい。

a) 一酸化鉛　b) 蓚酸　c) 水酸化ナトリウム
d) 過酸化水素水　e) ホルマリン

問題3　重要度 

白金線につけて溶融炎で熱し、炎の色を見ると黄色になる薬物を１つ選びなさい。なお、それをコバルトの色ガラスを通してみれば吸収されて、この炎の色は見えなくなる。

a) 水酸化カリウム　b) メタノール　c) 硝酸銀
d) ピクリン酸　e) ナトリウム

問題4　重要度 ★★☆

白金線につけて溶融炎で熱し、炎の色を見ると青紫色となる薬物を１つ選びなさい。なお、この炎はコバルトの色ガラスを通してみると紅紫色となる。

a) 四塩化炭素　b) フェノール　c) アニリン
d) カリウム　e) 硫酸銅

解答・解説

問題1　解答 b

これは炎色反応を示していますが、炎色反応の色でぜひ覚えておきたいのは、**ナトリウム**(Na)**が黄色**、カリウム(K)が青紫色、バリウム(Ba)が黄緑色、銅(Cu)が青緑色、鉛(Pb)とアンチモン(Sb)が淡青色で、特にナトリウムは必須です。ここでは炎色反応が青緑色なので、鑑別したい薬物が銅を含んでいることがわかります。よって、この薬物は、劇物の**硫酸銅**です。

a) 液体、劇物　b) 固体、劇物　c) 固体、劇物　d) 液体、劇物　e) 液体、毒物

問題2　解答 c

炎色反応が**黄色**なので、鑑別したい薬物は**ナトリウム**を含んでいることがわかります。よって、選択肢の中でナトリウムを含む薬物を見ると、劇物の**水酸化ナトリウム**(NaOH)であることがわかります。

a) 固体、劇物　b) 固体、劇物　c) 固体、劇物　d) 液体、劇物　e) 液体、劇物

問題3　解答 e

炎色反応が**黄色**なので、鑑別したい薬物は**ナトリウム**を含んでいることがわかります。よって、選択肢の中でナトリウムを含む薬物を見ると、劇物の**ナトリウム**(金属ナトリウム、Na)であることがわかります。

a) 固体、劇物　b) 液体、劇物　c) 固体、劇物　d) 固体、劇物　e) 固体、劇物

問題4　解答 d

炎色反応が**青紫色**なので、鑑別したい薬物は**カリウム**を含んでいることがわかります。よって、選択肢の中でカリウムを含む薬物を見ると、劇物の**カリウム**(金属カリウム、K)であることがわかります。

a) 液体、劇物　b) 固体、劇物　c) 液体、劇物　d) 固体、劇物　e) 固体、劇物

❷ 沈殿の色－白色沈殿

問題 5　農業用品目　重要度 ★★☆

水に溶かして硝酸バリウムを加えると、白色沈殿を生ずる薬物を 1 つ選びなさい。

a) 塩素酸ナトリウム　b) クロルピクリン　c) シアン化銀
d) ニコチン　e) 硫酸銅

問題 6　農業用品目　重要度 ★★☆

水に溶かして塩化バリウムを加えると白色の沈殿を生じる薬物を 1 つ選びなさい。

a) アンモニア水　b) 塩化亜鉛　c) ニコチン
d) 硫酸亜鉛　e) 塩素酸カリウム

問題 7　特定品目　重要度 ★★★

希釈水溶液に塩化バリウムを加えると白色の沈殿を生ずる薬物を 1 つ選びなさい。なお、この沈殿は塩酸や硝酸に溶けない。

a) 水酸化カリウム　b) 硫酸　c) 四塩化炭素
d) アンモニア水　e) メタノール

解答・解説

問題5　　解答 e

鑑別法で白色沈殿として最もよく見られるのは、**塩化銀**、**硫酸バリウム**、**蓚酸カルシウム**です。ここでは、鑑別したい薬物の水溶液に**硝酸バリウム**を加えて、**白色沈殿**が生じているので、この白色沈殿は**硫酸バリウム**であることが推測できます。よって、この薬物は、劇物の**硫酸銅**です。

a) 固体、劇物　b) 液体、劇物　c) 固体、毒物　d) 液体、毒物　e) 固体、劇物

問題6　　解答 d

鑑別したい薬物の水溶液に**塩化バリウム**を加えて、**白色沈殿**が生じていますが、この白色沈殿は硫酸バリウムか塩化銀の可能性があります。この場合、選択肢の薬物に硫酸イオンが生ずる化合物があり、銀を含む化合物がないので、この白色沈殿は硫酸バリウムであることが推測できます。よって、この薬物は劇物の**硫酸亜鉛**です。しかし、勉強が進んでくると、鑑別試薬がバリウム化合物なので、鑑別したい薬物は硫酸イオンが生ずる化合物だとすぐにわかるようになるでしょう。

a) 液体、劇物　b) 固体、劇物　c) 液体、毒物　d) 固体、劇物　e) 固体、劇物

問題7　　解答 b

鑑別したい薬物の水溶液に**塩化バリウム**を加えて、**白色沈殿**が生じていますが、この白色沈殿は硫酸バリウムか塩化銀の可能性があります。しかし、鑑別試薬がバリウムを含む化合物なので、この白色沈殿は硫酸バリウムであることが推測できます。よって、この薬物は劇物の**硫酸**です。

a) 固体、劇物　b) 液体、劇物　c) 液体、劇物　d) 液体、劇物　e) 液体、劇物

問題8　特定品目

重要度 ★★★

硝酸銀溶液を加えると白い沈殿を生ずる薬物を1つ選びなさい。

a) 過酸化水素水　b) 蓚酸　c) 塩酸
d) メタノール　e) 硫酸

問題9

重要度 ★☆☆

水に溶かして塩酸を加えると白色の沈殿を生じ、その液に硫酸と銅屑を加えて熱すると赤褐色の蒸気を発生する薬物を1つ選びなさい。

a) 硝酸銀　b) 蓚酸　c) ヨード水素酸
d) 三硫化燐　e) アニリン

❸ 沈殿の色－赤色沈殿

問題10　特定品目

重要度 ★★★

フェーリング溶液とともに熱すると赤色の沈殿を生ずる薬物を1つ選びなさい。

a) クロロホルム　b) ホルマリン　c) 硝酸
d) 水酸化ナトリウム　e) 塩酸

問題11　農業用品目

重要度 ★★★

エーテル溶液にヨードのエーテル溶液を加えると褐色の液状沈殿を生じ、これを放置すると赤色の針状結晶となる薬物を1つ選びなさい。

a) アンモニア水　b) 塩素酸ナトリウム　c) 塩化亜鉛
d) 硫酸銅　e) ニコチン

解答・解説

問題8　　解答 c

鑑別したい薬物に**硝酸銀**を加えて、**白色沈殿**が生じていますが、この白色沈殿は塩化銀であることが推測できます。よって、鑑別したい薬物は塩素イオン（塩化物イオン、Cl^-）が生ずる薬物なので、劇物の**塩酸**となります。

a）液体、劇物　b）固体、劇物　c）液体、劇物　d）液体、劇物　e）液体、劇物

問題9　　解答 a

鑑別したい薬物に**塩酸**を加えて、**白色沈殿**が生じていますが、この白色沈殿は塩化銀であることが推測できます。よって、鑑別したい薬物は銀化合物なので、劇物の**硝酸銀**となります。また、硫酸と銅屑を加えて熱すると赤褐色の蒸気が発生していますが、この**赤褐色の蒸気**は、二酸化窒素（亜硝酸ガス、NO_2）です。化学式を見ると硝酸銀（$AgNO_3$）から、これが発生するのも推測できます。

a）固体、劇物　b）固体、劇物　c）液体、劇物　d）固体、毒物　e）液体、劇物

問題10　　解答 b

フェーリング溶液は**アルデヒド基（－CHO）の検出**に用いられる試薬です。アルデヒド基をもつ物質にフェーリング溶液を加えて加熱すると、フェーリング溶液が還元されて、赤色の沈殿（Cu_2O）が生じます。よって、鑑別したい薬物は、アルデヒドの水溶液である劇物の**ホルマリン**であることがわかります。

a）液体、劇物　b）液体、劇物　c）液体、劇物　d）固体、劇物　e）液体、劇物

問題11　　解答 e

ニコチンの鑑別法としては、「ホルマリン一滴を加えた後、濃硝酸一滴を加えるとバラ色を呈する」というものもありますが、「赤色の針状結晶が生成する」という、この鑑別法も覚えておきましょう。赤色沈殿ではなく、**赤色の針状結晶**となっているところで、他の赤色沈殿と区別しましょう。

a）液体、劇物　b）固体、劇物　c）固体、劇物　d）固体、劇物　e）液体、毒物

❹ 沈殿の色－黄赤色沈殿

問題 12　特定品目　重要度 ★★★

アルコール性の水酸化カリウムと銅粉とともに煮沸すると、黄赤色の沈殿を生ずる薬物を 1 つ選びなさい。

a) 硫酸　b) 四塩化炭素　c) ホルマリン
d) メタノール　e) クロム酸ナトリウム

❺ 沈殿の色－黒色沈殿

問題 13　特定品目　重要度 ★★★

希硝酸に溶かすと無色の液となり、これに硫化水素を通じると黒色の沈殿を生ずる薬物を 1 つ選びなさい。

a) 水酸化ナトリウム　b) 過酸化水素水　c) 一酸化鉛
d) 塩酸　e) 四塩化炭素

❻ 溶液の色－藍色、紫色、藍紫色

問題 14　特定品目　重要度 ★★★

銅屑を加えて熱すると藍色を呈して溶け、その際に赤褐色の蒸気を発生する薬物を 1 つ選びなさい。

a) アンモニア水　b) 硝酸　c) クロロホルム
d) 水酸化カリウム　e) 蓚酸

問題 15　重要度 ★★☆

澱粉にあうと藍色を呈し、これを熱すると退色し、冷えると再び藍色をあらわし、さらにチオ硫酸ソーダの溶液にあうと脱色する薬物を 1 つ選びなさい。

a) 弗化水素酸　b) ベタナフトール　c) 過酸化水素水
d) 沃素　e) トリクロル酢酸

解答・解説

問題12 解答 b

黄赤色の沈殿と出題されたら、鑑別したい薬物は劇物の**四塩化炭素**と結びつくようにしておきましょう。とてもよく出題される鑑別法です。しっかりと覚えておいてください。

a) 液体、劇物　b) 液体、劇物　c) 液体、劇物　d) 液体、劇物　e) 固体、劇物

問題13 解答 c

硫化水素ガス（H_2S）を通じて生じる黒色沈殿としては、硫化銀（Ag_2S）、硫化銅（CuS）なども考えられますが、毒物劇物の鑑別法で最もよく見かける**黒色沈殿は硫化鉛（PbS）**でしょう。よって、鑑別したい薬物は、劇物の**一酸化鉛**です。この鑑別法とは直接関係ありませんが、鉛の炎色反応が淡青色であることも付け加えておきます。

a) 固体、劇物　b) 液体、劇物　c) 固体、劇物　d) 液体、劇物　e) 液体、劇物

問題14 解答 b

劇物の**硝酸**は、銅屑を加えて熱すると反応生成物（硝酸銅と二酸化窒素）により、**藍色**を呈します。硝酸の濃度や加える銅屑の量等により液色は変わりますが、問題文の通り覚えておきましょう。また、**赤褐色の蒸気**が発生していますが、この赤褐色の蒸気は、二酸化窒素（亜硝酸ガス、NO_2）です。化学式を見ても硝酸（HNO_3）から、これが発生するのを推測できます。

a) 液体、劇物　b) 液体、劇物　c) 液体、劇物　d) 固体、劇物　e) 固体、劇物

問題15 解答 d

ヨウ素デンプン反応により、**沃素**（ようそ）は澱粉（でんぷん）にあうと**藍色**を呈します。これは熱することにより退色しますが、冷めるとまた発色する性質があります。よって、鑑別したい薬物は、劇物の沃素であることがわかります。

a) 液体、毒物　b) 固体、劇物　c) 液体、劇物　d) 固体、劇物　e) 固体、劇物

問題 16

重要度 ★★★

水溶液に晒粉を加えると紫色を呈する薬物を 1 つ選びなさい。

a) トリクロル酢酸　b) 硫酸銅　c) 水酸化ナトリウム
d) 三硫化燐　e) アニリン

問題 17

重要度 ★★★

水溶液に過クロール鉄液を加えると紫色を呈する薬物を 1 つ選びなさい。

a) 無水硫酸銅　b) 硝酸　c) スルホナール
d) フェノール　e) ベタナフトール

❼ 溶液の色－黄色

問題 18　特定品目

重要度 ★★☆

羽毛のような有機質をひたし、特にアンモニア水でこれをうるおすと黄色を呈する薬物を 1 つ選びなさい。

a) クロロホルム　b) 塩酸　c) 硝酸
d) ホルマリン　e) 水酸化ナトリウム

❽ 溶液の色－その他の色

問題 19

重要度 ★★★

そのアルコール溶液が白色の羊毛または絹糸を鮮黄色に染める薬物を 1 つ選びなさい。

a) 弗化水素酸　b) ピクリン酸　c) フェノール
d) 臭素　e) ナトリウム

解答・解説

問題16　　解答 e

晒粉（さらしこ）（次亜塩素酸カルシウムと塩化カルシウムの複塩［$CaCl_2$・$Ca(ClO)_2$・$2H_2O$］を主とする混合物）を加えると紫色を呈するのは、劇物の**アニリン**です。晒粉の酸化作用により、アニリンがラジカル化し、それが重合してプソイドモーベインになるため、**紫色**を呈します。よく出題されている鑑別法なので、しっかり覚えておいてください。

a) 固体、劇物　b) 固体、劇物　c) 固体、劇物　d) 固体、毒物　e) 液体、劇物

問題17　　解答 d

フェノール性水酸基（－OH）をもつ化合物は、**過クロール鉄［塩化鉄（Ⅲ）、$FeCl_3$］液**との特有な反応（塩化鉄反応）により、呈色します。これは鉄錯塩の生成によるものですが、**フェノールは紫色**、クレゾールは青色、ベタナフトールは緑色に呈色します。

a) 固体、劇物　b) 液体、劇物　c) 固体、劇物　d) 固体、劇物　e) 固体、劇物

問題18　　解答 c

羽毛のような有機質はタンパク質を含んでおり、**硝酸**はタンパク質を構成する芳香族アミノ酸のベンゼン環をニトロ化することにより、**黄色**を呈します。これをキサントプロテイン反応といいます。よって、この薬物は、劇物の硝酸です。

a) 液体、劇物　b) 液体、劇物　c) 液体、劇物　d) 液体、劇物　e) 固体、劇物

問題19　　解答 b

劇物の**ピクリン酸**のアルコール溶液は、鮮やかな**黄色**（蛍光ペンのイエローに類似しています）を呈します。これを白色の羊毛や絹糸につけると、鮮やかな黄色に染めます。

a) 液体、毒物　b) 固体、劇物　c) 固体、劇物　d) 液体、劇物　e) 固体、劇物

問題20　農業用品目　重要度 ★★☆

ホルマリン一滴を加えた後、濃硝酸一滴を加えるとバラ色を呈する薬物を1つ選びなさい。

a) ニコチン　b) アンモニア水　c) 塩素酸カリウム
d) 塩化亜鉛　e) 硫酸銅

問題21　農業用品目　重要度 ★☆☆

水を加えると青くなる薬物を1つ選びなさい。

a) 塩化亜鉛　b) ニコチン　c) 無水硫酸銅
d) クロルピクリン　e) 塩素酸カリウム

問題22　農業用品目　重要度 ★★★

5～10%硝酸銀溶液を吸着させた濾紙に本剤から発生したガスが触れると黒変させる薬物を1つ選びなさい。

a) クロルピクリン　b) ホストキシン　c) 塩素酸カリウム
d) モノフルオール酢酸ナトリウム　e) 硫酸タリウム

⑨ 溶液の色－蛍石彩（けいせきさい）

問題23　特定品目　重要度 ★★☆

レゾルシンと33%水酸化カリウム溶液と熱すると黄赤色を呈し、緑色の蛍石彩をはなつ薬物を1つ選びなさい。

a) ホルマリン　b) 一酸化鉛　c) メタノール
d) クロロホルム　e) クロム酸カリウム

問題24　重要度 ★★☆

水溶液にアンモニア水を加えると紫色の蛍石彩をはなつ薬物を1つ選びなさい。

a) ベタナフトール　b) ホルマリン　c) アニリン
d) 硝酸鉛　e) 過酸化水素水

解答・解説

問題20
解答　a

鑑別法で「**バラ色を呈する**」と出題されたら、毒物の**ニコチン**と答えられるようにしておきましょう。ときどき出題されているのを見かけます。

a) 液体、毒物　b) 液体、劇物　c) 固体、劇物　d) 固体、劇物　e) 固体、劇物

問題21
解答　c

無水硫酸銅は白色の粉末ですが、水を加えると硫酸銅の銅がイオン化して、銅イオンはテトラアクア銅（II）イオン（$[Cu(H_2O)_4]^{2+}$）を形成して、液色が青くなります。

a) 固体、劇物　b) 液体、毒物　c) 固体、劇物　d) 液体、劇物　e) 固体、劇物

問題22
解答　b

ホストキシンとは、燐化アルミニウムとその分解促進剤（カルバミン酸アンモニウム）とを含有する製剤のことで、特定毒物です。燐化アルミニウムの分解により発生する燐化水素（ホスフィン、毒物）ガスと硝酸銀溶液を吸着させた濾紙が反応して、濾紙を**黒変**させます。ホストキシンは分解促進剤により徐々に燐化水素が発生するので、そのガスで燻蒸（くんじょう）することにより、倉庫内や船倉内の鼠（ねずみ）や昆虫等の駆除に使用されます。

a) 液体、劇物　b) 固体、特定毒物　c) 固体、劇物　d) 固体、特定毒物
e) 固体、劇物

問題23
解答　d

鑑別法で**緑色の蛍石彩**と出題されたら、劇物の**クロロホルム**ですが、あわせて液色が黄赤色となることも覚えておきましょう。

a) 液体、劇物　b) 固体、劇物　c) 液体、劇物　d) 液体、劇物　e) 固体、劇物

問題24
解答　a

鑑別法で**紫色の蛍石彩**と出題されたら、劇物の**ベタナフトール**を選べるようにしておきましょう。

a) 固体、劇物　b) 液体、劇物　c) 液体、劇物　d) 固体、劇物　e) 液体、劇物

⑩ 発生する気体の色

問題25　農業用品目

重要度 ★★★

濃塩酸をうるおしたガラス棒を近づけると白い霧を生ずる薬物を1つ選びなさい。

a) ニコチン　b) 塩化亜鉛　c) クロルピクリン
d) アンモニア水　e) 硫酸銅

問題26　特定品目

重要度 ★★★

銅屑を加えて熱すると藍色を呈して溶け、その際に赤褐色の蒸気を発生する薬物を1つ選びなさい。

a) 四塩化炭素　b) 水酸化ナトリウム　c) 硝酸
d) 酢酸エチル　e) 蓚酸

問題27

重要度 ★

水に溶かして塩酸を加えると白色の沈殿を生じ、その液に硫酸と銅屑を加えて熱すると赤褐色の蒸気を発生する薬物を1つ選びなさい。

a) 沃素　b) フェノール　c) 一酸化鉛
d) 硝酸銀　e) 亜硝酸ナトリウム

⑪ 発生する臭気

問題28

重要度 ★★

木炭とともに加熱するとメルカプタンの臭気をはなつ薬物を1つ選びなさい。

a) 沃素　b) ベタナフトール　c) 塩化水素
d) 硝酸　e) スルホナール

解答・解説

問題25　　解答 d

濃塩酸はもともと湿った空気中で発煙しますが、アンモニア水に近づけるとアンモニアガスと塩化水素ガスが空気中で反応して、**塩化アンモニウムの白い霧**が発生します。よって、鑑別している薬物は、劇物の**アンモニア水**であることがわかります。

a) 液体、毒物　b) 固体、劇物　c) 液体、劇物　d) 液体、劇物　e) 固体、劇物

問題26　　解答 c

銅屑を加えて熱した後の溶液の色（藍色）もキーワードとなりますが、**赤褐色の蒸気**が発生していることにも着目してください。この赤褐色の蒸気は、二酸化窒素（亜硝酸ガス、NO_2）です。化学式を見ても**硝酸**（HNO_3）から、これが発生するのを推測できます。

a) 液体、劇物　b) 固体、劇物　c) 液体、劇物　d) 液体、劇物　e) 固体、劇物

問題27　　解答 d

硫酸と銅屑を加えて熱すると赤褐色の蒸気が発生していますが、この赤褐色の蒸気は、二酸化窒素（亜硝酸ガス、NO_2）です。硝酸銀（$AgNO_3$）の化学式を見ると、二酸化窒素が発生するのも推測できます。また、鑑別したい薬物に**塩酸**を加えて、**白色沈殿**が生じていますが、この白色沈殿は塩化銀であることが推測できます。よって、鑑別したい薬物は銀化合物なので、劇物の**硝酸銀**となります。

a) 固体、劇物　b) 固体、劇物　c) 固体、劇物　d) 固体、劇物　e) 固体、劇物

問題28　　解答 e

メルカプタン（チオール）はその末端にチオール基（－SH）をもつ有機硫黄化合物です。木炭とともに加熱してメルカプタン臭をはなつということは、鑑別したい薬物が硫黄（S）を含んでいることがわかります。また、「スルホ」や「チオ」は、硫黄（S）を含んでいることを表しているので、薬物は劇物の**スルホナール**（ジエチルスルホンジメチルメタン）であることがわかります。

a) 固体、劇物　b) 固体、劇物　c) 気体、劇物　d) 液体、劇物　e) 固体、劇物

問題 29

重要度 ★★☆

水酸化ナトリウム溶液を加えて熱すれば、クロロホルムの臭気をはなつ薬物を 1 つ選びなさい。

a) トリクロル酢酸　b) 塩化亜鉛　c) ナトリウム
d) 黄燐　e) 沃化水素酸

⑫ 性状・反応生成物から推測－性状

問題 30　特定品目

重要度 ★★★

濃いものは比重が極めて大で、水で薄めると激しく発熱し、蔗糖、木片などに触れるとそれらを炭化して黒変させる薬物を 1 つ選びなさい。

a) メタノール　b) 硫酸　c) トルエン
d) クロロホルム　e) ホルマリン

問題 31　特定品目

重要度 ★★☆

過マンガン酸カリウムを還元し、クロム酸塩を酸化する薬物を 1 つ選びなさい。

a) アンモニア水　b) 塩酸　c) 四塩化炭素
d) クロム酸ナトリウム　e) 過酸化水素水

問題 32

重要度 ★★☆

ロウを塗ったガラス板に針で任意の模様を描き、この薬物を塗ると、ロウをかぶらない模様の部分は腐食される。この薬物を 1 つ選びなさい。

a) ピクリン酸　b) スルホナール　c) 硝酸鉛
d) ベタナフトール　e) 弗化水素酸

解答・解説

問題29

解答 a

クロロホルムの臭気をはなつということは、クロロホルム($CHCl_3$)が発生していることを示します。鑑別したい薬物からクロロホルムが発生しているので、鑑別したい薬物はクロロホルムと化学式が似た**トリクロル酢酸**(CCl_3COOH)であることが推測できます。

a) 固体、劇物　b) 固体、劇物　c) 固体、劇物　d) 固体、毒物　e) 液体、劇物

問題30

解答 b

濃硫酸の(液)比重は約1.8と非常に大きく、**猛烈に水を吸収する**性質があり、水を加えると激しく発熱します。また、濃硫酸は蔗糖(しょとう)などの糖質(有機物でもある)、木片などの**有機物を炭化して黒変させる**性質があります。

a) 液体、劇物　b) 液体、劇物　c) 液体、劇物　d) 液体、劇物　e) 液体、劇物

問題31

解答 e

過酸化水素水は、酸化と還元の両作用を併有している薬物です。そのため、過マンガン酸カリウムを還元し、過クロム酸を酸化します。**酸化と還元の両作用を併有している**のは過酸化水素水の重要な特徴です。よって、鑑別したい薬物は、劇物の**過酸化水素水**です。なお、過マンガン酸カリウム溶液は赤紫色ですが、過酸化水素水はこれを還元して、脱色します(透明になります、漂白作用)。

a) 液体、劇物　b) 液体、劇物　c) 液体、劇物　d) 固体、劇物　e) 液体、劇物

問題32

解答 e

弗化水素(酸)は大部分の金属、ガラス、コンクリート等を激しく腐食しますが、「**ガラスを腐食する**」のが弗化水素(酸)のキーワードです。よって、鑑別したい薬物は、毒物の**弗化水素酸**です。

a) 固体、劇物　b) 固体、劇物　c) 固体、劇物　d) 固体、劇物　e) 液体、毒物

⑬ 性状・反応生成物から推測－反応生成物

問題 33　特定品目

重要度 ★★★

アンモニア水を加え、さらに硝酸銀溶液を加えると徐々に金属銀を析出する薬物を 1 つ選びなさい。

a) ホルマリン　b) 四塩化炭素　c) 水酸化カリウム
d) 蓚酸　e) メタノール

問題 34　特定品目

重要度 ★★★

サリチル酸と濃硫酸とともに熱すると、芳香あるサリチル酸メチルエステルを生ずる薬物を 1 つ選びなさい。

a) 水酸化ナトリウム　b) 過酸化水素水　c) クロム酸カリウム
d) 蓚酸　e) メタノール

問題 35　特定品目

重要度 ★★★

あらかじめ熱灼した酸化銅を加えるとホルムアルデヒドができ、酸化銅は還元されて金属銅色を呈する薬物を 1 つ選びなさい。

a) 塩酸　b) クロロホルム　c) 水酸化カリウム
d) メタノール　e) 硝酸

解答・解説

問題33　　解答　a

アルデヒドのような還元性のある物質は、アンモニア性硝酸銀溶液を還元し、金属銀を析出させせます。これを**銀鏡反応**といいます。アンモニア水に硝酸銀溶液を加えることにより、ジアンミン銀イオン（Ⅰ）（$[Ag(NH_3)_2]^+$）が生成しますが、ホルマリン（アルデヒドの水溶液）の還元作用により、金属銀が析出します。化学反応式は以下の通りです。

$HCHO + 2[Ag(NH_3)_2]^+ + 2OH^- \rightarrow HCOOH + 2Ag + 4NH_3 + H_2O$

よって、鑑別したい薬物は、劇物の**ホルマリン**であることがわかります。

a）液体、劇物　b）液体、劇物　c）固体、劇物　d）固体、劇物　e）液体、劇物

問題34　　解答　e

酸とアルコールが反応して、エステルができる反応を**エステル化**（反応）といいます。サリチル酸は芳香族カルボン酸で、メタノールと反応して、**サリチル酸メチル**（エステル）が生じます。よって、鑑別したい薬物は、劇物の**メタノール**です。

a）固体、劇物　b）液体、劇物　c）固体、劇物　d）固体、劇物　e）液体、劇物

問題35　　解答　d

メタノールに熱灼（ねっしゃく）した酸化銅を加えるとメタノールは酸化され、ホルムアルデヒドが生じ、酸化銅は還元されて金属銅となります。よって、鑑別したい薬物は、劇物の**メタノール**です。なお、化学反応において、酸化と還元は同時に起こります。

a）液体、劇物　b）液体、劇物　c）固体、劇物　d）液体、劇物　e）液体、劇物

8-2 基礎的な問題（組み合わせ問題）

問題 1　農業用品目　　重要度 ★★★

次の文は薬物の鑑別法に関する記述である。適切な薬物を選びなさい。

① 白金線につけて溶融炎で熱し、次に希塩酸で白金線をしめして再び溶融炎で炎の色を見ると、青緑色となる。
② ホルマリン一滴を加えた後、濃硝酸一滴を加えるとバラ色を呈する。
③ 濃塩酸をうるおしたガラス棒を近づけると白い霧を生ずる。
④ 濃いものは比重が極めて大で、水で薄めると激しく発熱し、蔗糖、木片などに触れるとそれらを炭化して黒変させる。

a) ニコチン　　b) 硫酸　　c) アンモニア水　　d) 硫酸銅

出題薬物基本情報

薬物名	分類	常温での状態	基本的特徴	化学式
ニコチン	毒物	液体	―	(構造式) N, N, CH_3
硫酸	劇物	液体	強酸性	H_2SO_4
アンモニア水	劇物	液体	刺激性	NH_3aq※
硫酸銅	劇物	固体	風解性	$CuSO_4 \cdot 5H_2O$

※aq：水溶液をあらわす。

解答・解説

問題1　　解答 ①d　②a　③c　④b

① 銅を含む場合には、その炎色反応は**緑色**（**青緑色**）となるので、鑑別したい薬物は、銅を含むことがわかります。よって、鑑別したい薬物は**硫酸銅**となります。そのほか、炎色反応については**ナトリウムが黄色**、カリウムが紫色（青紫色）、バリウムが緑色（黄緑色）をしっかり覚えておきましょう。ちなみに鉛（Pb）とアンチモン（Sb）の炎色反応は、淡青色です。金属元素を含む場合には、それぞれの特徴的な炎の色となり、鑑別に利用できます。劇物の硫酸銅（硫酸銅五水和物）は**濃い藍色の結晶**で**風解性**があり（風化し）、風解（風化）すると白色の粉末である無水硫酸銅（劇物）となります。

② 毒物の**ニコチン**はホルマリンと濃硝酸を加えると「**バラ色**」を呈しますが、毒物劇物の鑑別法で呈色反応がバラ色として出題されるのは、ニコチンだけです。「エーテル溶液にヨードのエーテル溶液を加えると褐色の液状沈殿を生じ、これを放置すると**赤色の針状結晶**となる」とともに、ニコチンの鑑別法として記憶しておいてください。なお、ニコチンの純品は無色・無臭の油状液体ですが、空気中ではすみやかに**褐変**します。

③ 鑑別したい薬物は、劇物の**アンモニア水**です。濃塩酸［塩化水素（気体）の水溶液］をうるおしたガラス棒を近づけると、アンモニアと塩化水素が反応して、塩化アンモニウム（NH_4Cl）の**白い霧**が生じます。なお、アンモニア水はアンモニア（気体）の水溶液で刺激臭があり、液性は弱アルカリ性です。アンモニア水は農業用品目にも、特定品目にも定められており、アンモニア**10%以下**を含有する製剤は、劇物から除外されます。

④ 劇物の**硫酸**は無色透明で油状の液体ですが、濃厚なものは比重が極めて大きく、空気中の**水分を猛烈に吸収**し、水で薄めると激しく発熱します。また、硫酸は蔗糖（しょとう）や木片などの**有機物を炭化**します。硫酸の希釈溶液に塩化バリウムを加えると、硫酸由来の硫酸イオン（SO_4^{2-}）と塩化バリウム由来のバリウムイオン（Ba^{2+}）が反応して、硫酸バリウム（$BaSO_4$）の**白色沈殿**が生じます。鑑別法で見られる主要な白色沈殿には、硫酸バリウムのほか、塩化銀（AgCl）と蓚酸カルシウム［$Ca(COO)_2$］があります。なお、硫酸は農業用品目にも、特定品目にも定められていますが、硫酸**10%以下**を含有する製剤は、劇物から除外されます。

問題2　特定品目

重要度 ★★★

次の文は薬物の鑑別法に関する記述である。適切な薬物を選びなさい。

① 水溶液を白金線につけて無色の火炎中に入れると、火炎は著しく黄色に染まり、長時間続く。

② サリチル酸と濃硫酸とともに熱すると、芳香あるサリチル酸メチルエステルを生ずる。

③ 硝酸銀溶液を加えると、白い沈殿を生ずる。

④ アルコール性の水酸化カリウムと銅粉とともに煮沸すると、黄赤色の沈殿を生ずる。

a) 水酸化ナトリウム　　b) 塩酸　　c) 四塩化炭素　　d) メタノール

出題薬物基本情報

薬物名	分類	常温での状態	基本的特徴	化学式
水酸化ナトリウム	劇物	固体	潮解性	$NaOH$
塩酸	劇物	液体	強酸性	$HClaq$※
四塩化炭素	劇物	液体	不燃性	CCl_4
メタノール	劇物	液体	引火性	CH_3OH

※aq：水溶液をあらわす。

解答・解説

問題2 　　解答 ①a　②d　③b　④c

① 劇物の**水酸化ナトリウム**はナトリウム（Na）の化合物なので、その炎色反応は**黄色**となります。ナトリウムの炎色反応が黄色であることは最もよく出題されるので、しっかり覚えておきましょう。なお、水酸化カリウムは水酸化ナトリウムと見た目も性状もほぼ同じですが、カリウムを含むので炎色反応が**紫色**（**青紫色**）であることから、区別することができます。炎色反応については、銅が緑色（青緑色）、バリウムが緑色（黄緑色）も覚えておいてください。なお、水酸化ナトリウム（苛性ソーダ）は白色、結晶性の硬いかたまりで、**潮解性**があります。水酸化ナトリウム**5%以下**を含有する製剤は、劇物から除外されます。

② カルボン酸とアルコールの反応により、カルボン酸エステルが生じる反応は**エステル化**といいます。サリチル酸との反応で、サリチル酸メチルエステルが生じているので、鑑別している薬物は、アルコールに分類される劇物の**メタノール**（メチルアルコール、木精）であることがわかります。メタノールは無色透明の**引火性**液体で、エチルアルコールに似た臭気があります。なお、エステルは芳香臭があります。メタノールと直接は関係ありませんが、劇物で引火性液体の酢酸エチルは、酢酸とエタノールが反応して生成するエステルなので、そこからも強い果実臭があることが理解できます。

③ 鑑別法でよく見かける白色沈殿は、硫酸バリウム（$BaSO_4$）、塩化銀（AgCl）、蓚酸カルシウム［$Ca(COO)_2$］です。問題文では硝酸銀（$AgNO_3$）を加えると、**白色沈殿**が生じていることから、この沈殿は塩化銀であることがわかります。よって、鑑別したい薬物は、塩化物イオン（Cl^-）が生じる薬物です。選択肢の薬物では、塩酸（塩化水素の水溶液）と四塩化炭素が塩素（Cl）を含んでいますが、塩化物イオンが生じるのは塩酸の方で、四塩化炭素からは容易に塩素イオンが生ずることはありません（塩化水素はイオン結合、四塩化炭素は共有結合のため）。よって、鑑別している薬物は、劇物の**塩酸**です。なお、塩酸**10%以下**を含有する製剤は、劇物から除外されます。

④ 劇物の**四塩化炭素**（四塩化メタン）は揮発性、麻酔性の芳香を有する無色の**不燃性**液体で、その蒸気は空気より重いです。揮発性アルコール性水酸化カリウムと銅粉とともに煮沸すると**黄赤色沈殿**を生じます。よく出題される鑑別法なので、しっかり記憶しておきましょう。

問題3　特定品目

重要度 ★★★

次の文は薬物の鑑別法に関する記述である。適切な薬物を選びなさい。

① 銅屑を加えて熱すると藍色を呈して溶け、その際に赤褐色の蒸気を発生する。
② フェーリング溶液とともに熱すると赤色の沈殿を生ずる。
③ 過マンガン酸カリウムを還元し、クロム酸塩を酸化する。
④ 希釈水溶液に塩化バリウムを加えると白色の沈殿を生ずるが、この沈殿は塩酸や硝酸に溶けない。

a) 硫酸　b) 過酸化水素水　c) 硝酸　d) ホルマリン

出題薬物基本情報

薬物名	分類	常温での状態	基本的特徴	化学式
硫酸	劇物	液体	強酸性	H_2SO_4
過酸化水素水	劇物	液体	漂白作用	H_2O_2aq ※
硝酸	劇物	液体	強酸性	HNO_3
ホルマリン	劇物	液体	還元性	HCHOaq ※

※aq：水溶液をあらわす。

解答・解説

問題3 解答 ①c ②d ③b ④a

① 銅屑を加えて熱すると反応で生成する硝酸銅と二酸化窒素により、**藍色**を呈しますが、この液色は**硝酸**の濃度や加える銅屑の量等により変化します。しかし、問題文の通りに覚えておけば、問題ありません。また、発生する**赤褐色の蒸気**は、二酸化窒素（亜硝酸ガス、NO_2）です。硝酸（HNO_3）から、これが発生するのも、何となく推測できます。なお、硝酸**10%以下**を含有する製剤は、劇物から除外されます。

② 劇物の**ホルマリン**はホルムアルデヒドの水溶液で、刺激臭（催涙性が加わる場合もあります）があり、寒冷にあえば混濁するので**常温で保存**します。**フェーリング溶液**はアルデヒド基（－CHO）の検出に用いられる試薬なので、ホルムアルデヒドも検出されます。アルデヒド基をもつ物質にフェーリング溶液を加えて加熱すると、フェーリング溶液が還元されて、**赤色の沈殿**（Cu_2O）が生じます。ホルマリンの鑑別法は、このほかにも複数ありますので、順次覚えていきましょう。なお、ホルムアルデヒド**1%以下**を含有する製剤は、劇物から除外されます。

③ 劇物の**過酸化水素水**は過酸化水素（液体）の水溶液で、常温でも徐々に酸素と水に分解します。そのため、保存する場合には容器に**三分の一の空間**を保って保存します。また、酸化と還元の両作用を有しており、工業上、貴重な**漂白剤**として利用されます。「過マンガン酸カリウムを還元する」は、「過マンガン酸カリウム溶液を脱色する」と同じことで、過酸化水素の漂白作用を示しています。過酸化水素の鑑別法として問題文のほか、「ヨード亜鉛からヨードを析出（せきしゅつ）する」というものがあります。併せて覚えておいてください。なお、過酸化水素**6%以下**を含有する製剤は、劇物から除外されます。

④ 鑑別法でよく出題される白色沈殿は、硫酸バリウム（$BaSO_4$）、塩化銀（$AgCl$）、蓚酸カルシウム［$Ca(COO)_2$］です。問題文では塩化バリウム（$BaCl_2$）を加えると白色沈殿が生じていることから、この沈殿は硫酸バリウムまたは塩化銀の可能性が考えられます。問題の選択肢の薬物を見ると、硫酸イオン（SO_4^{2-}）が生じる薬物として硫酸がありますが、塩化物イオン（Cl^-）が生じる薬物はありません。よって、**白色沈殿**は硫酸バリウム、鑑別したい薬物は**硫酸**となります。なお、硫酸**10%以下**を含有する製剤は、劇物から除外されます。

問題4

重要度 ★★★

次の文は薬物の鑑別法に関する記述である。適切な薬物を選びなさい。

① 水溶液に晒粉を加えると紫色を呈する。
② 水に溶かして塩酸を加えると白色の沈殿を生ずる。その液に硫酸と銅屑を加えて熱すると赤褐色の蒸気を発生する。
③ 白金線につけて溶融炎で熱し、炎の色を見ると黄色になる。それをコバルトの色ガラスを通してみれば吸収されて、この炎の色は見えなくなる。
④ 澱粉（でんぷん）にあうと藍色を呈し、これを熱すると退色し、冷えると再び藍色を現し、さらにチオ硫酸ソーダの溶液にあうと脱色する。

a) 硝酸銀　　b) アニリン　　c) ナトリウム　　d) 沃素

出題薬物基本情報

薬物名	分類	常温での状態	基本的特徴	化学式
硝酸銀	劇物	固体	酸化性	$AgNO_3$
アニリン	劇物	液体	－	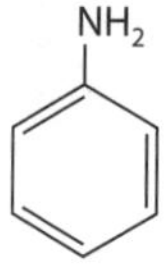 NH_2
ナトリウム	劇物	固体	禁水性	Na
沃素	劇物	固体	昇華性	I_2

解答・解説

問題4　　解答 ①b　②a　③c　④d

① 劇物の**アニリン**は無色透明油状の液体ですが、空気に触れて**赤褐色**を呈します。アニリンは晒粉（さらしこ）［次亜塩素酸カルシウムと塩化カルシウムの複塩（$CaCl_2 \cdot Ca(ClO)_2 \cdot 2H_2O$）を主とする混合物］を加えると、ラジカル化して、アニリンの重合が繰り返されます。しかし、晒粉の酸化力はそれほど強くないため、アニリンブラックのような重合度の高いものではなく、重合度の低いプソイドモーベインができるため、**紫色**を呈します。この鑑別法はよく出題されているので、「晒粉を加えて紫色になるのは、アニリン」としっかり覚えておいてください。

② 鑑別法でよく出題される白色沈殿は、硫酸バリウム（$BaSO_4$）、塩化銀（AgCl）、蓚酸カルシウムです。塩化水素（HCl）の水溶液である塩酸を加えると**白色沈殿**が生じていることから、この沈殿は塩化銀であることがわかります。よって、鑑別したい薬物は銀イオン（Ag^+）が生じる薬物である**硝酸銀**です。また、硫酸と銅屑を加えて熱すると発生する**赤褐色の蒸気**は、二酸化窒素（亜硝酸ガス、NO_2）です。硝酸銀は劇物で、無色透明の結晶、光により分解して**黒変**します。強力な**酸化剤**で、水に極めて溶けやすいです。

③ 炎色反応で、炎の色が**黄色**になっていることから、鑑別したい薬物はナトリウム（Na）を含むことがわかります。よって、鑑別したい薬物は**ナトリウム**（金属ナトリウム）です。なお、コバルトの色ガラスは濃青色で、500～700nmの光を強く吸収する性質があり、ナトリウムの炎色（黄色）も吸収され、見えなくなります。ナトリウムの炎色反応が黄色であることは、しっかり覚えておきましょう。また、劇物のナトリウムは、常温では**ロウのように軟らかい**銀白色の光輝のある**金属**です。水に触れると水素を発生し、それが爆発的に発火するので、水に触れるのを避けるために**石油中に保存**します。

④ 劇物の**沃素**（ようそ）は黒灰色、金属光沢のある稜板状結晶で、**昇華**（固体から直接気体になること）する性質があります。澱粉（でんぷん）にあうと、**ヨウ素デンプン反応**（沃素澱粉反応）により**藍色**を呈しますが、熱すると澱粉の立体構造がゆるんで色が消え、冷えると澱粉の立体構造がもとに戻り、再び藍色を呈します。ヨウ素デンプン反応と沃素が結びつけられるようにしておいてください。

問題5　農業用品目

重要度 ★★☆

次の文は薬物の鑑別法に関する記述である。適切な薬物を選びなさい。

① 熱すると酸素を出して塩化物にかわる。
② 水に溶かして硝酸バリウムを加えると、白色沈殿を生ずる。
③ アルコール溶液にジメチルアニリンおよびブルシンを加えて溶解し、これにブロムシアン溶液を加えると緑色ないし赤紫色を呈する。
④ エーテル溶液にヨードのエーテル溶液を加えると褐色の液状沈殿を生じ、これを放置すると赤色の針状結晶となる。

a) 塩素酸カリウム　b) クロルピクリン　c) 硫酸銅　d) ニコチン

出題薬物基本情報

薬物名	分類	常温での状態	基本的特徴	化学式
塩素酸カリウム	劇物	固体	爆発性	$KClO_3$
クロルピクリン	劇物	液体	催涙性	CCl_3NO_2
硫酸銅	劇物	固体	風解性	$CuSO_4 \cdot 5H_2O$
ニコチン	毒物	液体	―	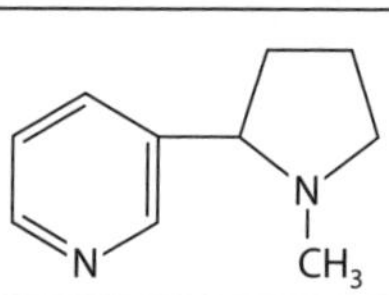 N　N　CH_3

解答・解説

問題5　　解答 ①a ②c ③b ④d

① 熱すると酸素を発生して塩化物に変わることから、鑑別したい薬物は、酸素(O)と塩素(Cl)を含むことがわかります。選択肢の薬物を見ると、これを満たすのは、塩素酸カリウムとクロルピクリンです。塩素酸カリウムは熱すると酸素を放出して塩化物に変わりますが、クロルピクリンは熱すると塩化水素と二酸化窒素などが生じます。よって、鑑別したい薬物は、**塩素酸カリウム**であることがわかります。劇物の塩素酸カリウム（塩素酸カリ）は無色の単斜晶系板状結晶で、強力な**酸化剤**です。有機物、硫黄、金属粉等の可燃物と混合すると、加熱、摩擦、衝撃により**爆発**します。塩素酸カリウムが爆発性物質であることも、覚えておきましょう。

② 鑑別法でよく見る白色沈殿は、硫酸バリウム($BaSO_4$)、塩化銀(AgCl)、蓚酸カルシウム[$Ca(COO)_2$]です。硝酸バリウム[$Ba(NO_3)_2$]を加えると**白色沈殿**が生じていることから、この沈殿は硫酸バリウムであることがわかります。よって、鑑別したい薬物は硫酸イオン(SO_4^{2-})が生じる薬物である**硫酸銅**です。硫酸銅（硫酸第二銅）は劇物で、**濃い藍色の結晶**、**風解性**があり、風解（風化）すると白色粉末である無水硫酸銅($CuSO_4$)になります。

③ **クロルピクリン**（クロロピクリン、トリクロルニトロメタン）は**催涙性**があり、純品は無色油状ですが、市販品は普通、微黄色を呈しています。農薬としては土壌燻蒸剤（どじょうくんじょうざい）として使用されます。緑色ないし赤紫色という一見、大きく違う色の組み合わせであるところが印象的です。クロルピクリンには問題文の鑑別法のほか、「水溶液に金属カルシウムを加え、これにベタナフチルアミンおよび硫酸を加えると**赤色の沈殿**を生ずる」という鑑別法もあります。

④ ヨード（沃素）のエーテル溶液を加えて放置すると、赤色の針状結晶が生じていますが、この「**赤色の針状結晶**」というキーワードを見たら、**ニコチン**とわかるようにしておきましょう。**針状**まで入っているのが、ポイントです。毒物のニコチンの鑑別法としてはこのほか、「ホルマリン一滴を加えた後、濃硝酸一滴を加えると**バラ色**を呈する」というものがありますが、呈色反応が「**バラ色**」は、ニコチンだということもしっかり覚えておいてください。

問題 6　特定品目

重要度 ★★☆

次の文は薬物の鑑別法に関する記述である。適切な薬物を選びなさい。

① 羽毛のような有機質をひたし、特にアンモニア水でこれをうるおすと黄色を呈する。
② ヨード亜鉛からヨードを析出する。
③ 濃塩酸をうるおしたガラス棒を近づけると白い霧を生ずる。
④ あらかじめ熱灼(ねっしゃく)した酸化銅を加えるとホルムアルデヒドができ、酸化銅は還元されて金属銅色を呈する。

a) 過酸化水素水　　b) メタノール　　c) 硝酸　　d) アンモニア水

出題薬物基本情報

薬物名	分類	常温での状態	基本的特徴	化学式
過酸化水素水	劇物	液体	漂白作用	H_2O_2aq ※
メタノール	劇物	液体	引火性	CH_3OH
硝酸	劇物	液体	強酸性	HNO_3
アンモニア水	劇物	液体	刺激性	NH_3aq ※

※aq：水溶液をあらわす

解答・解説

問題6

解答　①c　②a　③d　④b

① 羽毛のような有機質は、タンパク質（プロテイン）よりなります。そのタンパク質の構成成分はアミノ酸ですが、**硝酸**はその中の芳香族アミノ酸（ベンゼン環を有するアミノ酸）のベンゼン環をニトロ化し、それにより**黄色**を呈します。これをキサントプロテイン反応といいます。硝酸には、「銅屑を加えて熱すると**藍色**を呈して溶け、その際に**赤褐色の蒸気**を発生する」という、よく見かける鑑別法もありますが、こちらの鑑別法も覚えておいてください。なお、硝酸**10%以下**を含有する製剤は、劇物から除外されます。

② **過酸化水素水**は、ヨード亜鉛（沃化亜鉛）を酸化してヨード（沃素）を析出させます。問題文の鑑別法のほか、「過マンガン酸カリウムを還元し、クロム酸塩を過クロム酸塩に変える」も過酸化水素水の鑑別法ですが、過酸化水素が**酸化**と**還元**の両作用を有しており、**漂白剤**として用いられることは、重要なポイントです。しっかり覚えておきましょう。なお、過酸化水素**6%以下**を含有する製剤は、劇物から除外されます。

③ **アンモニア水**［アンモニア（NH_3、気体）の水溶液］は鼻をさすような刺激臭でも鑑別できますが、塩酸［塩化水素（HCl、気体）の水溶液］をうるおしたガラス棒を近づけると、塩化水素とアンモニアが反応して、塩化アンモニウムの**白い霧**を生じます。また、アンモニア水の鑑別法には「塩酸を加えて中和した後、塩化白金溶液を加えると、**黄色**、結晶性の沈殿を生ずる」というものがあります。なお、アンモニア水は農業用品目にも、特定品目にも定められており、アンモニア**10%以下**を含有する製剤は、劇物から除外されます。

④ 熱灼（ねっしゃく）した酸化銅（CuO）を**メタノール**に加えると、メタノールが酸化されて、ホルムアルデヒド（HCHO）が生じます。その際、酸化銅は還元されて銅（Cu）となります。エステル化反応を示す鑑別法である「サリチル酸と濃硫酸とともに熱すると、芳香あるサリチル酸メチルエステルを生ずる」とともに、メタノールの鑑別法として、しっかり覚えておきましょう。なお、メタノールは無色透明、動揺しやすい揮発性の液体で、**引火**しやすいです。

問題 7

重要度 ★★☆

次の文は薬物の鑑別法に関する記述である。適切な薬物を選びなさい。

① 水溶液に過クロール鉄液を加えると紫色を呈する。
② 水酸化ナトリウム溶液を加えて熱すれば、クロロホルムの臭気をはなつ。
③ アルコール溶液は白色の羊毛または絹糸を鮮黄色に染める。
④ ロウを塗ったガラス板に針で任意の模様を描いたものに塗ると、ロウをかぶらない模様の部分は腐食される。

a) 弗化水素酸　b) フェノール　c) ピクリン酸　d) トリクロル酢酸

出題薬物基本情報

薬物名	分類	常温での状態	基本的特徴	化学式
弗化水素酸	毒物	液体	腐食性	HFaq※
フェノール	劇物	固体	潮解性	C_6H_5OH 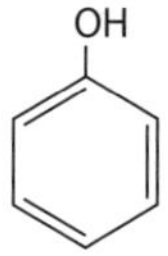
ピクリン酸	劇物	固体	爆発性	$C_6H_2(OH)(NO_2)_3$ 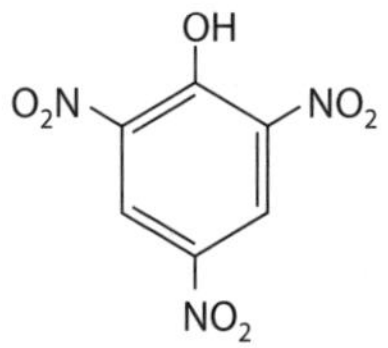
トリクロル酢酸	劇物	固体	潮解性	CCl_3COOH

※aq：水溶液をあらわす。

解答・解説

問題7　　解答 ①b　②d　③c　④a

① フェノール性水酸基（－OH）を有する化合物は、過クロール鉄［塩化第二鉄、塩化鉄（III）］液との特有な反応により呈色します（これを塩化鉄反応といいます）。これは鉄錯塩が生成することによるものですが、**フェノール**は**紫色**に呈色します。フェノールにはそのほか、「一万倍溶液に、黄色を呈するまでブロム水を加えると、白色絮状（じょじょう）の沈殿を生ずる」と「水溶液に1/4量のアンモニア水と数滴の晒粉（さらしこ）を加えて温めると、藍色を呈する」というものがありますが、問題文の鑑別法が最もよく出題されます。なお、フェノールは劇物で無色の針状結晶あるいは白色の放射状結晶塊で潮解性があり、空気中で容易に**赤変**します。特異の臭気と灼（や）くような味を有します。フェノール**5%以下**を含有する製剤は、劇物から除外されます。

② **トリクロル酢酸**は希アルカリで加水分解され、クロロホルム（$CHCl_3$）と二酸化炭素（CO_2）となります。濃アルカリではクロロホルムと蟻酸（HCOOH）が生じます。「アンチピリンおよび水を加えて熱すれば、クロロホルムの臭気をはなつ」とともに、「**クロロホルムの臭気**」というキーワードが出てきたら、トリクロル酢酸と結びつけられるようにしておきましょう。なお、劇物のトリクロル酢酸（トリクロロ酢酸）は無色の結晶で、**潮解性**があり、水に溶けやすく、その水溶液は強酸性を示します。

③ **ピクリン酸**（2,4,6－トリニトロフェノール）は淡黄色の光沢ある小葉状あるいは針状結晶で、急熱あるいは衝撃により**爆発**します。ピクリン酸のアルコール溶液は鮮黄色ですので、白色の羊毛または絹糸を**鮮黄色**に染めます。ピクリン酸のそのほかの鑑別法として、「温飽和水溶液は、シアン化カリウム溶液によって暗赤色を呈する」、「水溶液に晒粉溶液を加えて煮沸すると、クロルピクリンの刺激臭を発する」というものがありますが、問題文の鑑別法が最もよく見かけるものです。

④ **弗化水素酸**は弗化水素（気体）の水溶液で、毒物です。無色またはわずかに着色した透明な不燃性液体で、特有の刺激臭があり、濃厚なものは空気中で白煙を生じます。弗化水素酸は性状や貯蔵法でもふれたように、**ガラスを腐食**するほど、腐食性の激しい薬物です。この鑑別法は、それを知っていれば容易に判断できるでしょう。

問題8

重要度 ★★☆

次の文は薬物の鑑別法に関する記述である。適切な薬物を選びなさい。

① 外観と臭気によって容易に鑑別することができる。
② 白金線につけて溶融炎で熱し、炎の色を見ると青紫色となる。この炎はコバルトの色ガラスを通してみると紅紫色となる。
③ 木炭とともに加熱するとメルカプタンの臭気をはなつ。
④ 水溶液にアンモニア水を加えると紫色の蛍石彩をはなつ。

a) スルホナール　　b) カリウム　　c) 臭素　　d) ベタナフトール

出題薬物基本情報

薬物名	分類	常温での状態	基本的特徴	化学式
スルホナール	劇物	固体	―	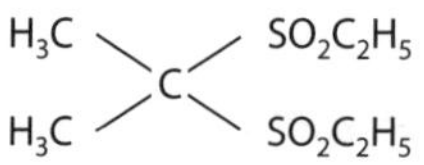 H_3C $SO_2C_2H_5$ C H_3C $SO_2C_2H_5$
カリウム	劇物	固体	禁水性	K
臭素	劇物	液体	不燃性	Br_2
ベタナフトール	劇物	固体	―	$C_{10}H_7OH$ 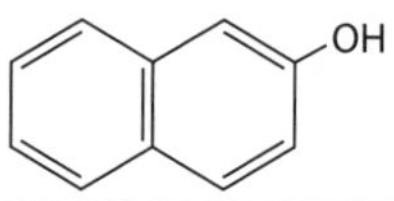 OH

解答・解説

問題8　　　解答 ①c　②b　③a　④d

① 劇物の**臭素**は、刺激性の臭気をはなって揮発する赤褐色の重い液体です。したがって、その外観と臭気から容易に鑑別できます。しかし、臭素の鑑別法として、「澱粉糊液を橙黄色に染め、ヨードカリ澱粉（でんぷん）紙を藍変し、フルオレッセン溶液を赤変する」というものもあります。ヨードカリ澱粉紙（沃化カリウムデンプン紙）とは、沃化カリウム（KI）と可溶性澱粉を溶かした溶液にろ紙を浸して乾燥させた試験紙で、酸化力が強い物質があると、沃化カリウムが酸化されて沃素（I_2）が生じ、これが澱粉と反応することにより藍色を呈します。また、フルオレッセン溶液は、臭素によりエオシンとなり、赤色（ピンク色）を呈します。

② 劇物の金属**カリウム**は常温では**ロウのように軟らかい**、金属光沢をもつ銀白色の**金属**です。性状は金属ナトリウムと似ていますが、ナトリウムよりも反応性に富みます。水に触れると水素を発生し、それが爆発的に**発火**するので、水に触れるのを避けるために**石油中に保存**します。炎色反応で、炎の色が**青紫色**になっていることから、鑑別したい薬物はカリウム（K）を含むことがわかります。よって、鑑別したい薬物はカリウムです。

③ メルカプタンはチオール基（－SH）を末端にもつ有機化合物、つまり、硫黄（S）を含む有機化合物ですが、木炭（C）は硫黄を含んではいないので、鑑別したい薬物が硫黄を含む有機化合物であることがわかります。選択肢の薬物で硫黄を含むのは、**スルホナール**です。「**スルホ**」や「**チオ**」は硫黄を含むことをあらわします。

④ 毒物劇物の鑑別で登場する蛍石彩としては紫色と緑色がありますが、**紫色の蛍石彩はベタナフトール**（β－ナフトール、2－ナフトール）、緑色の蛍石彩はクロロホルムです。ベタナフトールの鑑別法としては、「水溶液に塩素水を加えると白濁し、これに過剰のアンモニア水を加えると澄明となり、液は最初、緑色を呈し、のちに褐色に変化する」と「水溶液に塩化第二鉄溶液を加えると、かすかに類緑色を呈し、しばらくしてから白色絮状（じょじょう）の沈殿を生ずる」というものもあります。劇物のベタナフトールはフェノールと同じようにフェノール性水酸基（－OH）をもつ有機化合物なので、塩化第二鉄（過クロル鉄）で呈色します（塩化鉄反応）。

コラム 検出法について

検出法に関する問題が、ごくまれに出題されているのを見かけます。これについてくわしく勉強することは、覚えなければならないボリュームの割に出題頻度が低いので、あまり効率的とはいえません。まったく勉強することなく、出題されたら、自分が今まで蓄積してきた知識を駆使して勘で答えるのが1つのやり方ですが、それでは不安な人もいるはずです。せめて、万が一出題されたら対応できる基礎知識だけでも身につけて、不安を少しでも解消しておきたいと思うのが普通ですね。以下に検出法のポイントを記載しますので、気になる人は確認しておいてください。

①pHメーター法	塩酸、硝酸、沃化水素酸などの無機酸、水酸化ナトリウム、アンモニアなどの無機アルカリ、金属ナトリウム、金属カリウム等の検出法です。
②イオン電極法	弗素(F)を含む無機化合物(弗化水素、硅弗化水素酸など)、シアン化合物の検出法として、記憶しておいてください。
③滴定法	酸化性物質、還元性物質の検出に用いられるヨウ素滴定(塩素、亜硝酸ナトリウム、ニッケルカルボニル、過酸化水素などの検出)、沈殿生成反応を利用する沈殿滴定(無機銀化合物の検出)などがあります。
④吸光光度法	何らかの方法で対象物質から発色する物質を生成できれば検出できる方法ですが、検出できる物質を一定の特徴として表すことはできません。
⑤ガスクロマトグラフ法	気化しやすい物質の検出法で、多くの有機化合物の検出法です。
⑥高速液体クロマトグラフ法	液体に溶解可能な物質の検出法で、ジクワット、フェンチオン、メチルメルカプタン、ベタナフトールの検出法として、記憶しておいてください。
⑦原子吸光光度法	金属(水銀、カドミウム、クロムなど)を含む物質、半金属(砒素、セレン)を含む物質の検出法として、記憶しておいてください。

第9章

毒物劇物の用途

9-1 五肢択一問題

❶ 殺鼠剤

問題1　農業用品目　重要度 ★★★

野ネズミを対象とした殺鼠剤として用いられる薬物を1つ選びなさい。

a) 無水硫酸銅　b) 硫酸　c) カルタップ
d) EPN　e) 硫酸タリウム

問題2　農業用品目　重要度 ★★★

殺鼠剤として用いられている薬物を1つ選びなさい。

a) シアン酸ナトリウム　b) 燐化亜鉛　c) 塩化亜鉛
d) ジクワット　e) パラコート

❷ 除草剤

問題3　農業用品目　重要度 ★★★

農業用には除草剤として使用され、工業用では抜染剤、酸化剤として用いられる薬物を1つ選びなさい。

a) 塩素酸ナトリウム　b) パラチオン　c) ブロムメチル
d) ダイアジノン　e) アンモニア水

❸ 殺虫剤

問題4　農業用品目　重要度 ★★

農薬として、病害虫に対する接触剤として用いられ、また、医薬その他の原料となる薬物を1つ選びなさい。

a) ホストキシン　b) 硫酸銅　c) 硫酸ニコチン
d) クロルメコート　e) クロルピクリン

解答・解説

問題1 解答 e

殺鼠剤(さっそざい)として使用される薬物としては、**硫酸タリウム**、酢酸タリウム、モノフルオール酢酸ナトリウム、スルホナール、**燐化亜鉛**を見かけます。また、ホストキシン(燐化アルミニウムとその分解促進剤とを含有する製剤)やシアン化水素も「船倉内の殺鼠剤」として出題されることもありますし、黄燐は殺鼠剤の原料に使われます。ここでは劇物の硫酸タリウムですが、硫酸タリウムを含有する製剤は、あせにくい**黒色**に着色する義務があります。

a) 固体、劇物 b) 液体、劇物 c) 固体、劇物 d) 固体、毒物 e) 固体、劇物

問題2 解答 b

燐化亜鉛は暗赤色(暗灰色)の光沢のある粉末で、**殺鼠剤**として用いられます。なお、含有量が1%以下で、黒色に着色され、かつ、トウガラシエキスで著しく辛く着味されているものは、普通物となります。

a) 固体、劇物 b) 固体、劇物 c) 固体、劇物 d) 固体、劇物 e) 固体、毒物

問題3 解答 a

除草剤として使用される薬物としては、**塩素酸ナトリウム**、**ジクワット**、**パラコート**、シアン酸ナトリウムを見かけます。ここでは劇物の塩素酸ナトリウムですが、塩素酸ナトリウムは強い酸化剤であることは性状でも触れられることがあります。

a) 固体、劇物 b) 液体、特定毒物 c) 気体、劇物 d) 液体、劇物
e) 液体、劇物

問題4 解答 c

殺虫剤として用いられる薬物としては、有機燐製剤、カルバメイト(カーバメイト)、シアン化合物、**硫酸ニコチン**などが見られます。ここでは、ニコチンを不揮発性にするために硫酸と結びつけた硫酸ニコチンです。

a) 固体、特定毒物 b) 固体、劇物 c) 固体、毒物 d) 固体、劇物
e) 液体、劇物

問題5　農業用品目
重要度 ★★☆

TEPPおよびパラチオンと同じ有機燐化合物で、遅効性の殺虫剤として使用される薬物を1つ選びなさい。普通、乳剤は1000～3000倍に希釈して、アカダニ、アブラムシ、ニカメイチュウ等の殺虫に使用されます。

a) アンモニア水　b) シアン酸ナトリウム　c) EPN
d) 硫酸タリウム　e) 燐化亜鉛

問題6　農業用品目
重要度 ★☆☆

果実などの殺虫剤、船底倉庫の殺鼠剤、シアン化合物の製造、化学分析試薬などに使用される薬物を1つ選びなさい。

a) 塩素酸ナトリウム　b) クロルピリホス　c) シアン化水素
d) ナラシン　e) メトミル

❹ 燻蒸剤

問題7　農業用品目
重要度 ★★☆

果樹、種子、貯蔵食糧等の病害虫の燻蒸に用いられる薬物を1つ選びなさい。

a) 硫酸　b) カルバリル　c) 硫酸銅
d) ブロムメチル　e) イミノクタジン

問題8　農業用品目
重要度 ★★★

農薬としては土壌燻蒸に使われ、土壌病原菌、線虫等の駆除などに用いられる薬物を1つ選びなさい。

a) クロルピリホス　b) シアン化カリウム　c) クロルピクリン
d) DDVP　e) 硫酸銅

解答・解説

問題5　　解答 c

殺虫剤として用いられる薬物としては、パラチオン、EPN、DDVPなどの有機燐製剤、カルバメイト（カーバメイト）、シアン化水素、シアン化カリウム、シアン化ナトリウム、硫酸ニコチンなどが見られます。なお、問題に書かれている特定毒物のTEPPも有機燐製剤に分類されます。ここでは、毒物のEPN（エチルパラニトロフェニルチオノベンゼンホスホネイト）が該当する薬物です。EPN1.5%以下を含有する製剤は、毒物から除外され、劇物となります。

a）液体、劇物　b）固体、劇物　c）固体、毒物　d）固体、劇物　e）固体、劇物

問題6　　解答 c

シアン化水素は、非常に気体になりやすい液体ですが、殺虫剤や殺鼠剤に使われます。船倉内の昆虫、鼠の駆除には、このほか、ホストキシンが用いられます。しかし、シアン化合物の製造に使われることが、直接的でわかりやすいので、ここに着目するとよいかもしれません。ただし、この記載がないこともあるかもしれませんので、殺虫剤にも使われるが殺鼠剤にも使われる薬物として、覚えておくのがよいでしょう。

a）固体、劇物　b）固体、劇物　c）液体、毒物　d）固体、毒物　e）固体、劇物

問題7　　解答 d

ブロムメチル（臭化メチル）は気体の薬物で、燻蒸剤（くんじょうざい）として使用されます。毒性のところでも触れましたが、普通の燻蒸濃度では臭気を感じないので、中毒を起こしやすいことも併せて覚えておきましょう。

a）液体、劇物　b）固体、劇物　c）固体、劇物　d）気体、劇物　e）固体、劇物

問題8　　解答 c

ホルマリン（特定品目）、ブロムメチル（農業用品目）、クロルピクリン（農業用品目）、エチレンオキシドなどは燻蒸に使われますが、土壌燻蒸剤として線虫等の駆除に使われるのは、劇物のクロルピクリンです。出題されることが多いので、しっかり覚えておいてください。

a）固体、劇物　b）固体、毒物　c）液体、劇物　d）液体、劇物　e）固体、劇物

問題9　特定品目

重要度 ★★☆

農薬として、トマト葉黴病、ウリ類ベト病などの防除、種子の消毒、温室の燻蒸に、工業用としては、フィルムの硬化、人造樹脂、人造角、色素などの製造に用いられる薬物を1つ選びなさい。

a) ホルマリン　b) DDVP　c) 硫酸
d) シアン酸ナトリウム　e) 塩素酸カリウム

❺ 殺菌・消毒剤

問題10　農業用品目

重要度 ★★★

工業用に電解液用、媒染剤、農薬として使用されるほか、試薬として用いられる薬物を1つ選びなさい。

a) クロルピクリン　b) 硫酸銅　c) EPN
d) アンモニア水　e) モノフルオール酢酸ナトリウム

問題11

重要度 ★★☆

有機合成原料、界面活性剤、有機合成顔料、燻蒸消毒、殺菌剤に用いられる薬物を1つ選びなさい。

a) メタノール　b) セレン　c) 硝酸
d) ニッケルカルボニル　e) エチレンオキシド

問題12

重要度 ★☆☆

各種薬品の合成原料として非常に多く用いられ、また、医薬、アミノ酸、香料、染料、殺菌剤の製造の原料として重要である。そのもの自体は、主として探知剤（冷凍機用）、アルコールの変性、殺菌剤（水や下水）等に用いる。

a) 過酸化水素水　b) アクロレイン　c) 黄燐
d) ニトロベンゼン　e) ヒドラジン

解答・解説

問題9 解答 a

劇物の**ホルマリン**はホルムアルデヒド（HCHO、気体）の水溶液で、植物病原菌の**殺菌・消毒**、**燻蒸**に使われるほか、工業用としてはフェノール樹脂やメラミン樹脂の原料としても使われます。

a）液体、劇物　b）液体、劇物　c）液体、劇物　d）固体、劇物　e）固体、劇物

問題10 解答 b

劇物の**硫酸銅**は、工業用として電解液に利用されるほか、**農薬**として果樹の殺菌剤（ボルドー液）の成分として使われます。

a）液体、劇物　b）固体、劇物　c）固体、毒物　d）液体、劇物
e）固体、特定毒物

問題11 解答 e

劇物の**エチレンオキシド**は引火性気体で、ガス滅菌に使われるガスであることからも推測できるように、**燻蒸消毒**や**殺菌剤**に使われます。また、有機水銀化合物で毒物のチメロサール（エチル水銀チオサリチル酸ナトリウム）も殺菌消毒剤として、用いられます。

a）液体、劇物　b）固体、毒物　c）液体、劇物　d）液体、毒物　e）気体、劇物

問題12 解答 b

アクロレイン（$CH_2=CHCHO$）は、二重結合を持つことからもわかる通り、**非常に反応性に富む**薬物なので、合成原料として多様な用途に使用されています。アクロレイン自体を殺菌剤として使用したり、殺菌剤の原料として使用したりされているところを覚えておきましょう。

a）液体、劇物　b）液体、劇物　c）固体、毒物　d）液体、劇物　e）液体、毒物

❻ 防腐剤

問題13

重要度 ★☆☆

　医薬品および染料の製造原料として用いられるほか、防腐剤、ベークライト、人造タンニンの原料、試薬などにも使用される薬物を1つ選びなさい。

a) 水銀　b) 酢酸エチル　c) クロルスルホン酸
d) フェノール　e) 弗化水素酸

問題14

重要度 ★★☆

　工業用として、染料製造原料に使用されるほか、防腐剤、試薬などにも用いられる。

a) スルホナール　b) ベタナフトール　c) ニッケルカルボニル
d) セレン　e) 無水硫酸銅

問題15

重要度 ★★☆

　消毒、殺菌、木材の防腐剤、合成樹脂可塑剤に用いられる薬物を1つ選びなさい。

a) ジメチル硫酸　b) ニトロベンゼン　c) 燐化水素
d) 三硫化燐　e) クレゾール

問題16

重要度 

　試薬、医療検体の防腐剤、エアバッグのガス発生剤に用いられる薬物を1つ選びなさい。

a) アニリン　b) アジ化ナトリウム　c) 四エチル鉛
d) 黄燐　e) アクリルアミド

解答・解説

問題13　　解答　d

防腐剤として用いられる薬物としては、**フェノール**、クレゾール、ベタナフトール、アジ化ナトリウムなどがあります。ここでは劇物のフェノールですが、フェノールはまた、アニリンとともにアゾ染色の原料として使われます。

a) 液体、毒物　b) 液体、劇物　c) 液体、劇物　d) 固体、劇物　e) 液体、毒物

問題14　　解答　b

このように使用される薬物は、**ベタナフトール**です。ベタナフトール、フェノール、クレゾール（p.166参照）は化学式を見ると性質が似ていることが推測でき、そのことから、いずれも**防腐剤**として使用されることも、ある程度、納得できます（ベタナフトールの化学式はp.186、フェノールの化学式はp.324を参照）。これらはまた、アニリンとともにアゾ染色の原料として使われます。

a) 固体、劇物　b) 固体、劇物　c) 液体、毒物　d) 固体、毒物　e) 固体、劇物

問題15　　解答　e

劇物の**クレゾール**は**殺菌・消毒剤**に使用されたり、**防腐剤**として使用されたりします。

a) 液体、劇物　b) 液体、劇物　c) 気体、毒物　d) 固体、毒物
e) 固体・液体、劇物

問題16　　解答　b

毒物の**アジ化ナトリウム**は、**防腐剤**に使用されるほか、**エアバッグのガス発生剤**に使用されるのが、特徴的なところです。用途とは関係ありませんが、アジ化ナトリウムの性状として、酸に触れると有毒なアジ化水素（HN_3）が発生することを覚えておきましょう。このことは、シアン化ナトリウムと似ていますね。

a) 液体、劇物　b) 固体、毒物　c) 液体、特定毒物　d) 固体、毒物
e) 固体、劇物

⑦ 漂白剤

問題17　特定品目　重要度 ★★★

酸化剤、紙・パルプの漂白剤、殺菌剤、下水道の消毒剤などに利用される薬物を1つ選びなさい。

a) 硫酸　b) クロム酸鉛　c) トルエン
d) 塩素　e) 水酸化ナトリウム

問題18　特定品目　重要度 ★★★

捺染剤、木、コルク、綿、藁製品等の漂白剤として使用されるほか、鉄錆による汚れを落とすのに用いられ、また、合成染料、試薬、その他真鍮、銅を磨くのに用いられる薬物を1つ選びなさい。

a) 一酸化鉛　b) 四塩化炭素　c) 五酸化バナジウム
d) 蓚酸　e) 酢酸エチル

問題19　特定品目　重要度 ★★★

酸化、還元の両作用を有しているので、工業上貴重な漂白剤として獣毛、羽毛、綿糸、絹糸、骨質、象牙などを漂白するのに応用される薬物を1つ選びなさい。

a) 過酸化水素水　b) 塩酸　c) キシレン
d) アンモニア水　e) メタノール

⑧ 酸化剤

問題20　特定品目　重要度 ★★★

工業用に酸化剤、媒染剤、製革用、電気鍍金用、電池調整用、顔料原料などに使用されるほか、試薬として用いられる薬物を1つ選びなさい。

a) メチルエチルケトン　b) クロロホルム　c) 硅弗化ナトリウム
d) 重クロム酸カリウム　e) ホルマリン

解答・解説

問題17　　解答 d

紙・パルプの漂白剤として、かつ、下水道の消毒剤にも使われるのは、劇物の**塩素**です。なお、**漂白剤**に使われる薬物としては、塩素、過酸化水素、蓚酸の3つを覚えておいてください。

a）液体、劇物　b）固体、劇物　c）液体、劇物　d）気体、劇物　e）固体、劇物

問題18　　解答 d

コルクや藁（わら）の漂白剤として、かつ、**金属の錆（さび）や汚れを落とす**のに使われるのは、劇物の**蓚酸**です。漂白作用のある3つの薬物のうちの1つです。蓚酸の鑑別法には、「過マンガン酸カリウム溶液（赤紫色）を退色する」というものがありますが、これと漂白作用が結びつくようになってください。

a）固体、劇物　b）液体、劇物　c）固体、劇物　d）固体、劇物　e）液体、劇物

問題19　　解答 a

性状でも触れましたが、**酸化、還元の両作用を併有していることは、過酸化水素水**のキーワードとして重要です。この特徴的な性質を利用して、工業上有用な**漂白剤**として使用されています。

a）液体、劇物　b）液体、劇物　c）液体、劇物　d）液体、劇物　e）液体、劇物

問題20　　解答 d

性状でも触れましたが、**重クロム酸カリウム**は**橙赤色の結晶**で、**強力な酸化剤**です。性状から工業用の酸化剤として使われること、橙赤色の結晶であることから、媒染剤や顔料原料に使われることも推測できます。

a）液体、劇物　b）液体、劇物　c）固体、劇物　d）固体、劇物　e）液体、劇物

❾ 爆薬（爆発物）の製造

問題21　農業用品目

重要度 ★★

工業用にマッチ、煙火、爆発物の製造、抜染剤、酸化剤として使用される薬物を1つ選びなさい。

a）硫酸銅　b）パラチオン　c）シアン化水素
d）硫酸タリウム　e）塩素酸カリウム

問題22

重要度 

試薬、染料として用いられ、塩類は爆発薬として用いられる薬物を1つ選びなさい。

a）ピクリン酸　b）アクリルアミド　c）ジメチル硫酸
d）四エチル鉛　e）弗化水素酸

❿ マッチの製造

問題23

重要度 

マッチの製造に用いられるほか、有機化合物の製造および化学実験などに用いられる薬物を1つ選びなさい。

a）アジ化ナトリウム　b）クレゾール　c）三硫化燐
d）アンモニア水　e）アニリン

解答・解説

問題21　　解答 e

塩素酸塩類（塩素酸カリウム、塩素酸ナトリウムなど）は**強い酸化剤**で、**爆発性**のある薬物です。塩素酸カリウムは爆発物の製造や酸化剤として使用されますが、性状からもそれが推測できます。また、マッチ製造に利用されると問われたら、燐（リン、P）を含む薬物を第一に思い浮かべる必要がありますが、塩素酸カリウムもマッチ製造に使われます。なお、除草剤として使われるのは、塩素酸ナトリウムです。
a）固体、劇物　b）液体、特定毒物　c）液体、毒物　d）固体、劇物
e）固体、劇物

問題22　　解答 a

ピクリン酸（2,4,6－トリニトロフェノール）は淡黄色の光沢のある小葉状あるいは針状結晶で、**爆発性**があります。性状から、ピクリン酸塩類が爆発薬として使用されることがわかります。また、結晶の色や鑑別法で触れたようにピクリン酸のアルコール溶液は鮮黄色であることから、染料として用いられることを推測できます。
a）固体、劇物　b）固体、劇物　c）液体、劇物　d）液体、特定毒物
e）液体、毒物

問題23　　解答 c

この薬物は、**三硫化燐**です。三硫化燐（三硫化四燐）と黄燐はマッチの製造に使われますが、黄燐マッチは日本では製造が禁止されています。また、燐（リン、P）を含む薬物ではありませんが、塩素酸カリウムもマッチの製造に利用されます。
a）固体、毒物　b）固体・液体、劇物　c）固体、毒物　d）液体、劇物
e）液体、劇物

問題24

重要度 ★☆☆

酸素の吸収剤、赤燐その他の燐化合物および殺鼠剤の原料として使用され、また、マッチ、発煙剤の原料などに用いられる薬物を1つ選びなさい。

a) 黄燐　b) 硝酸　c) エチレンオキシド
d) ベタナフトール　e) クロルスルホン酸

⑪ 溶剤

問題25　特定品目

重要度 ★★☆

爆薬、染料、香料、サッカリン、合成高分子材料などの原料、溶剤、分析用試薬などに用いられる薬物を1つ選びなさい。

a) 水酸化ナトリウム　b) 過酸化水素水　c) 硅弗化ナトリウム
d) 塩素　e) トルエン

問題26　特定品目

重要度 ★★☆

香料、溶剤、有機合成原料として用いられる薬物を1つ選びなさい。

a) 酢酸エチル　b) 塩酸　c) アンモニア水
d) 重クロム酸カリウム　e) ホルマリン

問題27　特定品目

重要度 ★★★

染料その他有機合成材料、樹脂、塗料などの溶剤、燃料、試薬、標本保存用などにも用いられる薬物を1つ選びなさい。

a) 四塩化炭素　b) 硫酸　c) メタノール
d) キシレン　e) 蓚酸

解答・解説

問題24　解答 a

黄燐は空気中では非常に酸化されやすい薬物であることは、性状でも触れましたが、酸化されやすいということは、酸素と反応しやすいことを示しています。よって、酸素の吸収剤として使われることも推測できます。また、赤燐や燐化合物の原料となっていることから、燐（リン、P）を含む薬物であることがわかります。さらに、黄燐は**殺鼠剤**としても使われ、三硫化燐とともに**マッチの製造**に使われることも覚えておいてください。

a）固体、毒物　b）液体、劇物　c）気体、劇物　d）固体、劇物　e）液体、劇物

問題25　解答 e

トルエンは有機合成材料としてさまざまな用途に使われます。また、有機化合物で液体のもの（有機溶媒、有機溶剤）は、トルエンのほか、キシレン、酢酸エチル、メチルエチルケトン、メタノール、クロロホルムなどのように、**溶剤**として使われることが多いです。

a）固体、劇物　b）液体、劇物　c）固体、劇物　d）気体、劇物　e）液体、劇物

問題26　解答 a

酢酸エチルは液体の有機化合物なので、**溶剤**として使われることが推測できます。また、酢酸エチルは強い果実様香気のある液体なので、**香料**に使われることも理解できます。

a）液体、劇物　b）液体、劇物　c）液体、劇物　d）固体、劇物　e）液体、劇物

問題27　解答 c

メタノールは**溶剤**として使用されるほか、**メタノール燃料**として、燃料に使われることもあります。ここはメタノールのポイントとなる部分なので、しっかり覚えておいてください。

a）液体、劇物　b）液体、劇物　c）液体、劇物　d）液体、劇物　e）固体、劇物

⑫ アンチノック剤

問題28　重要度 ★★☆

ガソリンのアンチノック剤に用いられる薬物を1つ選びなさい。

a) アクロレイン　b) 燐化水素　c) フェノール
d) スルホナール　e) 四エチル鉛

問題29　**農業用品目**　重要度 ★☆☆

高圧アセチレン重合、オキソ反応などにおける触媒、ガソリンのアンチノック剤に用いられる薬物を1つ選びなさい。

a) 硝酸　b) ベタナフトール　c) ピクリン酸
d) ニッケルカルボニル　e) 弗化水素酸

⑬ 鍍金と写真用

問題30　**農業用品目**　重要度 ★★☆

冶金、電気鍍金、写真用として用いられ、また、果樹の殺虫剤としても用いられる薬物を1つ選びなさい。

a) 硫酸タリウム　b) シアン化ナトリウム　c) EPN
d) クロルピクリン　e) 無水硫酸銅

解答・解説

問題28　　解答 e

アンチノック剤とは、ガソリンの異常燃焼の一種であるノッキングを防ぐためにガソリンに添加されるものです。なお、**四エチル鉛**は引火性液体で、これを添加したガソリンを有鉛ガソリンと呼んでいましたが、現在、日本では使われなくなりました。しかし、**アンチノック剤**と出題されたら、四エチル鉛とニッケルカルボニルを挙げられるようにしておいてください。
a) 液体、劇物　b) 気体、毒物　c) 固体、劇物　d) 固体、劇物
e) 液体、特定毒物

問題29　　解答 d

ニッケルカルボニル（テトラカルボニルニッケル）は引火性液体で、毒物です。ガソリンの**アンチノック剤**に使われることを記憶しておきましょう。
a) 液体、劇物　b) 固体、劇物　c) 固体、劇物　d) 液体、毒物　e) 液体、毒物

問題30　　解答 b

シアン化ナトリウム（青酸ソーダ）は、**冶金**や**電気鍍金**（電気メッキ）に使用されることをしっかり覚えておきましょう。また、シアン化水素が果実などの殺虫剤に使われることからも推測できますが、シアン化ナトリウムも殺虫剤に使われます。シアン化カリウムも同じ用途に使われますが、シアン化ナトリウムの方が多く用いられています。なお、冶金（やきん）とは、鉱石その他の原料から有用な金属を抽出して、金属材料や合金を製造することで、鍍金（ときん）とは、めっき（メッキ）のことです。
a) 固体、劇物　b) 固体、毒物　c) 固体、毒物　d) 液体、劇物　e) 固体、劇物

問題31

重要度 ★☆☆

工業用には鍍金、写真用に使用される他、試薬、医薬用に用いられる薬物を1つ選びなさい。

a) クレゾール　b) アニリン　c) ジメチル硫酸
d) 硝酸銀　e) ヒドラジン

⑭ 乾燥剤

問題32　農業用品目

重要度 ★★★

工業上の用途は極めて広く、肥料、各種化学薬品の製造、石油の精製、冶金、塗料、顔料などの製造に用いられ、また、乾燥剤あるいは試薬として用いられる薬物を1つ選びなさい。

a) 硫酸　b) シアン酸ナトリウム　c) アンモニア水
d) 塩素酸カリウム　e) モノフルオール酢酸ナトリウム

問題33　農業用品目

重要度 ★☆☆

乾燥剤、試薬として使用される薬物を1つ選びなさい。

a) ダイアジノン　b) 無水硫酸銅　c) シアン化ナトリウム
d) 硫酸ニコチン　e) ブロムメチル

⑮ セッケン製造

問題34　特定品目

重要度 ★★★

化学工業用として、セッケン製造、パルプ工業、染料工業、レイヨン工業、諸種の合成化学などに使用されるほか、試薬、農薬として用いられる。

a) トルエン　b) 塩酸　c) クロロホルム
d) ホルマリン　e) 水酸化ナトリウム

解答・解説

問題31　　解答 d

写真用に使われる薬物としては、シアン化ナトリウム、シアン化カリウムのほか、硝酸銀、シアン化銀、臭化銀（写真感光材料）、沃化銀（写真乳剤）などの無機銀塩類、無機金塩類、塩化第二水銀、アニリン（写真現像用のハイドロキノンの原料）などが挙げられます。ここでは**硝酸銀**ですが、写真用に使われるほか、**鍍金**（銀メッキ）、医薬用として殺菌・消毒剤などに使われます。最近では銀イオンで殺菌する製品も見られるので、覚えやすいですね。
a）固体・液体、劇物　b）液体、劇物　c）液体、劇物　d）固体、劇物
e）液体、毒物

問題32　　解答 a

硫酸は、多様な用途に使われます。**濃硫酸は猛烈に水を吸収する**性質があることからも推測できますが、**乾燥剤**としても用いられます。
a）液体、劇物　b）固体、劇物　c）液体、劇物　d）固体、劇物
e）固体、特定毒物

問題33　　解答 b

無水硫酸銅は非常に水を吸いやすく、空気中の水分を吸収して、水和物（水和塩）になります。水を吸収する性質が強いので、**乾燥剤**として用いられます。
a）液体、劇物　b）固体、劇物　c）固体、毒物　d）固体、毒物　e）気体、劇物

問題34　　解答 e

セッケンを製造する方法の1つとして、原料油脂を**水酸化ナトリウム**でケン化する方法があります。**セッケン製造**と出題されたら、水酸化ナトリウム（苛性ソーダ）を選べるようにしておきましょう。パルプ工業（製紙工業）でも用いられます。
a）液体、劇物　b）液体、劇物　c）液体、劇物　d）液体、劇物　e）固体、劇物

⑯アニリン原料

問題35

重要度 

純アニリンの製造原料として用いられるほか、タール中間物の製造原料、合成化学に酸化剤として、また、特殊溶媒に用いられ、ミルバン油と称してセッケン香料に用いられる薬物を1つ選びなさい。

a）沃素　b）スルホナール　c）ニトロベンゼン
d）硝酸銀　e）ピクリン酸

⑰洗濯剤・洗浄剤

問題36　特定品目

重要度 

洗濯剤および種々の洗浄剤の製造、引火性の少ないベンジンの製造などに応用され、また、化学薬品として使用される薬物を1つ選びなさい。

a）蓚酸　b）メタノール　c）アクリルニトリル
d）過酸化水素水　e）四塩化炭素

⑱冷凍用寒剤

問題37　特定品目

重要度 

化学工業の原料、液化したものは冷凍用寒剤として用いられることもある薬物を1つ選びなさい。

a）トルエン　b）アンモニア　c）水酸化ナトリウム
d）硫酸　e）酢酸エチル

⑲ガラスのつや消し

問題38

重要度 

フロンガスの原料、ガソリンのアルキル化反応の触媒、ガラスのつや消し、金属の酸洗剤、半導体のエッチング剤などに用いられる薬物を1つ選びなさい。

a）重クロム酸カリウム　b）アジ化ナトリウム　c）弗化水素酸
d）水銀　e）塩化亜鉛

解答・解説

問題35　　解答 c

ニトロベンゼンは**強い苦扁桃様の香気**（アーモンドパウダーで作られた杏仁豆腐の臭いです）をもつ液体ですので、ミルバン油としてセッケン香料に使われます。また、**アニリンの製造原料**として使われます。

a）固体、劇物　b）固体、劇物　c）液体、劇物　d）固体、劇物　e）固体、劇物

問題36　　解答 e

四塩化炭素は不燃性液体であることから、ある程度は推測できるようにドライクリーニングの**洗濯剤**や**洗浄剤**の製造、引火性の少ないベンジンの製造などに使われます。洗濯剤という用語を見たら、四塩化炭素を選べるようにしましょう。

a）固体、劇物　b）液体、劇物　c）液体、劇物　d）液体、劇物　e）液体、劇物

問題37　　解答 b

アンモニアを液化したものを液化アンモニアといいますが、液化アンモニアは**冷凍用寒剤**として使われることもあります。「液化したものは～」となっていますから、この薬物が気体であることを推測できます。

a）液体、劇物　b）気体、劇物　c）固体、劇物　d）液体、劇物　e）液体、劇物

問題38　　解答 c

フロンは炭素（C）と水素（H）のほかに、弗素（F）、塩素（Cl）、臭素（Br）を多く含む化合物の総称です。弗化水素も弗素（F）を含むので、**フロンガスの原料**になるであろうことがわかります。また、**弗化水素酸**はガラスを溶かす性質がありますので、**ガラスのつや消し**にも使われます。

a）固体、劇物　b）固体、毒物　c）液体、毒物　d）液体、毒物　e）固体、劇物

⑳ 釉薬（ゆうやく）

問題39

重要度 ★★

ガラスの脱色、釉薬、整流器に用いられる薬物を1つ選びなさい。

a) セレン　b) クロルスルホン酸　c) アニリン
d) フェノール　e) 三硫化燐

㉑ アマルガム

問題40

重要度 

寒暖計、整流器、医薬品、歯科用アマルガムなどに用いられる薬物を1つ選びなさい。

a) ベタナフトール　b) 黄燐　c) エチレンオキシド
d) 水銀　e) アクリルアミド

㉒ ドーピングガス

問題41

重要度 ★

半導体工業におけるドーピングガスに用いられる薬物を1つ選びなさい。

a) 四塩化炭素　b) 燐化水素　c) クロルピクリン
d) 塩化水素　e) ニッケルカルボニル

解答・解説

問題39　　解答　a

セレンは**釉薬**（うわぐすり）として用いられることを記憶しておきましょう。なお、三酸化二砒素（無水亜砒酸）や特定品目の**硅弗化ナトリウム**も釉薬として使われます。

a）固体、毒物　b）液体、劇物　c）液体、劇物　d）固体、劇物　e）固体、毒物

問題40　　解答　d

最近は液晶が普及して使われなくなってきましたが、寒暖計や気圧計、体温計、血圧計などに**水銀**が使われていました。また、歯科用アマルガムにも使われていましたが、その毒性のため、使われなくなっています。しかし、「水銀は**歯科用アマルガム**に使われる」と覚えておきましょう。なお、アマルガムは、水銀を含む軟らかい合金のことです。

a）固体、劇物　b）固体、毒物　c）気体、劇物　d）液体、毒物　e）固体、劇物

問題41　　解答　b

燐化水素（ホスフィン）は半導体工業における**ドーピングガス**に使われます。なお、ドーピングガスとは、半導体製造において結晶の物性を変化させるために使用するものです。ドーピングガスですからいずれも気体の薬物ですが、燐化水素のほか、セレン化水素（SeH_2）、水素化砒素（AsH_3）、ジボラン（B_2H_6）、モノゲルマン（GeH_4）もドーピングガスとして使用されます（ジボラン、モノゲルマンは特殊材料ガスと表現されていることもあります）。

a）液体、劇物　b）気体、毒物　c）液体、劇物　d）気体、劇物　e）液体、毒物

㉓ 土質安定剤

問題42

重要度 ★★☆

反応開始剤および促進剤と混合して地盤に注入し、土木工事用の土質安定剤として用いられる薬物を1つ選びなさい。

a) クレゾール　b) エチレンオキシド　c) 硝酸銀
d) 硝酸　e) アクリルアミド

㉔ 染料の製造原料

問題43

重要度 ★☆☆

タール中間物の製造原料、医薬品、染料等の製造原料として重要なもので、写真現像用のハイドロキノンなどの原料にも用いられる薬物を1つ選びなさい。

a) 塩素　b) 四エチル鉛　c) ヒドラジン
d) アニリン　e) ニトロベンゼン

㉕ 塩化物の製造

問題44　特定品目

重要度 ★ 

化学工業用として諸種の塩化物、膠の製造、獣炭の精製、その他、染色、色素工業などに使用される薬物を1つ選びなさい。

a) トルエン　b) ホルマリン　c) 塩酸
d) メタノール　e) アンモニア水

解答・解説

問題42 解答 e

アクリルアミドは反応性に富み、重合してポリアクリルアミドとなります。そして、このポリアクリルアミドにより、土質が安定します。

a) 固体・液体、劇物　b) 気体、劇物　c) 固体、劇物　d) 液体、劇物
e) 固体、劇物

問題43 解答 d

代表的な染料として、アゾ染料[アゾ基(－N＝N－)を有する]がありますが、**アニリン**はアゾ染料の原料として重要です。アゾ染料の原料としては、アニリンのほか、フェノール、クレゾール、ベタナフトール、トルイジンがあります。また、アニリンは写真現像用のハイドロキノン(1,4－ジヒドロキシベンゼン、*p*－ジヒドロキシベンゼン)の原料にも用いられます。

a) 気体、劇物　b) 液体、特定毒物　c) 液体、毒物　d) 液体、劇物
e) 液体、劇物

問題44 解答 c

これらの用途に使われるのは、**塩酸**です。なお、塩化物の製造に使われることから、塩素(Cl)を含む薬物であることがわかります。また、膠(にかわ)は、動物の皮や骨からコラーゲンなどを抽出して、濃縮、凝固させたもの、獣炭(じゅうたん)は、動物の血、肉、骨などを乾留して作った炭素質のもので、活性炭の一種です。これらの製造でも、塩酸は使われます。

a) 液体、劇物　b) 液体、劇物　c) 液体、劇物　d) 液体、劇物　e) 液体、劇物

9-2 組み合わせ問題

問題1　農業用品目

重要度 ★★★

次の薬物の主な用途として適切なものを選びなさい。

① クロルピクリン（クロロピクリン）
② ジクワット（2,2'－ジピリジリウム－1,1'－エチレンジブロミド）
③ 硫酸タリウム
④ EPN（エチルパラニトロフェニルチオノベンゼンホスホネイト）

a）野ネズミを対象とした殺鼠剤として用いられる。
b）除草剤として用いられる。
c）遅効性殺虫剤として用いられる。
d）農薬としては土壌燻蒸に使われ、土壌病原菌、線虫等の駆除などに用いられる。

問題2　農業用品目

次の薬物の主な用途として適切なものを選びなさい。

① イミノクタジン［1,1'－イミノジ（オクタメチレン）ジグアニジン］
② ダイアジノン（2－イソプロピル－4－メチルピリミジル－6－ジエチルチオホスフェイト）
③ パラコート（1,1'－ジメチル－4,4'－ジピリジニウムジクロリド）
④ 燐化亜鉛

a）果樹の腐らん病、晩腐病など、麦類の斑葉病、腥黒穂病、芝の葉枯れ病の殺菌に用いられる。
b）殺鼠剤として用いられる。
c）除草剤として用いられる。
d）接触性殺虫剤でニカメイチュウ、サンカメイチュウ、クロカメムシ等の駆除に用いられる。

解答・解説

問題1　　解答 ①d　②b　③a　④c

① **クロルピクリン**は劇物で、純品は無色、油状の液体ですが、通常、微黄色を呈しています。催涙性があり、強い粘膜刺激臭があることからも揮発性が高いことがわかりますが、**土壌燻蒸剤**(くんじょう)として土壌病原菌や線虫等の駆除に使用されます。

② **ジクワット**は淡黄色の結晶で、劇物です。**除草剤**として使用されます。

③ **硫酸タリウム**は無色の結晶ですが、黒色に着色すべき農業用劇物に定められています。**殺鼠剤**(さっそざい)に使われます。なお、除外濃度は0.3%以下です。

④ **EPN**は毒物で、TEPPやパラチオンと同じ有機燐化合物です。純品は白色結晶ですが、工業製品は暗褐色の液体です。遅効性の**殺虫剤**として使用されますが、恒温動物に対する毒性はかなり強いので、その使用には注意が必要です。なお、除外濃度は1.5%以下（これ以下で劇物）です。

問題2　　解答 ①a　②d　③c　④b

① **イミノクタジン**は劇物で、三酢酸塩の場合は白色の粉末です。これらの植物に病気を起こさせる植物病原菌の**殺菌剤**として使用されます。なお、除外濃度は3.5%以下です。

② **ダイアジノン**は劇物で、その純品は無色液体ですが、工業製品は純度90%で、淡褐色透明で粘稠で微かにエステル臭を有する液体です。これらの病害虫の**殺虫剤**として使用されます。なお、除外濃度は5%（マイクロカプセル製剤は25%）以下です。

③ **パラコート**は毒物で、白色の結晶です。**除草剤**として使用されます。

④ **燐化亜鉛**は劇物で、暗赤色(暗灰色)の光沢のある粉末ですが、黒色に着色すべき農業用劇物に定められているので、一般に黒灰色をしています。**殺鼠剤**に使われます。なお、含有量が1%以下で、黒色に着色され、トウガラシエキスを用いて著しく辛く着味されているものは、劇物から除外されます。

問題3　農業用品目　重要度 ★★★

次の薬物の主な用途として適切なものを選びなさい。

① 塩素酸ナトリウム
② クロルメコート（2－クロルエチルトリメチルアンモニウムクロリド）
③ NAC（N－メチル－1－ナフチルカルバメート、カルバリル）
④ モノフルオール酢酸ナトリウム

a）農業植物成長調整剤として用いられる。
b）農業用には除草剤として使用される。工業用では抜染剤（ばっせんざい）、酸化剤として用いられる。
c）野鼠の駆除に用いられる。
d）稲のツマグロヨコバイ、ウンカなど農業用殺虫剤、リンゴの摘果剤に用いられる。

問題4　農業用品目　重要度 ★★★

次の薬物の主な用途として適切なものを選びなさい。

① シアン酸ナトリウム
② ナラシン（4－メチルサリノマイシン）
③ メトミル
{S－メチル－N－[（メチルカルバモイル）－オキシ]－チオシアセトイミデート}
④ 硫酸銅

a）キャベツ等のアブラムシ、アオムシ、ヨトウムシ、ハスモンヨトウ、稲のニカメイチュウ、ツマグロヨコバイ、ウンカの駆除
b）飼料添加物
c）除草剤、有機合成、鋼の熱処理に用いる。
d）工業用に電解液用、媒染剤、農薬として使用されるほか、試薬として用いられる。

解答・解説

問題3 　　**解答 ①b ②a ③d ④c**

① **塩素酸ナトリウム**は劇物で、潮解性があります。**除草剤**として使用されるほか、強い酸化剤なので、工業用**酸化剤**としても使用されます。

② **クロルメコート**は劇物で、**植物成長調整剤**（植物成長抑制剤、矮化剤（わいかざい））として使用されます。

③ **NAC**は劇物で、カルバメイト（カーバメイト）系化合物で、有機燐化合物と同じようにアセチルコリンエステラーゼを阻害し、**殺虫剤**として使用されます。除外濃度は5%以下です。

④ **モノフルオール酢酸ナトリウム**は特定毒物で、酢酸臭を有する重い白色の粉末です。**殺鼠剤**に使用されます。

問題4 　　**解答 ①c ②b ③a ④d**

① **シアン酸ナトリウム**は劇物で、白色の結晶性粉末です。**除草剤**として使用されるほか、有機合成原料、鋼（はがね）の熱処理（窒化処理による鋼の硬化）に使用されます。

② **ナラシン**は毒物で、特異な臭いのする白色～淡黄色の粉末です。**飼料添加物**として、鶏抗コクシジウム剤に使用されます（コクシジウムは寄生虫です）。10%以下のものは、劇物となります。

③ **メトミル**は劇物で、白色の結晶です。カルバメイト（カーバメイト）系の**殺虫剤**として、これらの害虫の駆除に使用されます。

④ **硫酸銅**は劇物で、濃い藍色の結晶で風解性があります。農薬としてはボルドー液（硫酸銅と消石灰の混合溶液）として、果樹や野菜の**殺菌剤**に使用されます。

問題5　特定品目

重要度 ★★★

次の薬物の主な用途として適切なものを選びなさい。

①過酸化水素水　②硅弗化ナトリウム　③酢酸エチル　④水酸化ナトリウム

a) 釉薬（うわぐすり）、試薬として用いられる。
b) 酸化、還元の両作用を有しているので、工業上貴重な漂白剤として獣毛、羽毛、綿糸、絹糸、骨質、象牙などを漂白するのに用いられる。
c) 化学工業用として、セッケン製造、パルプ工業、染料工業、レイヨン工業、諸種の合成化学などに使用されるほか、試薬、農薬として用いられる。
d) 香料、溶剤、有機合成原料として用いられる。

問題6　特定品目

重要度 ★★★

次の薬物の主な用途として適切なものを選びなさい。

①一酸化鉛　②蓚酸　③トルエン　④ホルマリン

a) 鉛丹の原料、鉛ガラスの原料、ゴムの加硫促進剤、顔料、試薬として用いられる。
b) 農薬として、トマト葉黴（かび）病、ウリ類ベト病などの防除、種子の消毒、温室の燻蒸に、工業用としては、フィルムの硬化、人造樹脂、人造角、色素などの製造に用いられる。
c) 捺染（なつせん）剤、木、コルク、綿、藁製品等の漂白剤として使用されるほか、鉄錆による汚れを落とすのに用いられ、また、合成染料、試薬、その他真鍮（しんちゅう）、銅を磨くのに用いられる。
d) 爆薬、染料、香料、サッカリン、合成高分子材料などの原料、溶剤、分析用試薬として用いられる。

解答・解説

問題5　　　解答 ①b　②a　③d　④c

① **過酸化水素水**は劇物で、無色透明な液体、酸化と還元の両作用を有しているので、**漂白剤**として使用されます。このほか、漂白剤に使われる薬剤として、塩素と蓚酸を覚えておいてください。なお、除外濃度は6%以下です。

② **硅弗化ナトリウム**（ヘキサフルオロケイ酸ナトリウム）は劇物で、白色の結晶です。**釉薬**（ゆうやく）（うわぐすり）、試薬に使用されます。そのほか、セレンも釉薬に使われます。

③ **酢酸エチル**は劇物で、強い果実様香気のある可燃性無色の液体です。有機化合物で液体（有機溶剤）なので溶剤に、果実様の香気があるので**香料**に使用されます。

④ **水酸化ナトリウム**（苛性ソーダ）は劇物で、潮解性の白色結晶性固体です。**セッケン製造**において油脂をケン化する目的で使用されたり、パルプ工業（製紙工業）において、原料の木材中のリグニンを溶解する目的で使用されます。なお、除外濃度は5%以下です。

問題6　　　解答 ①a　②c　③d　④b

① **一酸化鉛**（密陀僧（みつだそう）、リサージ）は劇物で、黄色から赤色までの種々のものがある重い粉末です。鉛化合物であるので、**鉛丹**（四酸化三鉛）や**鉛**ガラスの原料に使用されることを、有色の薬物であることから顔料に使用されそうであることを、推測できるようにしておきましょう。

② **蓚酸**は劇物で、風解性の無色、稜柱状結晶です。木、コルク、綿、藁（わら）の**漂白剤**に使用され、**金属の錆**（さび）**落とし**にも使用されます。なお、除外濃度は10%以下です。

③ **トルエン**は劇物で、液体の有機化合物（有機溶剤）なので**溶剤**に、また、さまざまな有機化合物の原料に使用されることを覚えておきましょう。

④ **ホルマリン**は劇物で、ホルムアルデヒド（気体）の水溶液です。ホルムアルデヒドによる燻蒸、フェノール樹脂、メラミン樹脂等の樹脂原料として使用されます。なお、除外濃度は1%以下です。

問題7　特定品目

重要度 ★★★

次の薬物の主な用途として適切なものを選びなさい。

①塩素　②四塩化炭素　③重クロム酸カリウム　④硝酸

a) 冶金に用いられ、また硫酸、燐酸、蓚酸などの製造、あるいはニトロベンゾール、ピクリン酸、ニトログリセリンなどの爆薬、各種の硝酸塩類の製造、セルロイド工業などに用いられ、試薬としても用いられる。
b) 洗濯剤および種々の洗浄剤の製造、引火性の少ないベンジンの製造などに応用され、また、化学薬品として使用される。
c) 工業用に酸化剤、媒染剤、製革用、電気鍍金用、電池調整用、顔料原料などに使用されるほか、試薬として用いられる。
d) 酸化剤、紙・パルプの漂白剤、殺菌剤、上水道の消毒剤などに利用される。

問題8　特定品目

重要度 ★★★

次の薬物の主な用途として適切なものを選びなさい。

①アンモニア　②クロム酸鉛　③メタノール　④硫酸

a) 工業上の用途は極めて広く、肥料、各種化学薬品の製造、石油の精製、冶金、塗料、顔料などの製造に用いられ、また、乾燥剤あるいは試薬として用いられる。
b) 顔料として用いられる
c) 化学工業の原料、液化したものは冷凍用寒剤（最近はほとんどの場合フレオンなどを使用）として用いられる。
d) 染料その他有機合成材料、樹脂、塗料などの溶剤、燃料、試薬、標本保存用などにも用いられる。

解答・解説

問題7

解答　①d　②b　③c　④a

① **塩素**は劇物で、窒息性臭気をもつ黄緑色の気体です。漂白剤に使用されるほか、**上水道の消毒剤**としても使用されます。

② **四塩化炭素**は劇物で、揮発性、不燃性、麻酔性の芳香を有する無色の重い液体です。四塩化炭素が以前はドライクリーニングの洗濯剤として使用されていたこと、不燃性であることから、引火性の少ないベンジンの製造に使用されることを推測できるようになりましょう。

③ **重クロム酸カリウム**は劇物で、橙赤色の柱状結晶です。強い酸化作用があるので、**工業用酸化剤**として利用されるほか、有色の固体であることから、顔料原料としても使用されそうだと推測できるようになりましょう。

④ **硝酸**は劇物で、純品は無色の液体です。ニトロ化によるニトロ化合物の製造、硝酸塩類の製造に使用されます。なお、除外濃度は10%以下です。

問題8

解答　①c　②b　③d　④a

① **アンモニア**は劇物で、特有の刺激臭のある無色の気体です。アンモニアは液化して**冷凍用寒剤**に使用されるほか、窒素肥料の原料など、基礎化学品として**化学工業の原料**に広く使用されています。なお、除外濃度は10%以下です。

② **クロム酸鉛**は劇物で、黄色または赤黄色の粉末です。クロムイエローとも呼ばれることから推測できる通り、**顔料**として使用されます。なお、除外濃度は70%以下です。

③ **メタノール**は劇物で、無色透明の揮発性、引火性液体です。液体の有機化合物（有機溶剤）なので**溶剤**に、また、**メタノール燃料**などとして使用されます。

④ **硫酸**は劇物で、無色透明油状の液体です。工業上の用途は幅広く、濃硫酸は猛烈に水を吸収するので、**乾燥剤**にも使用されます。なお、除外濃度は10%以下です。

問題9

重要度 ★★★

次の薬物の主な用途として適切なものを選びなさい。

① アクリルニトリル（アクリロニトリル）
② クレゾール（メチルフェノール）
③ 四アルキル鉛（テトラミックス）
④ セレン

a) 化学合成上の主原料で、合成繊維、合成ゴム、合成樹脂、塗料、農薬、医薬、染料等の製造の重要な原料として用いられる。
b) ガソリンのオクタン価の向上に用いられる（アンチノック剤）。
c) ガラスの脱色、釉薬、整流器に用いられる
d) 消毒、殺菌、木材の防腐剤、合成樹脂可塑剤に用いられる。

問題10

重要度 ★★☆

次の薬物の主な用途として適切なものを選びなさい。

① アジ化ナトリウム（ナトリウムアジド）
② エチレンオキシド（酸化エチレン）
③ 三硫化燐（三硫化四燐）
④ ニトロベンゼン（ニトロベンゾール）

a) 純アニリンの製造原料として用いられるほか、タール中間物の製造原料、合成化学に酸化剤として、また、特殊溶媒に用いられ、ミルバン油と称してセッケン香料に用いられる。
b) 試薬、医療検体の防腐剤、エアバッグのガス発生剤。
c) 有機合成原料、界面活性剤、有機合成顔料、燻蒸消毒、殺菌剤。
d) マッチの製造に用いられるほか、有機化合物の製造および化学実験などに用いられる。

解答・解説

問題9　　解答　①a　②d　③b　④c

① **アクリルニトリル**は劇物で、無臭または微刺激臭のある無色透明の引火性液体です。アクリル繊維やアクリロニトリルスチレン樹脂の原料など、化学合成における重要な原料として使用されています。なお、アクリルニトリルは有機シアン化合物なので農業用品目に定められています。

② **クレゾール**は劇物で、オルト、メタ、パラの三異性体が存在します。クレゾールセッケンとして**殺菌・消毒**に使用されたり、クレゾール燐酸エステルとして、塩化ビニルの可塑剤(かそざい)（材料を軟らかくして、加工しやすくする薬剤）に使用されたりします。除外濃度は5%以下です。

③ **四アルキル鉛**は特定毒物で、引火性の無色透明油状液体です。**ガソリンの添加剤**として使用されます（現在、自動車用ガソリンには使用されていない）。

④ **セレン**は毒物で、灰色の金属光沢を有するペレットまたは黒色の粉末です。セレンの半導体としての性質を利用したセレン整流器、**陶磁器の釉薬**(ゆうやく)（うわぐすり）などに使用されます。

問題10　　解答　①b　②c　③d　④a

① **アジ化ナトリウム**は毒物で、無色無臭の結晶です。**防腐剤**に使用されたり、爆発的に反応して窒素ガスが発生するので、**エアバッグのガス発生剤**に使用されたりします（現在は使用されていません）。アジ化ナトリウム0.1%以下を含有する製剤は、毒物から除外されます。

② **エチレンオキシド**は劇物で、エーテル臭のある無色の可燃性ガスです。有機合成原料となるエチレングリコール、エタノールアミン、アルキルエーテルなどの製造やガス滅菌（ガスによる殺菌）に使用されます。

③ **三硫化燐**は毒物で、黄色または淡黄色の斜方晶系針状晶あるいは結晶性の粉末です。硫化燐マッチの製造に使用されます。

④ **ニトロベンゼン**は劇物で、苦扁桃様の香気のある無色または微黄色の吸湿性液体です。アニリン、キノリン、アゾベンゼンなど、染料や香料の原料として、また、酸化剤やセッケン香料（ミルバン油）として使用されます。

問題11

重要度 ★☆☆

次の薬物の主な用途として適切なものを選びなさい。

① アクロレイン（アクリルアルデヒド）
② 黄燐（白燐）
③ 硝酸銀
④ ニッケルカルボニル（テトラカルボニルニッケル）

a) 酸素の吸収剤、赤燐その他の燐化合物および殺鼠剤の原料として用いられる。また、マッチ、発煙剤の原料でもある。
b) 各種薬品の合成原料として非常に多く用いられ、また、医薬、アミノ酸、香料、染料、殺菌剤の製造の原料として重要である。そのもの自体は、主として探知剤（冷凍機用）、アルコールの変性、殺菌剤（水や下水）等に用いられる。
c) 高圧アセチレン重合、オキソ反応などにおける触媒、ガソリンのアンチノック剤として用いられる。
d) 工業用には鍍金（ときん）、写真用に使用される他、試薬、医薬用に用いられる。

問題12

重要度 ★★☆

次の薬物の主な用途として適切なものを選びなさい。

① アクリルアミド（アクリル酸アミド）
② 水銀
③ ヒドラジン（無水ヒドラジン）
④ 弗化水素酸（弗酸）

a) フロンガスの原料、ガソリンのアルキル化反応の触媒、ガラスのつや消し、金属の酸洗剤、半導体のエッチング剤などに用いられる。
b) 寒暖計、整流器、医薬品、歯科用アマルガムなどに用いられる。
c) ロケット燃料に用いられる。
d) 反応開始剤および促進剤と混合して地盤に注入し、土木工事用の土質安定剤として用いる。

解答・解説

問題11　解答 ①b ②a ③d ④c

①**アクロレイン**は劇物で、刺激臭のある無色または帯黄色の引火性液体です。反応性に富むので、合成原料として多く用いられ、アクリルニトリルやアクリル酸、アリルアルコール、グリセリンなどの製造原料となります。また、アミノ酸であるメチオニンの製造原料として、医薬品や飼料添加物として使用されます。

② **黄燐**は毒物で、ニンニク臭を有する白色または淡黄色のロウ様半透明の結晶性固体です。酸化されやすいので酸素の吸収剤や乾式法による各種燐酸塩製造の中間物、**殺鼠剤**や**マッチの原料**にも使用されます。

③ **硝酸銀**は劇物で、無色透明結晶、強力な酸化剤で光により黒変します。銀メッキの原料として**鍍金**（メッキ）に使用されたり、光によって黒変するので**写真感光剤**に使用されたりします。また、シアン化銀も鍍金や写真用に、臭化銀も写真用に使用されます。

④ **ニッケルカルボニル**は毒物で、有機合成の触媒やガソリンのアンチノック剤に使用されます。

問題12　解答 ①d ②b ③c ④a

① **アクリルアミド**は劇物で、無色の結晶です。重合するとポリアクリルアミドとなり、土の粒子を小さな塊とすることで土質を改良する材料となります。また、紙の強度を高めて破れにくくする紙力増強剤にも使用されます。

② **水銀**は毒物で、常温で液状の金属です。工業用として寒暖計の水銀柱や水銀整流器に使用されるほか、**歯科用アマルガム**（水銀と他の金属との合金）にも使用されていましたが、現在はほとんど使用されなくなりました。

③ **ヒドラジン**は毒物で、無色油状の液体です。空気中で発煙し、52℃で発火することと**ロケット燃料**に使用されることを関連づけて記憶しましょう。

④ **弗化水素酸**は毒物で、弗化水素（気体）の水溶液です。**フロンガスの原料**として、また、ガラスや多くの金属を腐食するので、**ガラスのつや消し**やエッチング剤として使用されます。

コラム　除外濃度について

毒物・劇物の中には、除外濃度が定められている薬物があり、これに関する問題が出題されることもあります。薬物とその除外濃度について以下に記載しますので、少なくとも**太字**の薬物だけでも覚えておくようにしてください。なお、農業用品目の薬物の多くは、農業用品目の試験を受験する方だけが覚えればよいと思います。

除外濃度	薬物
①0.1%以下	アジ化ナトリウム（毒物）、チメロサール（毒物）
②0.2%以下	シクロヘキシミド（農業用品目）、ジノカップ（農業用品目）
③0.3%以下	硫酸タリウム（農業用品目）(注1)
④1%以下	**ホルマリン（特定品目）**、**ベタナフトール**、ペンタクロルフェノール（塩類）（農業用品目）、燐化亜鉛（農業用品目）(注1)
⑤1.5%以下	**EPN（農業用品目、毒物）**、ホスチアゼート（農業用品目）
⑥2%以下	**ロテノン（農業用品目）**、エマメクチン（農業用品目）、カルタップ（農業用品目）、フェンチオン（農業用品目）
⑦5%以下	**ダイアジノン（農業用品目）**(注2)、酸化第二水銀（毒物）(注3)、**水酸化ナトリウム（特定品目）**、**水酸化カリウム（特定品目）**、過酸化ナトリウム、**フェノール**、**クレゾール**
⑧6%以下	**過酸化水素水（特定品目）**、**ベンフラカルブ（農業用品目）**
⑨8%以下	**トリシクラゾール（農業用品目）**
⑩10%以下	**塩酸（特定品目）**、**硝酸（特定品目）**、**硫酸（農業用品目・特定品目）**、**蓚酸（塩）（特定品目）**、**アンモニア水（農業用品目・特定品目）**、アクリル酸、ナラシン（農業用品目、毒物）
⑪17%以下	過酸化尿素
⑫20%以下	2－アミノエタノール
⑬25%以下	亜塩素酸ナトリウム、メタクリル酸
⑭40%以下	メチルアミン
⑮45%以下	メトミル（農業用品目、毒物）
⑯50%以下	ジメチルアミン
⑰70%以下	**クロム酸鉛（特定品目）**
⑱90%以下	蟻酸

（注1）黒色に着色し、とうがらし着味されたもの。
（注2）ダイアジノンはマイクロカプセルの場合、25%以下。
（注3）酸化第二水銀5%以下を含有するものは劇物で、特定品目。

第 10 章

第3章～第9章の総合問題

10-1 正誤組み合わせ問題

問題1

重要度 ★★★

黄燐に関する記述の正誤について、次のうち正しい組み合わせはどれですか。

a) 常温で白色または淡黄色のロウ状固体で、直接空気に触れると発火する。
b) 石油中に沈めて瓶に入れ、さらに砂を入れた缶中に固定して冷暗所に貯える。
c) 廃棄では、廃ガス水洗設備および必要があればアフターバーナーを具備した焼却設備で焼却する。

	a)	b)	c)
①	正	正	正
②	正	正	誤
③	正	誤	正
④	誤	正	誤
⑤	誤	誤	正

問題2　農業用品目

重要度 ★★★

シアン化カリウムに関する記述の正誤について、次のうち正しい組み合わせはどれですか。

a) 空気中では湿気を吸収し、かつ炭酸ガスと作用して有毒な青酸臭をはなつ。
b) 酸類とは離して、空気の流通のよい乾燥した冷所に貯える。
c) 酸化法またはアルカリ法で処理して廃棄する。

	a)	b)	c)
①	正	正	正
②	正	正	誤
③	正	誤	正
④	誤	正	誤
⑤	誤	誤	正

問題3

重要度 ★★★

弗化水素酸に関する記述の正誤について、次のうち正しい組み合わせはどれですか。

a) 無臭、無色透明油状の液体で、空気に触れて赤褐色を呈する。
b) 貯蔵では少量ならばガラス瓶、多量ならばブリキ缶あるいは鉄ドラムを用いる。
c) 廃棄では、多量の消石灰水溶液に撹拌しながら少量ずつ加えて中和し、沈殿濾過して埋立処分する。

	a)	b)	c)
①	正	正	正
②	正	正	誤
③	正	誤	正
④	誤	正	誤
⑤	誤	誤	正

解答・解説

問題1　　解答 ③

a) 正しい。**黄燐**は白色または淡黄色の固体で、**ニンニク臭**があります。非常に酸化されやすく、空気中の酸素と反応して酸化し、蓄積した酸化熱により発熱して50℃を超えると**発火**します。

b) 誤り。水にほとんど溶けないので、空気中の酸素との反応を防ぐ（発火を防ぐ）ために**水中保存**します。石油中保存するのは金属ナトリウム、金属カリウムです。

c) 正しい。この廃棄法は**燃焼法**です。黄燐は、**廃ガス水洗設備**を具備した焼却設備で焼却します。

問題2　　解答 ①

a) 正しい。**シアン化カリウム**は**潮解性**なので、空気中の湿気を吸収して潮解します。その水に炭酸ガスが溶け込み、反応して**シアン化水素（青酸ガス）**が発生します。

b) 正しい。有毒なシアン化水素の発生を防ぐために、**酸類と離して**保存します。

c) 正しい。シアン化カリウム、シアン化ナトリウムは酸化法、アルカリ法で処理します。**水酸化ナトリウム水溶液等で液性をアルカリ性として**シアン化水素の発生を防止した上で、分解処理します。

問題3　　解答 ⑤

a) 誤り。この性状を有する薬物は、アニリンです。**弗化水素酸**は弗化水素（気体）の水溶液です。無色またはわずかに着色した透明の液体で、特有の刺激臭があり、**ガラスを腐食**します。

b) 誤り。弗化水素酸は**大部分の金属**、**ガラス**、コンクリート等**を激しく腐食**するので、銅、鉄、コンクリートまたは木製のタンクにゴム、鉛、ポリ塩化ビニルあるいはポリエチレンの**ライニング**を施した容器で保存します。

c) 正しい。弗化水素酸の廃棄では、消石灰と反応させて不溶性の弗化カルシウムとして沈殿させ、それを濾過します（**沈殿法**）。

問題4　農業用品目

重要度 ★★☆

アクリルニトリルに関する記述の正誤について、次のうち正しい組み合わせはどれですか。

a) 有機シアン化合物で、農業用品目に分類されている。
b) 無色透明の液体で弱い刺激臭があり、極めて引火しやすい。
c) 粘膜刺激作用が強く、眼、気道、消化器を刺激して、流涙、その他の粘膜よりの分泌を促進させる。

	a)	b)	c)
①	正	正	正
②	正	正	誤
③	正	誤	正
④	誤	正	誤
⑤	誤	誤	正

問題5

重要度 ★★★

アニリンに関する記述の正誤について、次のうち正しい組み合わせはどれですか。

a) 無色透明の液体で、芳香がある。蒸気は空気より重く、引火しやすい。
b) 血液毒かつ神経毒なので、血液に作用してメトヘモグロビンをつくり、チアノーゼを起こさせる。
c) 鑑別では、アニリンの水溶液に晒粉(さらしこ)を加えると、赤褐色を呈する。

	a)	b)	c)
①	正	正	正
②	正	正	誤
③	正	誤	正
④	誤	正	誤
⑤	誤	誤	正

問題6　農業用品目・特定品目

重要度 ★★★

硫酸に関する記述の正誤について、次のうち正しい組み合せはどれですか。

a) 無色またはわずかに着色した透明の液体で、特有の刺激臭がある。不燃性で濃厚なものは空気中で白煙を生じる。
b) 濃厚なものは比重が極めて大で、水で薄めると激しく発熱し、蔗糖、木片などの有機物に触れると、これらを炭化して黒変させる。
c) 殺鼠剤として用いられる。

	a)	b)	c)
①	正	正	正
②	正	正	誤
③	正	誤	正
④	誤	正	誤
⑤	誤	誤	正

解答・解説

問題4

解答 ①

a) 正しい。**アクリルニトリル**の化学式は、$CH_2=CHCN$です。シアノ基（−CN）があることからもわかる通り有機シアン化合物で、農業用品目に分類されます。

b) 正しい。粘膜刺激作用が強いことと刺激臭が強いことは必ずしもイコールではないので、注意してください。

c) 正しい。アクリルニトリルは**催涙性**のある**引火性液体**です。体内に入るとシアン化水素と似た毒性を示し、**呼吸麻痺**を引き起こします。

問題5

解答 ④

a) 誤り。**アニリン**の蒸気は空気より重いですが、引火点は約70℃と常温よりもかなり高いので、引火性が高いとはいえません。

b) 正しい。アニリンは**血液毒**で、**神経毒**でもあります。血液の赤血球に作用してメトヘモグロビンをつくります。

c) 誤り。アニリンが晒粉の酸化作用により重合して、プソイドモーベインになり、紫色を呈します。赤褐色になるのは、アニリンが空気に触れたときです。

問題6

解答 ④

a) 誤り。この性状を有する薬物は、弗化水素酸や塩酸です。硫酸も無色またはかすかに褐色を帯びていることがありますが、揮発性はないので、臭いはせず、空気中で白煙を生じることもありません。

b) 正しい。硫酸は比重が大きいこと、水を加えると激しく発熱すること、有機物を炭化することを覚えておきましょう。

c) 誤り。硫酸の工業上の用途は極めて広く、肥料、各種化学薬品の製造、石油精製、冶金（やきん）、塗料・顔料等の製造、乾燥剤、試薬として用いられます。濃硫酸は猛烈に水を吸収しますが、これと乾燥剤を結びつけて覚えておくと便利です。硫酸の用途は広いですが、殺鼠剤には使われません。

問題7　農業用品目・特定品目

重要度 ★★★

アンモニア水に関する記述の正誤について、次のうち正しい組み合わせはどれですか。

a) 無色透明、揮発性の液体で、鼻をさすような臭気があり、液性は酸性を呈する。
b) 濃塩酸をうるおしたガラス棒を近づけると、白い霧を生ずる。
c) 塩酸を加えて中和した後、塩化白金溶液を加えると、赤色の結晶性沈殿を生ずる。

	a)	b)	c)
①	正	正	正
②	正	正	誤
③	正	誤	正
④	誤	正	誤
⑤	誤	誤	正

問題8　特定品目

重要度 ★★★

塩酸に関する記述の正誤について、次のうち正しい組み合わせはどれですか。

a) 塩素を水に溶かした水溶液が塩酸である。
b) 硝酸銀溶液を加えると、黄色沈殿を生ずる。
c) 廃棄では、徐々に石灰乳などの撹拌溶液に加えて中和させた後、多量の水で希釈して処理する。

	a)	b)	c)
①	正	正	正
②	正	正	誤
③	正	誤	正
④	誤	正	誤
⑤	誤	誤	正

問題9　特定品目

重要度 ★★★

塩素に関する記述の正誤について、次のうち正しい組み合わせはどれですか。

a) 常温において、窒息性臭気をもつ赤褐色の気体である。
b) 蒸気の吸入により、頭痛、食欲不振等が見られる。大量では緩和な大赤血球性貧血をきたす。麻酔性が強い。
c) 酸化剤、紙・パルプの漂白剤、上水道水の消毒剤などに利用される。

	a)	b)	c)
①	正	正	正
②	正	正	誤
③	正	誤	正
④	誤	正	誤
⑤	誤	誤	正

解答・解説

問題7

解答 ④

a) 誤り。アンモニアガスと同様な刺激臭がありますが、液性は**アルカリ性**です。
b) 正しい。発生する白い霧は、**塩化アンモニウム**です。
c) 誤り。塩化白金溶液を加えると、塩化白金（Ⅳ）酸アンモニウムの**黄色の結晶性沈殿**が生じます。

問題8

解答 ⑤

a) 誤り。**塩化水素**（気体）の水溶液が、**塩酸**です。
b) 誤り。硝酸銀溶液を加えると、塩化銀の**白色沈殿**が生じます。
c) 正しい。塩酸は強酸で、その廃棄は**中和法**で行います。石灰乳などのアルカリで中和して処理します。

問題9

解答 ⑤

a) 誤り。**塩素**は、窒息性臭気をもつ**黄緑色気体**です。
b) 誤り。これは、トルエンの毒性です。塩素は、粘膜接触により刺激症状を呈し、眼、鼻、咽喉および**口腔粘膜に障害**を与えます。
c) 正しい。**漂白剤**、**水道水の消毒**に利用されるほか、合成塩酸の原料、漂白剤（晒粉）の原料、有機塩素製品の製造原料、塩化物の製造原料、金属チタン・金属マグネシウムの製造などにも用いられます。

問題10　農業用品目

重要度 ★★★

塩素酸ナトリウムに関する記述の正誤について、次のうち正しい組み合わせはどれですか。

a) 無色無臭の結晶で、潮解性がある。強い酸化剤で、有機物、硫黄、金属粉等の可燃物が混在すると、加熱、摩擦または衝撃により爆発する。
b) 体内に入った場合は、血液中の石灰分を奪い、神経系をおかす。
c) 農業用には除草剤として、工業用には抜染剤、酸化剤として用いられる。

	a)	b)	c)
①	正	正	正
②	正	正	誤
③	正	誤	正
④	誤	正	誤
⑤	誤	誤	正

問題11　特定品目

重要度 ★★★

過酸化水素水に関する記述の正誤について、次のうち正しい組み合わせはどれですか。

a) 過酸化水素（液体）の水溶液で、6%以下のものは劇物から除外される。
b) 少量ならばガラス瓶、大量ならばカーボイなどを使用し、三分の一の空間を保って貯蔵する。
c) 廃棄では、多量の水で希釈して処理する。

	a)	b)	c)
①	正	正	正
②	正	正	誤
③	正	誤	正
④	誤	正	誤
⑤	誤	誤	正

問題12　農業用品目

重要度 ★★★

クロルピクリンに関する記述の正誤について、次のうち正しい組み合わせはどれですか。

a) 純品は無色の液体であるが、市販品は普通、微黄色を呈している。催涙性、粘膜刺激性がある。
b) 廃棄では、少量の界面活性剤を加えた亜硫酸ナトリウムと炭酸ナトリウムの混合溶液中で撹拌し分解させた後、多量の水で希釈して処理する。
c) 農薬として、除草剤に用いられる。

	a)	b)	c)
①	正	正	正
②	正	正	誤
③	正	誤	正
④	誤	正	誤
⑤	誤	誤	正

解答・解説

問題10　　解答 ③

a) 正しい。**塩素酸ナトリウム**は強力な酸化剤で、**潮解性**があり、**爆発性**もあります。

b) 誤り。これは蓚酸の毒性です。塩素酸塩類は血液毒で、人体に入ると塩素酸塩の酸化作用で**血液はどろどろ**になり、どす黒くなります。また、**腎臓がおかされる**ため尿に血が混じり、尿の量が少なくなります。

c) 正しい。塩素酸ナトリウムは農業用として**除草剤**に用いられ、工業用としては**酸化剤**として用いられます。

問題11　　解答 ①

a) 正しい。**過酸化水素水**は無色透明の液体で、弱い特有の臭い（オゾン臭）があります。除外濃度は、**6%以下**です。**酸化と還元の両作用を併有**しています。過酸化水素は常温で液体です。

b) 正しい。徐々に酸素と水に分解するので、容器に一定の空間（**三分の一の空間**）を保つ必要があります。一般に安定剤として、少量の酸の添加は許容されています。

c) 正しい。過酸化水素水は**希釈法**で処理して、廃棄します。

問題12　　解答 ②

a) 正しい。**クロルピクリン**（CCl_3NO_2）がハロゲン化合物であることからも推測できますが、**粘膜刺激性**、**催涙性**があり、**金属腐食性**も大きく、引火性はありません。

b) 正しい。クロルピクリンは**分解法**で処理して、廃棄します。**界面活性剤**をキーワードとしてください。

c) 誤り。農薬としては**土壌燻蒸剤**として、土壌病原菌、線虫等の駆除などに用いられます。

問題13　特定品目

重要度 ★★★

クロロホルムに関する記述の正誤について、次のうち正しい組み合わせはどれですか。

a) 無色の不燃性液体で、エーテル様の臭いがある。蒸気は空気より重い。
b) 冷暗所にたくわえる。純品は空気と日光によって変質するので、少量の酸を加えて分解を防止する。
c) レゾルシンと33%水酸化カリウム溶液と熱すると黄赤色を呈し、緑色の蛍石彩をはなつ。

	a)	b)	c)
①	正	正	正
②	正	正	誤
③	正	誤	正
④	誤	正	誤
⑤	誤	誤	正

問題14　特定品目

重要度 ★★★

四塩化炭素に関する記述の正誤について、次のうち正しい組み合わせはどれですか。

a) 無色の不燃性液体で、水に極めて溶けにくく、特有の臭気がある。蒸気は空気より重い。強酸と混合するとホスゲンを生ずる。
b) 亜鉛または錫（すず）メッキをした鋼鉄製容器で保管し、高温に接しない場所に保管する。
c) アルコール性水酸化カリウムと銅粉とともに煮沸すると、白色の沈殿を生ずる。

	a)	b)	c)
①	正	正	正
②	正	正	誤
③	正	誤	正
④	誤	正	誤
⑤	誤	誤	正

問題15　特定品目

重要度 ★★★

重クロム酸カリウムに関する記述の正誤について、次のうち正しい組み合わせはどれですか。

a) 橙赤色結晶で水に溶けやすく、アルコールには溶けない。
b) 酸化沈殿法により、廃棄します。
c) 工業用酸化剤、媒染剤、製革用、電気鍍金用、電池調整用、顔料原料などに使用されます。

	a)	b)	c)
①	正	正	正
②	正	正	誤
③	正	誤	正
④	誤	正	誤
⑤	誤	誤	正

解答・解説

問題13　　解答 ③

a) 正しい。**クロロホルム**（$CHCl_3$）は分子中に塩素を3つ有することから、不燃性で、蒸気が空気よりも重いことが推測できます。クロロホルムの臭気については、「エーテル様の臭い」、「特異の香気」と表現されています。

b) 誤り。空気と日光により分解して、塩素、塩化水素、ホスゲン、四塩化炭素を生ずるので、少量の**アルコール**を加えて分解を防止します。安定剤として少量の酸の添加が許容されているのは、過酸化水素水です。

c) 正しい。鑑別法で、レゾルシンと33％水酸化カリウム溶液と熱して黄赤色を呈し、**緑色の蛍石彩**となっていたら、クロロホルムです。

問題14　　解答 ②

a) 正しい。**四塩化炭素**（CCl_4）は分子中に塩素を4つも有することから、**不燃性**でその蒸気が空気より重いことが推測できます。また、その化学式から、酸と反応してホスゲン（$COCl_2$）が発生することも理解できるでしょう。

b) 正しい。四塩化炭素は**亜鉛または錫メッキ**をした鋼鉄製容器に保管します。また、ここにはありませんが、蒸気が空気より重く、低所に滞留するので、地下室など換気の悪い場所には保管しないようにしなければなりません。

c) 誤り。四塩化炭素のこの鑑別法で生ずる沈殿の色は、**黄赤色**です。よく出題されます。

問題15　　解答 ③

a) 正しい。**重クロム酸カリウム**は、**橙赤色**の結晶で、**強力な酸化剤**です。重クロム酸塩は橙系色の固体です。

b) 誤り。重クロム酸カリウム（重クロム酸塩）は、**還元沈殿法**で廃棄します。具体的には、希硫酸に溶かし、硫酸第一鉄等の還元剤の水溶液を過剰に用いて還元した後、消石灰、ソーダ灰等の水溶液で処理し、沈殿濾過します。

c) 正しい。これらの用途に使用されます。特に**酸化剤**、顔料原料に使用されることは、性状からも推測しやすいでしょう。

問題16　特定品目

重要度 ★★★

蓚酸に関する記述の正誤について、次のうち正しい組み合わせはどれですか。

a）一般には二水和物で、水に溶けやすい淡黄色の結晶である。二水和物は100℃で結晶水を失う。
b）体内に入ると、血液中のナトリウムを奪い、神経系がおかされる。
c）水溶液は、過マンガン酸カリウム溶液を退色する。

	a）	b）	c）
①	正	正	正
②	正	正	誤
③	正	誤	正
④	誤	正	誤
⑤	誤	誤	正

問題17

重要度 ★★★

臭素に関する記述の正誤について、次のうち正しい組み合わせはどれですか。

a）赤褐色の揮発しやすい液体で、催涙性を有する。引火性で、その蒸気は空気より重い。
b）冷所に、濃塩酸、アンモニア水、アンモニアガスなどと離して貯蔵する。
c）アルカリ法、酸化法で廃棄する。

	a）	b）	c）
①	正	正	正
②	正	正	誤
③	正	誤	正
④	誤	正	誤
⑤	誤	誤	正

問題18　特定品目

重要度 ★★★

硝酸に関する記述の正誤について、次のうち正しい組み合わせはどれですか。

a）無色または淡黄色の液体で、息詰まるような刺激臭がある。高濃度のものは空気中で発煙し、水を吸収する性質が強い。
b）皮膚に触れるとガスを発生し、組織ははじめ白く、次第に紫色を呈する。
c）硝酸に銅屑を加えて熱すると、藍色を呈して溶け、その際、赤褐色の蒸気を発生する。

	a）	b）	c）
①	正	正	正
②	正	正	誤
③	正	誤	正
④	誤	正	誤
⑤	誤	誤	正

解答・解説

問題16　　解答 ⑤

a) 誤り。**蓚酸**は無色透明の稜柱状結晶です。**風解**（風化、結晶水を失うこと）する性質があります。

b) 誤り。蓚酸は、**血液中の石灰分（カルシウム分）を奪います**。ナトリウムではありません。

c) 正しい。蓚酸は**木**、**コルク**、綿、**藁**（わら）**の漂白剤**に使われることからも推測できる通り、漂白作用があります。過マンガン酸カリウム溶液を退色する薬物は、**漂白作用**を有する薬物だと理解してください。

問題17　　解答 ④

a) 誤り。**臭素**（Br_2）は**赤褐色**の重い液体です。臭素はハロゲンであることから推測できますが、刺激性、**不燃性**、腐食性です。臭素は、催涙性はありません。

b) 正しい。臭素は濃塩酸、アンモニア水、アンモニアガスなどと激しく反応するので、これらと引き離してたくわえます。

c) 誤り。臭素は**アルカリ法**［アルカリ水溶液（石灰乳または水酸化ナトリウム水溶液）中に少量ずつ滴下し、多量の水で希釈して処理します］または**還元法**［多量の水で希釈し、還元剤（チオ硫酸ナトリウム水溶液等）の溶液を加えた後に中和、その後、多量の水で希釈して処理します］で廃棄します。

問題18　　解答 ③

a) 正しい。**濃硝酸**は濃塩酸と同じように空気中で発煙し、硫酸と同じように水を吸収する性質が強いです。また、硝酸は金、白金その他白金族の金属を除く諸金属を溶解します。

b) 誤り。キサントプロテイン反応により、皮膚に触れるとはじめ白く、次第に**深黄色**を呈します。

c) 正しい。硝酸（HNO_3）に銅屑を加えて熱すると藍色を呈して溶け、その際、**赤褐色**の亜硝酸ガス（二酸化窒素、NO_2）が発生します。

問題19

重要度 ★★☆

硝酸銀に関する記述の正誤について、次のうち正しい組み合わせはどれですか。

a) 無色透明結晶で、光によって分解し、黒変する。強力な酸化剤で、腐食性がある。水に極めて溶けやすい。
b) 水に溶かして塩酸を加えると、白色の沈殿を生ずる。その液に硫酸と銅屑を加えて熱すると、赤褐色の蒸気を発生する。
c) 鍍金、写真用に使用されるほか、試薬、医薬用に使用される。

	a)	b)	c)
①	正	正	正
②	正	正	誤
③	正	誤	正
④	誤	正	誤
⑤	誤	誤	正

問題20　特定品目

重要度 ★★★

水酸化ナトリウムに関する記述の正誤について、次のうち正しい組み合わせはどれですか。

a) 水と炭酸ガスを吸収する性質が強く、空気中に放置すると潮解する。水に溶けやすく、水溶液はアルカリ性を示す。
b) 水溶液を白金線につけて無色の火炎中に入れると、火炎は著しく青紫色に染まり、長時間続く。
c) 石けん製造、パルプ工業、染料工業、レイヨン工業、諸種の合成化学などに使用される。

	a)	b)	c)
①	正	正	正
②	正	正	誤
③	正	誤	正
④	誤	正	誤
⑤	誤	誤	正

問題21　農業用品目

重要度 ★★★

硫酸銅に関する記述の正誤について、次のうち正しい組み合わせはどれですか。

a) 青色結晶で、風解性がある。水に溶けやすい。
b) 沈殿法、還元焙焼法により廃棄する。
c) 水に溶かして硝酸バリウムを加えると、白色の沈殿を生ずる。

	a)	b)	c)
①	正	正	正
②	正	正	誤
③	正	誤	正
④	誤	正	誤
⑤	誤	誤	正

解答・解説

問題19　解答 ①

a) 正しい。臭化銀ほど顕著ではありませんが、**硝酸銀**も光により分解して、**黒変**します。**強力な酸化剤**です。

b) 正しい。硝酸銀（$AgNO_3$）の水溶液に塩酸を加えると白色沈殿が生じますが、この**白色沈殿**は**塩化銀**（**$AgCl$**）です。また、発生する**赤褐色の蒸気**は、亜硝酸ガス（二酸化窒素、NO_2）です。

c) 正しい。硝酸銀は、鍍金（銀メッキ）や**写真用**、医薬用としては殺菌剤等に利用されています。

問題20　解答 ③

a) 正しい。**水酸化ナトリウム**は白色で結晶性の硬いかたまりで、**潮解性**があり、水溶液は強い**アルカリ性**を示します。

b) 誤り。ナトリウムの炎色反応は、**黄色**です。青紫色は、カリウムです。

c) 正しい。水酸化ナトリウムは**石けん製造**、パルプ工業などに使用されるほか、試薬、農薬として使用されます。

問題21　解答 ①

a) 正しい。**硫酸銅**は**風解**して、白色粉末の無水硫酸銅になります。また、水溶液は、酸性を示します。

b) 正しい。硫酸銅は、**沈殿法**（水に溶かし、消石灰、ソーダ灰等の水溶液を加えて処理し、沈殿濾過して埋立処分する）または**還元焙焼法**（多量の場合には還元焙焼法により金属銅として回収する）により廃棄します。

c) 正しい。硫酸銅の水溶液に硝酸バリウムを加えると白色沈殿が生じますが、この**白色沈殿**は、**硫酸バリウム**（$BaSO_4$）です。

問題22　特定品目

重要度 ★★★

トルエンに関する記述の正誤について、次のうち正しい組み合わせはどれですか。

a) 無色透明の液体で、芳香がある。蒸気は空気より重く、引火しやすい。
b) 蒸気の吸入により、頭痛、食欲不振等が見られる。
c) 羽毛、絹糸、象牙等の漂白、織物、油絵等の洗浄、消毒および防腐の目的で医療用などに使われる。

	a)	b)	c)
①	正	正	正
②	正	正	誤
③	正	誤	正
④	誤	正	誤
⑤	誤	誤	正

問題23　農業用品目

重要度 ★★★

モノフルオール酢酸ナトリウムに関する記述の正誤について、次のうち正しい組み合わせはどれですか。

a) 軽い黄色の粉末で吸湿性があり、からい味と酢酸の臭いとを有する。
b) 血液中のアセチルコリンエステラーゼを阻害する。
c) 野鼠の駆除に用いられる。

	a)	b)	c)
①	正	正	正
②	正	正	誤
③	正	誤	正
④	誤	正	誤
⑤	誤	誤	正

問題24

重要度 ★★☆

ピクリン酸に関する記述の正誤について、次のうち正しい組み合わせはどれですか。

a) 純品は無色の液体であるが、市販品は淡黄色を呈している。催涙性、粘膜刺激性がある。
b) 廃棄では大過剰の可燃性溶剤とともに、アフターバーナーおよびスクラバーを具備した焼却炉の火室へ噴霧して焼却する。
c) アルコール溶液は、白色の羊毛または絹糸を赤褐色に染める。

	a)	b)	c)
①	正	正	正
②	正	正	誤
③	正	誤	正
④	誤	正	誤
⑤	誤	誤	正

解答・解説

問題22　　解答 ②

a) 正しい。**トルエン**は**引火性液体**で、水にほとんど溶けません。
b) 正しい。トルエンの蒸気の吸入により、**頭痛**、**食欲不振**等が見られ、大量では緩和な**大赤血球性貧血**をきたします。
c) 誤り。これは、過酸化水素水の用途です。トルエンは**爆薬**、染料、香料、サッカリン、合成高分子材料等の原料、**溶剤**、分析試薬などに使われます。

問題23　　解答 ⑤

a) 誤り。モノフルオール酢酸ナトリウムは、重い**白色の粉末**で吸湿性があり、からい味と酢酸の臭いを有します。
b) 誤り。これは有機燐化合物の毒性です。モノフルオール酢酸ナトリウムは有機弗素化合物で、**TCAサイクル（アコニターゼ）を阻害**します。
c) 正しい。モノフルオール酢酸ナトリウムは哺乳動物にはなはだしい毒作用を呈しますが、用途としては**野鼠の駆除（殺鼠剤）**に用いられます。

問題24　　解答 ④

a) 誤り。これはクロルピクリンの性状です。**ピクリン酸**は無色または黄色の無臭の結晶で、急熱や衝撃により**爆発**することがあります。水にやや溶けにくいです。
b) 正しい。ピクリン酸は**燃焼法**で廃棄しますが、選択肢の方法のほか、「炭酸水素ナトリウムと混合したものを少量ずつ紙などで包み、他の木材、紙等と一緒に危害が生ずるおそれがない場所で、開放状態で焼却する。」という**燃焼法**もあります。
c) 誤り。ピクリン酸のアルコール溶液は、白色の羊毛または絹糸を**鮮黄色**に染めます。

問題25

重要度 ★★★

フェノールに関する記述の正誤について、次のうち正しい組み合わせはどれですか。

a) 無色または白色の結晶性の塊で、特有の臭いがある。空気中で容易に紅色に変化する。固体は湿気を吸収して、潮解する。
b) 燃焼法または活性汚泥法で廃棄する。
c) 水溶液に晒粉を加えると、紫色を呈する。

	a)	b)	c)
①	正	正	正
②	正	正	誤
③	正	誤	正
④	誤	正	誤
⑤	誤	誤	正

問題26　農業用品目

重要度 ★★★

ブロムメチルに関する記述の正誤について、次のうち正しい組み合わせはどれですか。

a) 無色の気体で、わずかに甘いクロロホルム様の臭いがある。ガスは空気より重い。
b) 圧縮冷却して液化し、圧縮容器に入れ、直射日光その他、温度上昇の原因を避けて、冷暗所に貯蔵する。
c) 果樹、種子、貯蔵食糧等の燻蒸に用いられる。

	a)	b)	c)
①	正	正	正
②	正	正	誤
③	正	誤	正
④	誤	正	誤
⑤	誤	誤	正

問題27

重要度 ★★★

ベタナフトールに関する記述の正誤について、次のうち正しい組み合わせはどれですか。

a) オルト、メタ、パラの三異性体があり、工業的にはこれらの混合物をさす。オルトおよびパラ異性体は無色の結晶であるが、メタ異性体は無色ないし淡褐色の液体である。
b) 空気や光線に触れると赤変するから、遮光してたくわえなければならない。
c) 水溶液にアンモニア水を加えると、緑色の蛍石彩をはなつ。

	a)	b)	c)
①	正	正	正
②	正	正	誤
③	正	誤	正
④	誤	正	誤
⑤	誤	誤	正

解答・解説

問題25　　解答 ②

a) 正しい。**フェノール**は**空気中で容易に赤変**(紅色に変化)し、特異の臭気と灼くような味を有します。**潮解性**があります。

b) 正しい。フェノールの廃棄法は、燃焼法と活性汚泥法です。**燃焼法**では、木粉(おが屑)等に混ぜて焼却炉で焼却するか、可燃性溶剤とともに焼却炉の火室へ噴霧し焼却する方法で廃棄します。また、好気性微生物を利用して薬物を分解する方法が、**活性汚泥法**です。

c) 誤り。水溶液に晒粉を加えて紫色を呈するのは、**アニリン**です。フェノールは水溶液に**過クロール鉄**[塩化鉄(III)]液を加えると、紫色を呈します。

問題26　　解答 ①

a) 正しい。**ブロムメチル**は常温では**気体**ですが、圧縮冷却すると液化しやすいです。そのガスは引火しづらく、空気の約3.3倍の重さがあります。

b) 正しい。ブロムメチルは常温で気体なので、**圧縮冷却して液化**し、貯蔵します。

c) 正しい。低温でもガス体で、引火性がほとんどなく、浸透性が強いので、**燻蒸剤**として使用されます。普通の燻蒸濃度では臭気を感じないので、中毒をおこすおそれがあり、注意が必要です。

問題27　　解答 ④

a) 誤り。これは、クレゾールの性状です。**ベタナフトール**は白色の結晶性粉末、塊状またはフレーク状で弱いフェノール臭があり、空気中では徐々に**赤褐色**に着色します(**赤変**します)。

b) 正しい。ベタナフトールは、フェノールと同じように空気中で**赤変**するので、遮光して保存します。

c) 誤り。ベタナフトールの水溶液にアンモニア水を加えると、**紫色の蛍石彩**をはなちます。

問題28　特定品目

重要度 ★★★

ホルマリンに関する記述の正誤について、次のうち正しい組み合わせはどれですか。

a) 無色の催涙性透明液体で、刺激臭がある。
b) 高温ではパラホルムアルデヒドとなって析出するので、冷暗所に保存する。
c) フェーリング溶液とともに熱すると、赤色の沈殿を生ずる。

	a)	b)	c)
①	正	正	正
②	正	正	誤
③	正	誤	正
④	誤	正	誤
⑤	誤	誤	正

問題29　農業用品目

重要度 ★★★

燐化亜鉛に関する記述の正誤について、次のうち正しい組み合わせはどれですか。

a) 暗赤色（暗灰色）の粉末で、希酸にはホスフィンを出して溶解する。
b) 1%以下を含有し、黒色に着色され、かつ、トウガラシエキスを用いて著しくからく着味されているものは劇物から除外される。
c) 殺鼠剤として用いられる。

	a)	b)	c)
①	正	正	正
②	正	正	誤
③	正	誤	正
④	誤	正	誤
⑤	誤	誤	正

問題30　特定品目

重要度 ★★★

メタノールに関する記述の正誤について、次のうち正しい組み合わせはどれですか。

a) 無色の不燃性液体で、エーテル様の臭気がある。蒸気は空気より重い。
b) 皮膚に触れると褐色に染め、その蒸気を吸入すると、めまいや頭痛を伴う一種の酩酊を起こす。
c) サリチル酸と濃硫酸とともに熱すると、芳香あるサリチル酸メチルエステルが生ずる。

	a)	b)	c)
①	正	正	正
②	正	正	誤
③	正	誤	正
④	誤	正	誤
⑤	誤	誤	正

解答・解説

問題28　解答 ③

a) 正しい。**ホルマリン**はホルムアルデヒド（HCHO）の水溶液です。無色透明、**催涙性**の液体で、刺激臭があります。安定剤としてアルコールが添加されていることが多いようです。
b) 誤り。低温ではパラホルムアルデヒドが析出するので、**常温で保存**します。
c) 正しい。フェーリング溶液により、**アルデヒド（基）**（－CHO）を有する薬物が検出され、**赤色の沈殿**が生じます。

問題29　解答 ①

a) 正しい。**ホスフィン**は燐化水素（PH_3）のことです。**燐化亜鉛**（Zn_2P_3）は無機燐化合物なので、希酸との反応でホスフィンが発生することもわかります。
b) 正しい。文章の通りです。なお、除外濃度が0.3％以下ですが、硫酸タリウムも同じように着色・着味されたものは劇物から除外されます。
c) 正しい。農業用に**殺鼠剤**として用いられます。

問題30　解答 ⑤

a) 誤り。これはクロロホルムの性状です。**メタノール**は無色透明な**引火性液体**で、特異な香気（エチルアルコールに似た臭気）があり、その蒸気は空気より重いです。
b) 誤り。これは、沃素の毒性です。メタノールは頭痛、めまい、嘔吐、下痢、腹痛などを起こし、致死量に近ければ麻酔状態になり、**視神経がおかされ**、目がかすみ、ついには失明することがあります。
c) 正しい。サリチル酸とメタノールの**エステル（化）反応**により、サリチル酸メチルエステルが生じます。

問題31

重要度 ★★★

沃素に関する記述の正誤について、次のうち正しい組み合わせはどれですか。

a) 黒灰色、金属様光沢のある稜板状結晶で、熱すると紫菫色蒸気を発生するが、常温でも多少不快な臭気をもつ蒸気をはなって揮散する。
b) 容器は気密容器を用い、通風のよい冷所にたくわえる。腐食されやすい金属、濃塩酸、アンモニア水、アンモニアガス、テレビン油などとはなるべく引き離しておく。
c) 澱粉にあうと藍色を呈し、これを熱すると退色し、冷えると再び藍色を現す。

	a)	b)	c)
①	正	正	正
②	正	正	誤
③	正	誤	正
④	誤	正	誤
⑤	誤	誤	正

問題32　農業用品目

重要度 ★★★

ダイアジノンに関する記述の正誤について、次のうち正しい組み合わせはどれですか。

a) 純品は無色液体で、5%以下を含有する製剤（マイクロカプセル製剤は25%以下）は劇物から除外される。
b) 有機弗素化合物で、毒性としては、TCAサイクル（アコニターゼ）を阻害する。
c) 接触性殺虫剤で、ニカメイチュウ、サンカメイチュウ、クロカメムシ等の駆除に用いられる。

	a)	b)	c)
①	正	正	正
②	正	正	誤
③	正	誤	正
④	誤	正	誤
⑤	誤	誤	正

問題33　特定品目

重要度 ★★★

硅弗化ナトリウムに関する記述の正誤について、次のうち正しい組み合わせはどれですか。

a) 無色または白色の結晶で、水に溶けにくく、アルコールに溶けない。
b) 廃棄では水を加えて希薄な水溶液とし、酸（希塩酸、希硫酸など）で中和させた後、多量の水で希釈して処理する。
c) 釉薬、試薬として用いられる。

	a)	b)	c)
①	正	正	正
②	正	正	誤
③	正	誤	正
④	誤	正	誤
⑤	誤	誤	正

解答・解説

問題31　解答 ①

a) 正しい。**沃素**は、常温でも徐々に**昇華**（固体から気体に変化）します。
b) 正しい。沃素は塩素や臭素ほど強くはありませんが、酸化作用があり、金属を腐食します。
c) 正しい。これは、**沃素デンプン反応**です。デンプンにあうと、藍色を呈します。

問題32　解答 ③

a) 正しい。文章の通りです。
b) 誤り。**ダイアジノン**は、2－イソプロピル－4－メチルピリミジル－6－ジエチルチオホスフェイトの別名です。～ホスフェイトですから、**有機燐化合物**で、その毒性は**アセチルコリンエステラーゼ阻害**です。
c) 正しい。有機燐製剤なので、**殺虫剤**に用いられます。

問題33　解答 ③

a) 正しい。**硅弗化ナトリウム**はヘキサフルオロケイ酸ナトリウムともいい、無色または白色の結晶です。
b) 誤り。酸に触れると有毒ガスが発生します。硅弗化ナトリウムの廃棄は、**分解沈殿法**（水に溶かし、消石灰等の水溶液を加えて処理した後、希硫酸を加えて中和し、沈殿濾過して埋立処分する）で行います。
c) 正しい。**釉薬**（ゆうやく）（うわぐすり）などに用いられます。

10-2 さまざまなタイプの問題

問題1　農業用品目　重要度 ★★☆

次の薬物の化学式として、最も適当なものを選びなさい。

①塩素酸ナトリウム　②クロルピクリン　③硫酸
④ブロムメチル　⑤モノフルオール酢酸ナトリウム

a) H_2SO_4　b) CCl_3NO_2　c) CH_3Br　d) $CH_2FCOONa$　e) $NaClO_3$

問題2　特定品目　重要度 ★★☆

次の薬物の化学式として、最も適当なものを選びなさい。

①アンモニア　②塩素　③過酸化水素　④蓚酸　⑤硝酸

a) H_2O_2　b) HNO_3　c) NH_3　d) $(COOH)_2 \cdot 2H_2O$　e) Cl_2

問題3　特定品目　重要度 ★★★

次の薬物の化学式として、最も適当なものを選びなさい。

①クロロホルム　②酢酸エチル　③トルエン
④ホルムアルデヒド　⑤メタノール

a) $CHCl_3$　b) CH_3OH　c) $CH_3COOC_2H_5$　d) $C_6H_5CH_3$　e) HCHO

問題4　重要度 

次の薬物の化学式として、最も適当なものを選びなさい。

①硝酸銀　②アニリン　③フェノール
④無水亜砒酸　⑤ヒドラジン

a) As_2O_3　b) $AgNO_3$　c) C_6H_5OH
d) $C_6H_5NH_2$　e) $NH_2 \cdot NH_2$

解答

アンモニア（NH_3）と硫酸（H_2SO_4）は農業品目でもあり、特定品目でもあるので、どちらでも出題される可能性があります。

問題1　**解答　①e　②b　③a　④c　⑤d**

このほか、シアン化ナトリウム（NaCN）、硫酸タリウム（$TlSO_4$）、硫酸銅（$CuSO_4 \cdot 5H_2O$）、燐化亜鉛（Zn_2P_3）なども覚えておきましょう。

問題2　**解答　①c　②e　③a　④d　⑤b**

問題3　**解答　①a　②c　③d　④e　⑤b**

このほか、水酸化ナトリウム（NaOH）、塩化水素（HCl）、クロム酸カリウム（$KCrO_4$）、一酸化鉛（PbO）、メチルエチルケトン（$CH_3COC_2H_5$）なども覚えておきましょう。

問題4　**解答　①b　②d　③c　④a　⑤e**

参考　基本的な芳香族化合物の化学式について

トルエンの構造式は、以下の通りです。C_6H_6はベンゼンを表し、それにメチル基（$-CH_3$）が結合して、トルエン（$C_6H_5CH_3$）となります。構造式と比較してみてください。このほか、ベンゼン環にヒドロキシ基（フェノール性水酸基、$-OH$）が結合してフェノール（C_6H_5OH）、アミノ基（$-NH_2$）が結合してアニリン（$C_6H_5NH_2$）、ニトロ基（$-NO_2$）が結合してニトロベンゼン（$C_6H_5NO_2$）なども基本的な薬物なので、出題される可能性があります。

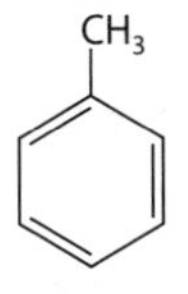

トルエン

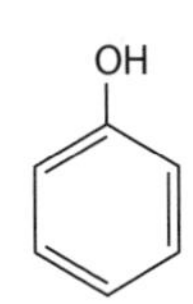

フェノール

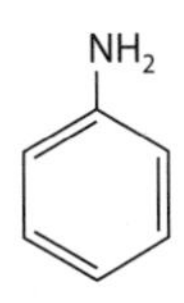

アニリン

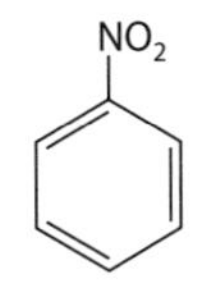

ニトロベンゼン

問題5　農業用品目

重要度 ★★☆

次の薬物が「毒物」、「劇物」、「いずれでもない」のどれにあたるかを選びなさい。ただし、同じ選択肢を重複して使用することもある。

①5%アンモニア水　②5%硫酸　③5%ロテノン
④2%燐化亜鉛　⑤1%硫酸タリウム

a）毒物　b）劇物　c）いずれでもない

問題6　特定品目

重要度 ★★★

次の薬物が「毒物」、「劇物」、「いずれでもない」のどれにあたるかを選びなさい。ただし、同じ選択肢を重複して使用することもある。

①5%過酸化水素水　②15%ホルマリン　③10%水酸化ナトリウム
④5%硝酸　⑤1%酸化水銀

a）毒物　b）劇物　c）いずれでもない

問題7

重要度 ★★☆

次の薬物が「毒物」、「劇物」、「いずれでもない」のどれにあたるかを選びなさい。ただし、同じ選択肢を重複して使用することもある。

①1%フェノール　②5%ベタナフトール　③10%クレゾール
④1%アジ化ナトリウム　⑤10%蓚酸

a）毒物　b）劇物　c）いずれでもない

解答・解説

問題5

解答　①c　②c　③b　④b　⑤b

① アンモニア水は劇物で、その除外濃度は10%以下です（p.404を参照）。特定品目でもあるので、特定品目でも出題される可能性があります。

② 硫酸は劇物で、その除外濃度は10%以下です。特定品目でもあるので、特定品目でも出題される可能性があります。

③ ロテノンは劇物で、その除外濃度は2%以下です。

④⑤ 燐化亜鉛は劇物で、その除外濃度は1%以下、硫酸タリウムは劇物で、その除外濃度は0.3%以下です。いずれも除外濃度以下で、黒色に着色され、かつトウガラシエキスを用いて著しくからく着味されているものは、劇物から除外されます。

問題6

解答　①c　②b　③b　④c　⑤b

① 過酸化水素水は劇物で、その除外濃度は6%以下です。ちなみに過酸化ナトリウムは5%以下、過酸化尿素（劇物）は17%以下です。

② ホルマリンは劇物で、その除外濃度は1%以下です。

③ 水酸化ナトリウムは劇物で、その除外濃度は5%以下です。水酸化カリウム（劇物）も5%以下です。

④ 硝酸は劇物で、その除外濃度は10%以下です。塩酸、蓚酸、硫酸（いずれも劇物）も10%以下です。

⑤ 酸化水銀は**毒物**で、その除外濃度は5%以下です。

※ 酸化水銀の除外濃度は5%以下ですが、5%以下は特定品目に定められています。このほか、クレゾールが5%以下、クロム酸鉛が70%以下も覚えておきましょう（p.404を参照）。

問題7

解答　①c　②b　③b　④a　⑤c

① フェノールは劇物で、その除外濃度は5%以下です。

② ベタナフトールは劇物で、その除外濃度は1%以下です。

③ クレゾールは劇物で、その除外濃度は5%以下です。

④ アジ化ナトリウムは毒物で、その除外濃度は0.1%以下です。

⑤ 蓚酸は劇物で、その除外濃度は10%以下です。

※ メチルアミンが40%以下、ジメチルアミンが50%以下、蟻酸（ぎさん）が90%以下（いずれも劇物）も覚えておきましょう（p.404を参照）。

※ その薬物が劇物で除外濃度が○%以下の場合、以下は○%を含むので、○%の薬物は普通物となります（劇物から除外されます）。
また、毒物で除外濃度が定められている場合、問題に出題される毒物は一般に除外濃度以下で劇物となりますが、例外はあります。そして、除外濃度が定められていない場合、含有量が何%であっても、定められた毒物・劇物の分類となります。

問題8　農業用品目

重要度 ★☆☆

次の薬物（慣用名）を分類すると、どれに分類されるか、最も適当なものを選びなさい。

①イミダクロプリド　②ダイアジノン　③テフルトリン
④フィプロニル　⑤メトミル

a）有機燐系　b）カーバメイト系　c）ピレスロイド系
d）フェニルピラゾール系　e）ネオニコチノイド系

参考　問題8の構造式

①イミダクロプリド

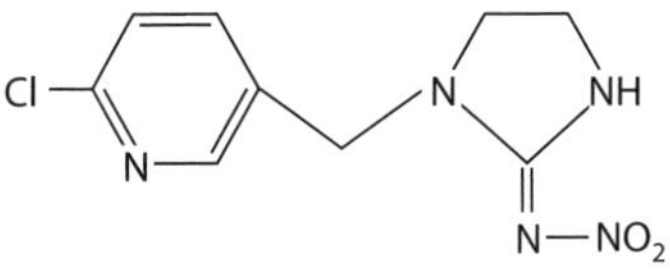

②ダイアジノン

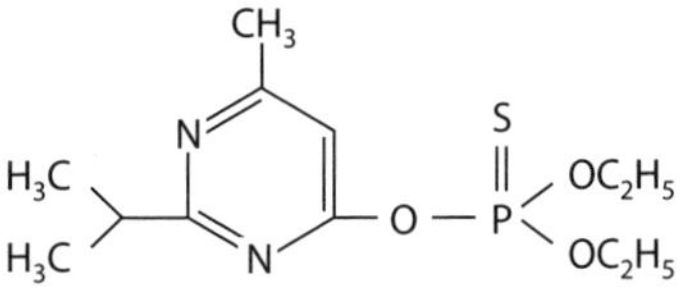

③テフルトリン

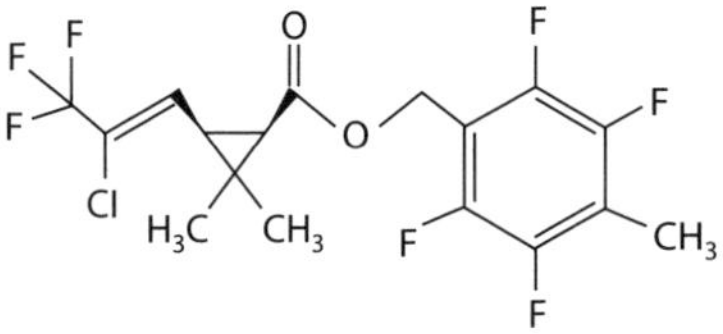

④フィプロニル

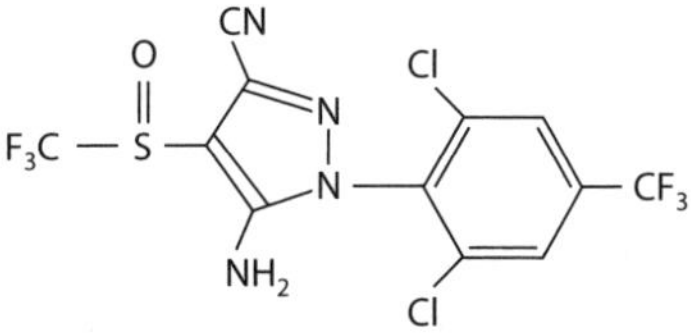

⑤メトミル

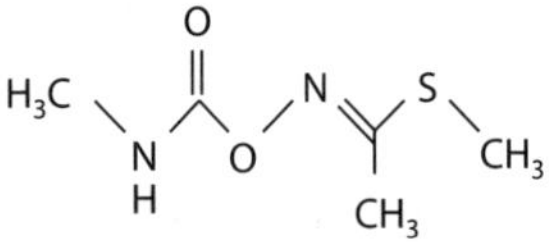

参考　ダイアジノン

慣用名：ダイアジノン
組織名：2－イソプロピル－4－メチルピリミジル－6－ジエチルチオホスフェイト

解答・解説

問題8　　　　**解答　①e　②a　③c　④d　⑤b**

① **イミダクロプリド**［1－(6－クロロ－3－ピリジルメチル)－N－ニトロイミダゾリジン－2－インデンアミン］は**劇物**に指定されていますが、2%(マイクロカプセル製剤にあっては12%)以下を含有するものは、劇物から除外されます。イミダクロプリドは**ネオニコチノイド系**の殺虫剤ですが、このほか、アセタミプリドもこれに分類されます。

② **ダイアジノン**(2－イソプロピル－4－メチルピリミジル－6－ジエチルチオホスフェイト)は**劇物**に指定されていますが、5%(マイクロカプセル製剤にあっては25%)以下を含有するものは、劇物から除外されます。ダイアジノンは有機燐系の殺虫剤ですが、**有機燐系**殺虫剤にはこのほか、イソキサチオン、カズサホス、クロルピリホス、DDVP(ジクロルボス)、ジメトエート、EPN、PAP(フェントエート)、DMTP(メチダチオン)など、挙げればキリがありません。これらの薬物を慣用名ではなく、組織名で見たとき、ホスホやホスフェイト、ホスホネイトなど、燐(P)を有することを示す語がある時には有機燐系であろうと推測しましょう。

③ **テフルトリン**［2,3,5,6－テトラフルオロ－4－メチルベンジル＝(Z)－(1RS,3RS)－3－(2－クロロ－3,3,3－トリフルオロ－1－プロペニル)－2,2－ジメチルシクロプロパンカルボキシラート］は**毒物**に指定されていますが、0.5%以下を含有するものは、毒物から除外され劇物となります。テフルトリンは**ピレスロイド系**の殺虫剤ですが、このほか、フェンプロパトリンもこれに分類されます。

④ **フィプロニル**［5－アミノ－1－(2,6－ジクロロ－4－トリフルオロメチルフェニル)－4－トリフルオロメチルスルフィニルピラゾール－3－カルボニトリル］は**劇物**に指定されていますが、1%(マイクロカプセル製剤にあっては5%)以下を含有するものは、劇物から除外されます。フィプロニルは**フェニルピラゾール系**の殺虫剤です。

⑤ **メトミル**【S－メチル－N－［(メチルカルバモイル)－オキシ］－チオアセトイミデート】は**毒物**に指定されていますが、45%以下を含有するものは、毒物から除外され劇物となります。メトミルは**カルバメイト(カーバメイト)系**の殺虫剤ですが、このほか、オキサミル、NAC(カルバリル)、カルボスルファン、チオジカルブ、BPMC(フェノブカルブ)、ベンフラカルブもこれに分類されます。

問題9　農業用品目　重要度 ★★☆

次の文は薬物の鑑別法に関する記述である。（　　　）内に入る最も適当なものを選びなさい。

1. 塩化亜鉛を水に溶かし、硝酸銀を加えると（　①　）色の沈殿を生ずる。
2. クロルピクリンの水溶液に金属カルシウムを加え、これにベタナフチルアミンおよび硫酸を加えると（　②　）色の沈殿を生ずる。
3. ニコチンの硫酸酸性水溶液にピクリン酸溶液を加えると、（　③　）色結晶を生ずる。
4. ホストキシンから発生した燐化水素は、5～10%硝酸銀溶液を吸着させた濾紙が（　④　）変することにより、その存在を知ることができる。
5. 硫酸銅を白金線につけて溶融炎で熱し、次に希塩酸で白金線をしめして再び溶融炎で炎の色を見ると、（　⑤　）色になる。

a) 緑　　b) 赤　　c) 黄　　d) 白　　e) 黒

問題10　特定品目　重要度 ★★★

次の文は薬物の鑑別法に関する記述である。（　　　）内に入る最も適当なものを選びなさい。

1. 一酸化鉛を希硫酸に溶かすと無色の液となり、これに硫化水素を通じると（　①　）色の沈殿を生ずる。
2. 四塩化炭素にアルコール性水酸化カリウムと銅粉とともに煮沸すると、（　②　）色の沈殿を生ずる。
3. 蓚酸の水溶液をアンモニア水で弱アルカリ性にして塩化カルシウムを加えると、（　③　）色の沈殿を生ずる。
4. 水酸化ナトリウムの水溶液を白金線につけて無色の火炎中に入れると、火炎の色は（　④　）色となる。
5. ホルマリンをフェーリング溶液とともに熱すると、（　⑤　）色の沈殿を生ずる。

a) 黄赤　　b) 赤　　c) 黄　　d) 白　　e) 黒

解答・解説

問題9　　解答　①d　②b　③c　④e　⑤a

1. この反応で、塩化銀の**白色**沈殿が生じます。
2. **赤色**の沈殿が生じます。クロルピクリンの鑑別法として、ときどき見られるものです。
3. この反応で、ピクリン酸ニコチンの**黄色**結晶を生じます。
4. これは、燐化水素（ホスフィン）の検出法です。燐化水素は、5～10%硝酸銀溶液を吸着させた濾紙を**黒変**させます。
5. 銅の炎色反応は、**緑（青緑）色**です。

問題10　　解答　①e　②a　③d　④c　⑤b

1. この反応で、硫化鉛の**黒色**沈殿が生じます。
2. **黄赤色**の沈殿が生じます。四塩化炭素のこの鑑別法はよく見かけるので、沈殿の色と銅粉とともに煮沸することを記憶しておいてください。
3. この反応で、蓚酸カルシウムの**白色**沈殿が生じます。
4. ナトリウムの炎色反応は、**黄色**です。
5. フェーリング溶液はアルデヒド（基）の検出液で、ホルマリン（アルデヒド基）の還元作用により、**赤色**の沈殿が生じます。

問題11

重要度 ★★☆

次の文は薬物の鑑別法に関する記述である。（　　　）内に入る最も適当なものを選びなさい。

1. アンモニア水に塩酸を加えて中和した後、塩化白金溶液を加えると、（　①　）色結晶性の沈殿を生ずる。
2. アニリン水溶液に晒粉を加えると、（　②　）色を呈する。
3. フェノール水溶液に1/4量のアンモニア水と数滴の晒粉溶液を加えて温めると（　③　）色を呈する。
4. 硫酸亜鉛を水に溶かして硫化水素を通じると、（　④　）色沈殿を生ずる。
5. 硫酸が蔗糖、木片などに触れると、それらを（　⑤　）変させた。

a) 紫　　b) 藍　　c) 黄　　d) 白　　e) 黒

問題12　農業用品目

重要度 ★★☆

次の実験の結果をもとに、薬物A～Eとして、最も適当なものを選びなさい。

1. 薬物Bと薬物Eは固体、薬物A、薬物C、薬物Dは液体である。
2. 薬物Aと薬物Dは強い刺激臭があり、薬物Aは催涙性があった。
3. 薬物C、薬物D、薬物Eは水に溶け、その水溶液は、いずれも無色透明であった。薬物Bは水に溶け、その水溶液は青色透明であった。また、薬物Cを水で希釈するときに激しく発熱し、薬物Aは水にほとんど溶けなかった。
4. 薬物Bの水溶液と薬物Cの水溶液をそれぞれ青色リトマス紙につけると、いずれも赤色に変化した。
5. 薬物Dと薬物Eの水溶液をそれぞれ赤色リトマス紙につけると、いずれも青色に変化した。

a) アンモニア水　　b) クロルピクリン　　c) シアン化カリウム
d) 硫酸　　e) 硫酸銅

解答・解説

問題11　　解答　①c　②a　③b　④d　⑤e

1. この反応で、塩化白金（IV）酸アンモニウムの**黄色**沈殿が生じます。
2. この反応で、プソイドモーベインが生じ、**紫色**を呈します。
3. この反応でインドフェノールブルーが生じ、**藍色**を呈します。
4. この反応で、硫化亜鉛の**白色**沈殿を生じます。
5. 硫酸は有機物に触れるとそれを炭化させ、**黒変**します。

問題12　　解答　A）b　B）e　C）d　D）a　E）c

a）**アンモニア水**はアンモニア（気体）の水溶液で、アルカリ性で水によく溶け、その液色は無色透明です。アンモニア水は刺激臭がありますが、催涙性はありません。

b）**クロルピクリン**の純品は無色透明の液体ですが、市販品は通常、微黄色をしています。水にほとんど溶けず、強い粘膜刺激臭があり、**催涙性**があります。

c）**シアン化カリウム**は水に溶け、その液色は無色透明、その液性は**アルカリ性**です。

d）**硫酸**は無色透明、油状の液体で、水に溶けますが、その際、激しく発熱します。なお、硫酸の水溶液は無色透明で、**酸性**を示します。

e）**硫酸銅**は濃い藍色の結晶で、水によく溶け、その液性は酸性を示します。硫酸銅水溶液の液色は、**青色透明**です。

問題13　特定品目

重要度 ★★★

次の実験の結果をもとに、薬物A～Eとして、最も適当なものを選びなさい。

1. 薬物Aと薬物Eは固体、薬物B、薬物C、薬物Dは液体である。
2. 薬物Aと薬物Eはいずれも潮解性があり、薬物Dは空気中で発煙した。
3. 薬物Bは弱酸性、薬物Dは強酸性、薬物Cは中性、薬物Aと薬物Eの水溶液は強アルカリ性を示した。なお、薬物Aと薬物Eを水に溶かすときに、激しく発熱した。
4. 薬物Cは強い果実様の香気があり、火を近づけると引火した。
5. 薬物Aと薬物Eの水溶液をそれぞれ無色の火炎にかざすと、薬物Aは黄色、薬物Eは青紫色を示した。
6. 薬物Dに硝酸銀水溶液を加えると白色沈殿ができ、薬物Bの希水溶液を過マンガン酸カリウム水溶液に加えると、液色が退色した。

a) 塩酸　b) 過酸化水素水　c) 酢酸エチル
d) 水酸化カリウム　e) 水酸化ナトリウム

問題14

重要度 ★★☆

次の実験の結果をもとに、薬物A～Eとして、最も適当なものを選びなさい。

1. 薬物A、薬物B、薬物Cは固体、薬物Dと薬物Eは液体である。
2. 薬物Aは無色または白色の結晶、薬物Bは無色または淡黄色の結晶、薬物Cは黄色または橙色の粉末または粒状、薬物Dと薬物Eは無色透明の液体であった。
3. 薬物Cと薬物Eは水に極めて溶けづらく、薬物Dは水に極めて溶けやすかった。
4. 薬物Aは潮解性があり、その水溶液に過クロール鉄液を加えると、紫色を呈した。
5. 薬物Bはアルコールに溶けやすく、その溶液は鮮黄色を示し、白色の羊毛や絹糸を鮮黄色に染めた。
6. 薬物Cを希硝酸に溶かし、これに硫化水素を通じると黒色沈殿を生じた。
7. 薬物Dは引火性があり、サリチル酸と濃硫酸とともに熱すると、芳香臭がした。

8. 薬物Eは不燃性で、アルコール性水酸化カリウムと銅粉とともに煮沸すると、黄赤色の沈殿を生じた。

a) 一酸化鉛　b) 四塩化炭素　c) ピクリン酸
d) フェノール　e) メタノール

解答・解説

問題13　解答　A) e　B) b　C) c　D) a　E) d

a) **塩酸**は塩化水素（気体）の水溶液で、25%以上の塩化水素が高濃度のものは、空気中で発煙します。塩酸の液性は強酸性で、硝酸銀水溶液を加えると、塩化銀の白色沈殿が生じます。
b) **過酸化水素水**は弱酸性の水溶液で、過マンガン酸カリウム溶液の液色（赤紫色）が消え（退色）、無色透明になります。
c) **酢酸エチル**は強い果実様香気のある無色透明の液体で、引火性があります。
d) **水酸化カリウム**は潮解性があり、水によく溶け、その際、発熱します。また、その液性は強アルカリ性で、炎色反応は、青紫色です。
e) **水酸化ナトリウム**は潮解性があり、水によく溶け、その際、発熱します。また、その液性は強アルカリ性で、炎色反応は、黄色です。

問題14　解答　A) d　B) c　C) a　D) e　E) b

a) **一酸化鉛**は黄色または橙色の粉末または粒状で水に極めて溶けづらく、これを希硝酸に溶かし、硫化水素を通じると黒色の硫化鉛の沈殿を生じます。
b) **四塩化炭素**は無色透明、不燃性の液体で、アルコール性水酸化カリウムと銅粉とともに煮沸すると、黄赤色の沈殿を生じます。
c) **ピクリン酸**は無色または淡黄色の結晶で、そのアルコール溶液は白色の羊毛や絹糸を鮮黄色に染めます。
d) **フェノール**は無色または白色の結晶で潮解性があり、その水溶液に過クロール鉄液を加えると、鉄錯塩の生成により紫色を呈します。
e) **メタノール**は無色透明の引火性液体で、サリチル酸と濃硫酸とともに熱すると、芳香臭のあるサリチル酸メチルエステルが生じます。

問題15　農業用品目

重要度 ★★☆

次の文は薬物に関する記述である。（　　）内に入る最も適当なものを選びなさい。ただし、同じ用語が繰り返し使われる場合がある。

1. （　①　）物のクロルピクリンは無色または淡黄色の（　②　）体で（　③　）性があり、強い粘膜刺激臭を有する。廃棄の際には、（　④　）法で処理する。農薬としては、（　⑤　）などに用いられる。
2. （　⑥　）物のジクワット（2,2'－ジピリジリウム－1,1'－エチレンジブロミド）は淡黄色の（　⑦　）体で、水に溶けやすく、（　⑧　）に不安定である。廃棄の際には、（　⑨　）法で処理する。用途としては、（　⑩　）として用いられる。
3. （　⑪　）物のフェンチオン（ジメチル－4－メチルメルカプト－3－メチルフェニルチオホスフェイト、MPP）は褐色の（　⑫　）体で、弱いニンニク臭を有する。有機燐製剤の一種であるため、（　⑬　）を阻害する。解毒剤としては、（　⑭　）が使われる。用途としては、（　⑮　）に用いられる。
4. （　⑯　）物のモノフルオール酢酸ナトリウムは白色の（　⑰　）体で、吸湿性があり、からい味と酢酸の臭いとを有する。その毒性として、（　⑱　）を阻害する。解毒剤としては、（　⑲　）が使われる。用途としては、（　⑳　）として用いられる。
5. （　㉑　）物の燐化亜鉛は暗赤色（黒灰色）の（　㉒　）体で、希酸には（　㉓　）を出して溶解する。燐化亜鉛1%以下を含有し、（　㉔　）色に着色され、かつ、トウガラシエキスを用いて著しくからく着味されているものは劇物から除かれる。用途としては、（　㉕　）として用いられる。

a）特定毒　b）毒　c）劇　d）固　e）液
f）気　g）酸　h）アルカリ　i）燃焼　j）分解
k）潮解　l）催涙　m）ホスゲン　n）ホスフィン
o）TCAサイクル（アコニターゼ）　p）アセチルコリンエステラーゼ
q）アセトアミド　r）PAM（2－ピリジルアルドキシムメチオダイド）
s）紅　t）黒　u）殺鼠剤　v）除草剤
w）土壌病原菌、線虫等の駆除
x）稲のニカメイチュウ、ツマグロヨコバイ等の駆除
y）カラマツの先枯病、ネギ類のベト病の殺菌剤

解答

問題15 解答 ①c ②e ③l ④j ⑤w ⑥c ⑦d ⑧h ⑨i ⑩v ⑪c ⑫e ⑬p ⑭r ⑮x ⑯a ⑰d ⑱o ⑲q ⑳u ㉑c ㉒d ㉓n ㉔t ㉕u

---

1. (①**劇**)物のクロルピクリンは無色または淡黄色の(②**液**)体で(③**催涙**)性があり、強い粘膜刺激臭を有する。廃棄の際には、(④**分解**)法で処理する。農薬としては、(⑤**土壌病原菌、線虫等の駆除**)などに用いられる。
2. (⑥**劇**)物のジクワット(2,2'ージピリジリウムー1,1'ーエチレンジブロミド)は淡黄色の(⑦**固**)体で、水に溶けやすく、(⑧**アルカリ**)に不安定である。廃棄の際には、(⑨**燃焼**)法で処理する。用途としては、(⑩**除草剤**)として用いられる。
3. (⑪**劇**)物のフェンチオン(ジメチルー4ーメチルメルカプトー3ーメチルフェニルチオホスフェイト、MPP)は褐色の(⑫**液**)体で、弱いニンニク臭を有する。有機燐製剤の一種であるため、(⑬**アセチルコリンエステラーゼ**)を阻害する。解毒剤としては、(⑭**PAM(2ーピリジルアルドキシムメチオダイド)**)が使われる。用途としては、(⑮**稲のニカメイチュウ、ツマグロヨコバイ等の駆除**)に用いられる。
4. (⑯**特定毒**)物のモノフルオール酢酸ナトリウムは白色の(⑰**固**)体で、吸湿性があり、からい味と酢酸の臭いとを有する。その毒性として、(⑱**TCAサイクル(アコニターゼ)**)を阻害する。解毒剤としては、(⑲**アセトアミド**)が使われる。用途としては、(⑳**殺鼠剤**)として用いられる。
5. (㉑**劇**)物の燐化亜鉛は暗赤色(黒灰色)の(㉒**固**)体で、希酸には(㉓**ホスフィン**)を出して溶解する。燐化亜鉛1%以下を含有し、(㉔**黒**)色に着色され、かつ、トウガラシエキスを用いて著しくからく着味されているものは劇物から除かれる。用途としては、(㉕**殺鼠剤**)として用いられる。

※選択肢y)は、シクロヘキシミド(劇物)の用途です。

問題16 特定品目

重要度 ★★☆

次の文は薬物に関する記述である。（　　）内に入る最も適当なものを選びなさい。ただし、同じ用語が繰り返し使われる場合がある。

1. 塩素は、常温では窒息性臭気をもつ（　①　）色の（　②　）体である。廃棄の際には臭素と同じく、（　③　）法もしくは（　④　）法で処理する。塩素の用途は広く、酸化剤、パルプの（　⑤　）、殺菌剤、上水道水の消毒剤、塩化物の製造原料などに用いられる。
2. 硅弗化ナトリウムは別名ヘキサフルオロケイ酸ナトリウムともいい、（　⑥　）色の（　⑦　）体で、水に溶けにくく、アルコールには溶けない。廃棄の際には、（　⑧　）法で処理する。用途としては、（　⑨　）、試薬として用いられる。
3. 四塩化炭素は揮発性、麻酔性の芳香を有する無色の重い（　⑩　）体で、（　⑪　）性である。貯蔵では（　⑫　）メッキをした鋼鉄製容器で保管し、（　⑬　）に接しない場所に保管する。また、その毒性は蒸気の吸入により頭痛、悪心などをきたし、眼の角膜が（　⑭　）色となり、次第に尿毒症状を呈し、甚だしいときは死ぬことがある。
4. 蓚酸は無色の（　⑮　）体で、乾燥空気中で（　⑯　）する。蓚酸は血液中の（　⑰　）分を奪い、神経系をおかすので、その解毒では、（　⑱　）剤の静脈注射を行う。その用途は、木、コルク、綿、藁の（　⑲　）や鉄サビの汚れ落としなどに用いられる。
5. ホルマリンは無色透明の（　⑳　）性の（　㉑　）体で、刺激臭がある。その貯蔵では、（　㉒　）で保存する。用途は、農業用として（　㉓　）など、工業用として（　㉔　）などに用いられる。

※なお、上記1～5の薬物はすべて（　㉕　）物である。

a) 毒	b) 劇	c) 固	d) 液	e) 気
f) 酸化	g) 還元	h) アルカリ	i) 分解沈殿	j) 潮解
k) 風化	l) 催涙	m) 不燃	n) 常温	o) 高温
p) カリウム	q) カルシウム	r) 亜鉛または錫	s) 白	t) 黄
u) 黄緑	v) 樹脂の製造	w) 漂白剤	x) 釉薬	y) 温室の燻蒸剤

解答

問題16 解答 ①u ②e ③g ④h ⑤w ⑥s ⑦c ⑧i ⑨x ⑩d ⑪m ⑫r ⑬o ⑭t ⑮c ⑯k ⑰q ⑱q ⑲w ⑳l ㉑d ㉒n ㉓y ㉔v ㉕b

※③④は順不同可

1. 塩素は、常温では窒息性臭気をもつ（①**黄緑**）色の（②**気**）体である。廃棄の際には臭素と同じく、（③**還元**）法もしくは（④**アルカリ**）法で処理する。塩素の用途は広く、酸化剤、パルプの（⑤**漂白剤**）、殺菌剤、上水道水の消毒剤、塩化物の製造原料などに用いられる。
2. 硅弗化ナトリウムは別名ヘキサフルオロケイ酸ナトリウムともいい、（⑥**白**）色の（⑦**固**）体で、水に溶けにくく、アルコールには溶けない。廃棄の際には、（⑧**分解沈殿**）法で処理する。用途としては、（⑨**釉薬**）、試薬として用いられる。
3. 四塩化炭素は揮発性、麻酔性の芳香を有する無色の重い（⑩**液**）体で、（⑪**不燃**）性である。貯蔵では（⑫**亜鉛または錫**（すず））メッキをした鋼鉄製容器で保管し、（⑬**高温**）に接しない場所に保管する。また、その毒性は蒸気の吸入により頭痛、悪心などをきたし、眼の角膜が（⑭**黄**）色となり、次第に尿毒症状を呈し、甚だしいときは死ぬことがある。
4. 蓚酸は無色の（⑮**固**）体で、乾燥空気中で（⑯**風化**）する。蓚酸は血液中の（⑰**カルシウム**）分を奪い、神経系をおかすので、その解毒では、（⑱**カルシウム**）剤の静脈注射を行う。その用途は、木、コルク、綿、藁（わら）の（⑲**漂白剤**）や鉄サビの汚れ落としなどに用いられる。
5. ホルマリンは無色透明の（⑳**催涙**）性の（㉑**液**）体で、刺激臭がある。その貯蔵では、（㉒**常温**）で保存する。用途は、農業用として（㉓**温室の燻蒸剤**（くんじょうざい））など、工業用として（㉔**樹脂の製造**）などに用いられる。

※なお、上記1～5の薬物はすべて（㉕**劇**）物である。

問題17

重要度 ★★☆

次の文は薬物に関する記述である。（　　）内に入る最も適当なものを選びなさい。ただし、同じ用語が繰り返し使われる場合がある。

1. アクリルニトリルは、有機（ ① ）化合物である。無色透明の（ ② ）体で、弱い刺激臭があり、（ ③ ）性がある。（ ④ ）と激しく反応するので、（ ④ ）とは安全な距離を保ち、できるだけ直接空気に触れることを避け、不活性ガスの雰囲気中に貯蔵する。廃棄では、燃焼法、アルカリ法のほか、（ ⑤ ）法でも処理できる。
2. 過酸化水素水は無色透明の濃厚な（ ⑥ ）体で、常温でも徐々に（ ⑦ ）と（ ⑧ ）に分解する。酸化と還元の両作用を併有しているので、工業上有用な（ ⑨ ）剤として用いられる。廃棄の際には、（ ⑩ ）法で処理する。
3. 重クロム酸カリウムは（ ⑪ ）色の（ ⑫ ）体で、強力な（ ⑬ ）剤である。用途としては、工業用の（ ⑬ ）剤のほか、媒染剤、製革用、（ ⑭ ）用、顔料原料、試薬などに用いられる。廃棄の際には、（ ⑮ ）沈殿法で処理する。
4. 臭素は（ ⑯ ）色の揮発しやすい重い（ ⑰ ）体で、激しい刺激臭を有する。廃棄に際しては、アルカリ法や（ ⑱ ）法で処理する。用途としては、アニリン染料の製造、写真用、（ ⑲ ）剤、殺虫剤、殺菌剤などに用いられる。
5. フェノールは無色または白色の（ ⑳ ）体で、特異の臭気と灼くような味を有し、空気中で容易に（ ㉑ ）変する。フェノールの水溶液に過クロール鉄液を加えると、（ ㉒ ）色を呈する。廃棄に際しては、燃焼法のほか、（ ㉓ ）法でも処理できる。用途としては、種々の医薬品および染料の製造原料、（ ㉔ ）剤、試薬などとして用いられる。

※なお、上記1～5の薬物はすべて（ ㉕ ）物である。

a) 毒	b) 劇	c) 固	d) 液	e) 気
f) 強酸	g) 強アルカリ	h) 希釈	i) 酸化	j) 還元
k) 活性汚泥	l) 催涙	m) 不燃	n) シアン	o) 燐
p) 酸素	q) 水素	r) 水	s) 赤	t) 橙赤
u) 赤褐	v) 紫	w) 電気鍍金	x) 漂白	y) 防腐

解答

問題17 **解答** **①n ②d ③l ④f ⑤k ⑥d ⑦r ⑧p ⑨x ⑩h ⑪t ⑫c ⑬i ⑭w ⑮j ⑯u ⑰d ⑱j ⑲i ⑳c ㉑s ㉒v ㉓k ㉔y ㉕b**

※⑦⑧は順不同可

1. アクリルニトリルは、有機（①**シアン**）化合物である。無色透明の（②**液**）体で、弱い刺激臭があり、（③**催涙**）性がある。（④**強酸**）と激しく反応するので、（④**強酸**）とは安全な距離を保ち、できるだけ直接空気に触れることを避け、不活性ガスの雰囲気中に貯蔵する。廃棄では、燃焼法、アルカリ法のほか、（⑤**活性汚泥**）法でも処理できる。

   ※アクリルニトリルは引火性もありますが、選択肢にないこともあり、③では催涙性を選びましょう。

2. 過酸化水素水は無色透明の濃厚な（⑥**液**）体で、常温でも徐々に（⑦**水**）と（⑧**酸素**）に分解する。酸化と還元の両作用を併有しているので、工業上有用な（⑨**漂白**）剤として用いられる。廃棄の際には、（⑩**希釈**）法で処理する。
3. 重クロム酸カリウムは（⑪**橙赤**）色の（⑫**固**）体で、強力な（⑬**酸化**）剤である。用途としては、工業用の（⑬**酸化**）剤のほか、媒染剤、製革用、（⑭**電気鍍金**）用、顔料原料、試薬などに用いられる。廃棄の際には、（⑮**還元**）沈殿法で処理する。
4. 臭素は（⑯**赤褐**）色の揮発しやすい重い（⑰**液**）体で、激しい刺激臭を有する。廃棄に際しては、アルカリ法や（⑱**還元**）法で処理する。用途としては、アニリン染料の製造、写真用、（⑲**酸化**）剤、殺虫剤、殺菌剤などに用いられる。
5. フェノールは無色または白色の（⑳**固**）体で、特異の臭気と灼くような味を有し、空気中で容易に（㉑**赤**）変する。フェノールの水溶液に過クロール鉄液を加えると、（㉒**紫**）色を呈する。廃棄に際しては、燃焼法のほか、（㉓**活性汚泥**）法でも処理できる。用途としては、種々の医薬品および染料の製造原料、（㉔**防腐**）剤、試薬などとして用いられる。

※なお、上記1～5の薬物はすべて（㉕**劇**）物である。

索引

■数字・英字

β－ナフトール……177, 187
1モル……65
2－アミノエタノール……404
2－ピリジルアルドキシムメチオダイド……307, 315, 327, 329
2,3－ジメルカプト－1－プロパノール……323, 329
BAL……306, 311, 323, 327, 329
BOD……228
DDT……309
DDVP……231, 265, 273, 297, 307, 326
EPN……137, 297, 326, 329, 371, 393, 404
K殻……65, 95
L殻……65, 95
M殻……65, 95
NAC……307, 326, 395
PAM……307, 315, 327, 329
PCB……309
pH……85, 86, 99, 109
pHメーター法……366
ppm……111
TCAサイクル……299
TEPP……326

■あ

亜鉛……194
亜塩素酸ナトリウム……404
赤色リトマス試験紙……101
アクリルアミド……297, 325, 391, 403
アクリル酸……163, 404
アクリルニトリル……151, 173, 187, 239, 326, 330, 401
アクロレイン……157, 173, 191, 303, 325, 373, 403
アコニターゼ……299
アジ化ナトリウム……375, 401, 404
アシドーシス……293
亜硝酸アミル……309, 329
亜硝酸ナトリウム……306, 309, 329
アセチルコリンエステラーゼ……297, 307, 315, 327
アセトアミド……159
アトロピン……307
アニリン……85, 123, 153, 295, 323, 341, 357, 391, 429
亜砒酸……326
亜砒酸ナトリウム……189, 306
アフターバーナー……202
アボガドロ数……67
アボガドロの法則……65
アマルガム……153, 389, 403
アミノ基……109
アルカリ金属元素……61, 93
アルカリ土類金属元素……61, 93
アルカリ法……217, 219
アルカン……105
アルキン……105
アルケン……105
アルコール……85
アルシン……283
アルデヒド基……80, 109

安息香酸……85
アンチノック剤……383, 403
アンチモン……194
アンモニア……159, 303, 313, 387, 399, 411
アンモニア水……129, 183, 197, 199, 231, 239, 255, 273, 319, 345, 351, 361, 404, 437

■い
硫黄……194
イオン化傾向……63
イオン結合……71
イオン電極法……366
異性体……87, 107
一酸化鉛……339, 397, 439
イミダクロプリド……433
イミノクタジン……393
引火性……250

■え
液化塩化水素……277
液化塩素……279
エステル……85
エチルトリメチル鉛……234
エチレンオキシド……229, 373, 401
エチレンジアミン四酢酸カルシウム二ナトリウム……306
エデト酸カルシウム二ナトリウム……306
エマメクチン……404
塩化水素……145, 305, 317
塩化第一水銀……153
塩化バリウム……335
塩化物の製造……391
塩酸……129, 147, 199, 241, 257, 305, 337, 345, 353, 391, 404, 411, 439
炎色反応……83, 116, 333
塩素……147, 194, 377, 399
塩素酸カリウム……133, 217, 291, 315, 359, 379
塩素酸ナトリウム……237, 369, 395, 413

■お
王水……109
黄赤色沈殿……353
黄赤色の沈殿……339
黄燐……125, 151, 171, 187, 207, 245, 255, 281, 297, 323, 381, 403, 407
オキサミル……297

■か
カーバメイト……297
カーバメイト系化合物……326, 327
カーバメイト系殺虫剤……433
回収法……219, 221
化学反応式……73
過クロール鉄液……341
化合物……93
過酸化水素……161, 197
過酸化水素水……173, 183, 197, 233, 243, 253, 275, 347, 355, 361, 377, 397, 404, 413, 439
過酸化ナトリウム……199, 235, 255, 283, 404
過酸化尿素……404
価数……75
ガスクロマトグラフ法……366
活性汚泥法……228, 229

カドミウム……194
ガラスのつや消し……387, 403
カリウム……193, 194, 249, 333
カルシウム剤……311, 329
カルタップ……404
カルバメイト……307
カルバリル……307, 326
カルボキシ基……80, 109
カルボン酸……85
還元剤……77
還元沈殿法……225, 227
還元焙焼法……221
還元法……215, 217
甘汞……153
環式炭化水素……105
乾燥剤……385, 399
顔料……399

■き

希ガス元素……93
凝固……93
蟻酸……165, 404
キサントプロテイン反応……83, 303, 319, 321
希釈法……197
凝縮……93
キシレン……85, 161, 203, 275, 321
凝析……87
気体反応の法則……65, 79
吸光光度法……366
吸熱反応……91
共有結合……71, 105
極性分子……115
金……194
銀……194
銀鏡反応……83, 349
金属イオンの分離……115
金属毒……308

■く

空気呼吸器……288
苦扁桃……155
グルコン酸カルシウム……311
グルコン酸カルシウムゼリー……306
クレゾール……167, 209, 245, 375, 401, 404
クロム……194
クロム酸塩……225
クロム酸塩の毒性……292
クロム酸鉛……161, 221, 399, 404
クロルスルホン酸……125, 167
クロルピクリン……129, 219, 231, 237, 301, 315, 359, 371, 393, 413, 437
クロルメコート……395
クロロホルム……123, 149, 171, 185, 211, 265, 275, 295, 319, 343, 415
燻蒸剤……371

■け

珪素……194
硅素……194
ケイ素……194
硅弗化ナトリウム……227, 397, 427
劇物……168
解毒剤……306
ゲルマニウム……194
原形質毒……295, 319

原子核……95
原子吸光光度法……366
原子番号……95
検出法……366
元素記号……194
元素名……194

■こ
高速液体クロマトグラフ法……366
香料……397, 401
五塩化燐……165
固化隔離法……249
黒色沈殿……339
コハク酸デヒドロゲナーゼ……301
五硫化二燐……179
五硫化燐……179
混合物……93

■さ
最外殻電子……65
酢酸エチル……127, 147, 205, 269, 381, 397, 439
鎖式炭化水素……105
殺菌剤……373, 393, 395
殺鼠剤……369, 393, 395, 403
殺虫剤……369, 371, 393, 395
錆落とし……397
晒粉……341
サリチル酸メチル……349
酸化……77
酸化隔離法……223
酸化剤……377, 395
酸化数……77
酸化第二水銀……404
酸化法……215
三酸化二砒素……299, 310, 323, 326, 329
三酸化砒素……326
三重結合……83
三硫化四燐……179
三硫化燐……179, 193, 379, 401

■し
四アルキル鉛……223, 235, 247, 401
シアン化カリウム……127, 143, 173, 181, 231, 273, 308, 326, 330, 407
シアン化合物……326, 330
シアン化水素……127, 167, 179, 181, 215, 217, 229, 239, 261, 263, 291, 313, 326, 329, 330
シアン化ナトリウム……173, 215, 237, 326
シアン酸ナトリウム……139, 330, 395
ジエチルジメチル鉛……234
四エチル鉛……123, 157, 175, 189, 383
四塩化炭素……135, 145, 177, 183, 211, 243, 295, 317, 339, 353, 387, 399, 415, 439
シクロヘキシミド……404
ジクロルボス……297, 307
ジクワット……141, 369, 393
事故……51
実質性毒……309
質量数……95
質量保存の法則……65
質量モル濃度……97
ジノカップ……404
ジボラン……263
ジメチルアミン……271, 287, 404

ジメチル硫酸……165
ジメルカプロール……306, 311, 323, 329
写真用……385
シャルルの法則……79
臭化エチル……167
臭化メチル……177, 237
周期表……93
重クロム酸塩……225
重クロム酸カリウム……119, 149, 241, 267, 277, 377, 399, 415
重クロム酸ナトリウム……233
蓚酸……131, 145, 291, 311, 317, 329, 377, 397, 417
蓚酸塩……404
臭素……121, 155, 191, 194, 215, 219, 247, 261, 283, 365, 417
縮瞳……297
純物質……93
昇華……93
硝酸……137, 145, 201, 257, 279, 321, 339, 341, 345, 355, 361, 399, 404
硝酸銀……121, 163, 221, 227, 257, 267, 283, 337, 345, 357, 385, 403, 419
硝酸バリウム……269, 281, 335
蒸発……93
除外濃度……404
植物成長調整剤……395
除草剤……393, 395
飼料添加物……395, 403
白い霧……345, 351, 361
振顫……297

■す

水銀……135, 153, 194, 219, 235, 245, 389, 403
水酸化カリウム……171, 185, 197, 404, 439
水酸化ナトリウム……131, 147, 171, 183, 197, 243, 305, 321, 333, 353, 385, 397, 404, 419, 439
水酸化ナトリウム水溶液……261, 277
水酸基……80
水素化砒素……151, 191, 263, 283, 326
スクラバー……203
錫……194
スズ……194
スルホ基……80, 109
スルホナール……345, 365

■せ

青酸ガス……179
生成熱……91, 109
赤褐色の蒸気……339, 345, 357, 361
赤色の沈殿……355, 359
セッケン製造……385, 397
セレン……165, 194, 301, 325, 389
セレン化水素……263
洗浄剤……387
洗濯剤……387
染料……401

■た

ダイアジノン……139, 393, 404, 427, 433
第一級アルコール……107
第三級アルコール……107
大赤血球性貧血……293, 319

第二級アルコール……107
ダニエル電池……113
タリウム……194
単体……93

■ち
チアノーゼ……294
チオ硫酸ナトリウム……306, 309, 313, 329
窒素……194
チトクロムオキシダーゼ……309
チメロサール……153, 404
着色……29, 51
中性子……95
中和点……101
中和熱……109
中和の公式……75, 101
中和反応……101
中和法……197, 199, 201
潮解性……250
チンダル現象……86
沈殿法……227

■て
低カルシウム血症……311
定比例の法則……65
滴定法……366
テフルトリン……433
電気分解……111
電子……95
電子殻……95
電子配置……65
デンプン溶液……306

■と
銅……194
同位体……63
陶製壺……191
同素体……61, 63
灯油……257
登録の失効……53
ドーピングガス……389
鍍金……383
特定毒物……168
特定毒物研究者……35
特定毒物使用者……35
毒物……168
毒物劇物営業者……25
毒物劇物取扱責任者……25
土質安定剤……390
土壌燻蒸剤……393
トリエチルメチル鉛……234
トリクロル酢酸……131, 163, 211, 259, 281, 347, 363
トルイジン……209
トルエン……85, 133, 149, 203, 241, 269, 279, 293, 319, 381, 397, 421, 429

■な
ナトリウム……137, 155, 171, 187, 194, 201, 213, 235, 245, 257, 285, 333, 357
鉛……194
鉛蓄電池……113
ナラシン……395, 404

■に
ニコチン……299, 315, 337, 343, 351, 359

二酸化窒素……339, 345
二重結合……83
ニッケル……194
ニッケルカルボニル……249, 383, 403
ニトロ基……81
ニトロベンゼン……127, 155, 401, 429
二硫化炭素……133, 151, 177, 191, 207, 247, 255, 287
ニンヒドリン反応……83

■ね
ネオニコチノイド系殺虫剤……433
熱化学方程式……89, 91
燃焼隔離法……223
燃焼熱……91, 109
燃焼法……203, 205, 207, 209, 211, 213, 243

■の
濃硝酸……417
濃硫酸……347

■は
廃棄法……197, 211
焙焼法……221
白色沈殿……335, 337, 345, 351, 353, 355, 357, 359
爆発物の製造……379
バナジウム……194
パラコート……139, 369, 393
パラチオン……297, 315, 326
バリウム……194
バルビツール製剤……309
ハロゲン元素……93
販売業の登録……41

■ひ
ビウレット反応……83
ピクリン酸……135, 157, 175, 189, 213, 271, 285, 293, 323, 341, 363, 379, 421, 439
砒素……121, 194, 221, 249, 267, 287, 326
砒素および無機砒素化合物……326
ヒドラジン……403
ヒドロキシ基……80, 109
ヒドロキソコバラミン……309, 313, 329, 330
漂白剤……355, 361, 377, 397
ピレスロイド系殺虫剤……433

■ふ
フィプロニル……433
風解……109
風解性……250
フェーリング反応……83
フェーリング溶液……337, 355
フェニルピラゾール系殺虫剤……433
フェノール……85, 121, 157, 209, 305, 325, 341, 363, 375, 404, 423, 429
フェノールフタレイン……85, 101
フェンチオン……404
ブタノール……87
普通物……168
弗化水素……163
弗化水素酸……135, 153, 175, 189, 227, 247, 259, 287, 347, 363, 387, 403, 407
物質の三態……93
弗素……194
フッ素……194

不飽和炭化水素……105
ブラウン運動……87
プラリドキシム沃化メチル……307, 315
ブロムメチル……129, 143, 177, 181, 271, 273, 301, 313, 371, 423
分解反応……91
分解法……219
分子量……67, 81, 95

■へ

ヘスの法則……79
ベタナフトール……123, 177, 187, 213, 343, 365, 375, 404, 423
ペニシラミン……306
ベンゼン……105
ベンゾエピン……309
ペンタクロルフェノール……404
ベンフラカルブ……404
ヘンリーの法則……79

■ほ

ボイル・シャルルの法則……79
ボイルの法則……79
芳香族炭化水素……105
防じんマスク……288
硼素……194
ホウ素……194
防毒マスク……288
法の目的……17, 35
防腐剤……375, 401
飽和炭化水素……105
保護具……288
ホスゲン……125, 249, 259, 285
ホスチアゼート……404
ホストキシン……141, 343
ホスフィン……281, 425
ボルタ電池……113
ボルドー液……373
ホルマリン……179, 185, 207, 241, 253, 279, 303, 321, 337, 349, 355, 373, 397, 404, 425
ホルムアルデヒド水溶液……279

■ま

マッチの原料……403
マッチの製造……379, 401

■む

無機シアン化合物……326
無極性分子……115
無水亜砒酸……326
無水クロム酸……119, 227
無水硫酸銅……159, 343, 385

■め

メタクリル酸……404
メタノール……131, 161, 185, 205, 233, 253, 277, 293, 317, 349, 353, 361, 381, 399, 425, 439
メチルアミン……271, 404
メチルエチルケトン……205, 243
メトヘモグロビン……290
メトミル……297, 326, 395, 404, 433

■も

モノゲルマン……263

モノフルオール酢酸ナトリウム……159, 299, 313, 395, 421
モル濃度……97

■や

薬物名……194
冶金……383
薬傷……297

■ゆ

融解……93
有機シアン化合物……326
有機燐化合物……326, 327
有機燐系殺虫剤……433
釉薬……389, 397

■よ

溶解中和法……201
溶解度……86
溶解熱……109
溶剤……381
陽子……95
溶質……101
沃素……119, 155, 175, 193, 194, 306, 339, 357, 427
ヨウ素……194
ヨウ素デンプン反応……339, 357
溶媒……101

■ら

ライニング……175, 189

■り

硫酸……137, 143, 149, 181, 199, 201, 233, 239, 285, 319, 335, 351, 355, 385, 399, 404, 409, 437
硫酸亜鉛……335
硫酸アトロピン……307, 315, 327
硫酸（第二）銅……143
硫酸タリウム……141, 369, 393, 404
硫酸銅……119, 193, 333, 335, 351, 359, 373, 395, 419, 437
硫酸ニコチン……159, 369
硫酸バリウム……335
流涎……299
流動パラフィン……257
燐……194
リン……194
燐化亜鉛……369, 393, 404, 425
燐化水素……125, 153, 265, 281, 389

■れ

冷凍用寒剤……399

■ろ

ロケット燃料……403
ロテノン……139, 179, 330, 404

■参考文献および URL

「毒物及び劇物に関する参考資料」上野明

「新 毒物劇物取扱の手引」大野泰雄監修、時事通信社

「毒物劇物試験問題集 全国版」毒物劇物安全性研究会編、薬務公報社

「臨床中毒学」相馬一亥監修、医学書院

「フォトサイエンス化学図録」数研出版

「ダイナミックワイド図説化学」東京書籍

「化学辞典（普及版）」、編集代表 志田正二、森北出版

「化学　基本の考え方を中心に」石倉洋子・石倉久之、東京化学同人

「化学式・化学記号の読み方書き方」山本　績・藤谷正一、オーム社

「大学への橋渡し　一般化学」芝原寛泰・斉藤正治、化学同人

「大学への橋渡し　有機化学」宮本真敏・斉藤正治、化学同人

「理系なら知っておきたい　化学の基本ノート（物理化学編）」岡島光洋、中経出版

「理系なら知っておきたい　化学の基本ノート（有機化学編）」岡島光洋、中経出版

「基礎からベスト　化学ⅠB」冨田　功、学習研究社

「理解しやすい　化学Ⅰ・Ⅱ」戸嶋直樹・瀬川浩司、文英堂

「毒物及び劇物取締法令集」薬務公報社

「毒劇物取扱者必携　第 3 版」山村醇一・野島貞栄、産業図書

・wikipedia　https://ja.wikipedia.org/

・厚生労働省　https://www.mhlw.go.jp/

・e-gov　法令検索　https://elaws.e-gov.go.jp/

■著者紹介
竹尾　文彦（たけお　ふみひこ）
湘央生命科学技術専門学校専任教員
1 章、2 章担当。
資格：公害防止管理者（水質関係第 1 種）

花輪　俊宏（はなわ　としひろ）
湘央生命科学技術専門学校専任教員
3 章～ 10 章担当。
資格：毒物劇物取扱者（一般）、技術士補（生物工学部門）、愛玩動物看護師、
実験動物技術指導員、登録販売者、公害防止管理者（大気関係第 1 種・
水質関係第 1 種・ダイオキシン類関係）など

カバーデザイン●下野 ツヨシ（ツヨシ＊グラフィックス）
本文 DTP　●藤田順

毒物劇物取扱者（どくぶつげきぶつとりあつかいしゃ） オリジナル問題集（もんだいしゅう）
改訂新版（かいていしんぱん）

2017 年 1 月10 日　初　版　第 1 刷発行
2024 年 3 月 6 日　改訂新版　第 1 刷発行

著　　者　竹尾（たけお）　文彦（ふみひこ）、花輪（はなわ）　俊宏（としひろ）
発 行 者　片岡　巌
発 行 所　株式会社技術評論社
東京都新宿区市谷左内町 21-13
電話　03-3513-6150　販売促進部
03-3513-6166　書籍編集部
印刷／製本　昭和情報プロセス株式会社

ISBN 978-4-297-13975-9 C3058
Printed in Japan

■お問い合わせについて
本書に関するご質問は、FAX か書面でお願いします。電話での直接のお問い合わせにはお答えできませんので、あらかじめご了承ください。また、下記の Web サイトでも質問用のフォームを用意しておりますので、ご利用ください。
ご質問の際には、書名と該当ページ、返信先を明記してください。e-mail をお使いになられる方は、メールアドレスの併記をお願いします。
お送りいただいた質問は、場合によっては回答にお時間をいただくこともございます。なお、ご質問は本書に書いてあるもののみとさせていただきます。試験に関するご質問は試験実施団体にお問い合わせください。

■お問い合わせ先
〒 162-0846
東京都新宿区市谷左内町 21-13
株式会社技術評論社　書籍編集部
「毒物劇物取扱者 オリジナル問題集
改訂新版」係
FAX：03-3513-6183
Web：https://gihyo.jp/book